Baupreise für Hoch- und Objektbau 2021

+ Download-Angebot siehe S. 16

Dipl.-Ing. (FH) Uwe Morell

Bibliografische Information der Deutschen Nationalbibliothek
Die Deutsche Nationalbibliothek verzeichnet diese Publikation in der Deutschen Nationalbibliografie; detaillierte bibliografische Daten sind im Internet über http://dnb.dnb.de abrufbar.

Maßgebend für das Anwenden von Normen ist deren Fassung mit dem neuesten Ausgabedatum, die bei der Beuth Verlag GmbH, Burggrafenstraße 6, 10787 Berlin, erhältlich ist. Maßgebend für das Anwenden von Regelwerken, Richtlinien, Merkblättern, Hinweisen, Verordnungen usw. ist deren Fassung mit dem neuesten Ausgabedatum, die bei der jeweiligen herausgebenden Institution erhältlich ist. Zitate aus Normen, Merkblättern usw. wurden, unabhängig von ihrem Ausgabedatum, in neuer deutscher Rechtschreibung abgedruckt.

Das vorliegende Werk wurde mit größter Sorgfalt erstellt. Verlag und Herausgeber können dennoch für die inhaltliche und technische Fehlerfreiheit, Aktualität und Vollständigkeit des Werkes und seiner elektronischen Bestandteile (Internetseiten) keine Haftung übernehmen.

Wir freuen uns, Ihre Meinung über dieses Fachbuch zu erfahren. Bitte teilen Sie uns Ihre Anregungen, Hinweise oder Fragen per E-Mail: fachmedien.architektur@rudolf-mueller.de oder Telefax: 0221 5497-6114 mit.

Umschlaggestaltung: Satz+Layout Werkstatt Kluth GmbH, Erftstadt
Umschlagbild: ©adimas/stock.adobe.com
Satz: Reemers Publishing Services GmbH, Krefeld
Druck und Bindearbeiten: Westermann Druck Zwickau GmbH, Zwickau
Printed in Germany

ISBN 978-3-481-04073-4 (Buch-Ausgabe)
ISBN 978-3-481-04074-1 (E-Book als PDF)

Hinweise zur Anwendung und zur Preisfindung

Diese Baupreissammlung wurde nach bestem Wissen und Gewissen von dem auf die Erstellung von Ausschreibungen spezialisierten Berliner Architekturbüro DREIPLUS Planungsgruppe GmbH aus der LV-Textdatenbank erstellt. Die DREIPLUS Planungsgruppe blickt auf Erfahrung aus einer über 25-jährigen Ausschreibungstätigkeit zurück.

Die in diesem Buch vorliegende Zusammenstellung von Texten wurde für eine allgemeine, deutschlandweite Verwendung erstellt. Unter Berücksichtigung der Überlegungen zu Art und Größe des Bauvorhabens, jeweiliger Bauaufgabe, Wahl des Ausschreibungsverfahrens, Art, Solvenz und Anforderungen des Auftraggebers, Differenziertheit und Detailtiefe der Bauaufgabe ist es stets erforderlich, die im vorliegenden Buch genannten Preise an die zu erwartenden Angebots- und Vergabepreise anzupassen.

Bei der Arbeit mit den hier angegebenen Baupreisen sollte berücksichtigt werden, dass in der Kurztextdarstellung nicht immer alle Leistungsbestandteile eindeutig erkennbar untergebracht werden können.

Die angegebenen Preise sind Erfahrungswerte, die aus in der Vergangenheit getätigten Vergaben der DREIPLUS Planungsgruppe und deren Auftraggeber resultieren, bzw. erwartete Preise, die sich aus bekannten und vorliegenden Preisen ableiten lassen. Vom Anwender bei seinen Bietern erzielte Angebotspreise weichen sicherlich stets von den hier genannten Preisen in der Höhe ab, denn sie sind unter anderem davon abhängig, welcher Bieter in welcher Region und Objektgröße ein Angebot erstellt und in welchem mikro-konjunkturellem Preisklima Preisanfragen gestellt werden.

Die in Angeboten von Bauunternehmen benannten Baupreise beinhalten üblicherweise die folgenden Preiskomponenten:

- EKT (Einzelkosten der Teilleistungen) – Die Summe aller Sachleistungen, Materialien, Hilfsstoffe, Verschnitt, Löhne und Gehälter, die zur Ausführung der Bauaufgabe benötigt werden.
- BGK (Baustellengemeinkosten) – Kosten, die der Baufirma durch die Bauausführung auf der Baustelle entstehen, für die es jedoch keine unmittelbare Möglichkeit der Kostenberechnung an den Bauherren gibt, wie etwa Bauleitungspersonal, Abrechnungspersonal, Miete für Krane und Container sowie Abzüge und Umlagen für Baustrom- und Wasser, Versicherungsbeträge, Baureinigungsumlagen usw.
- AGK (Allgemeine Geschäftskosten) – Sämtliche Kosten, die der Baufirma baustellenunabhängig durch die Betriebsführung entstehen und die durch die auf den Baustellen getätigten Umsätze gedeckt werden müssen, wie Geschäftsführung, Buchhaltung, Werbung, Fuhrpark, Büromieten, Kalkulationsabteilung, Akquisition usw.
- W+G (Wagnis und Gewinn) – Zuschläge für Zahlungsausfälle, Abzüge für Minderqualitäten sowie der eigentliche Gewinn.

Die Preise für weit verbreitete und allseits bekannte Standard-Bauleistungen sind den Bietern in den Fachgewerken „marktbekannt". Aus diesem Grund sind größere Abweichungen in den Angebotspreisen verschiedener Bieter und zu den nachstehenden Baupreisangaben kaum zu erwarten. Für Sonderbauleistungen, die keinem allgemein verbreiteten Standard entsprechen, gibt es hingegen keine solchen allgemein bekannten Marktpreise. In diesen Fällen kalkuliert jeder Bieter seine Preise individuell. Die Angebotspreise solcher individuellen Bauleistungen können demzufolge recht unterschiedlich ausfallen.

Die in dieser Sammlung genannten Preise sind sämtlich gerundet und bilden somit definitionsgemäß die zu erwartende Baupreis-Größenordnung ab. Die hier angegebenen Baupreise entsprechen nach Erfahrung des Autors dem bundesdeutschen Durchschnitt für Einheitspreise von Leistungen an größeren Bauvorhaben, die von örtlich ungebundenen Unternehmern im überregionalen Wettbewerb bei Ausschreibungen angeboten werden. Die hier genannten Preise setzen voraus, dass eine aufwendige Baustelleneinrichtung, wo erforderlich, gesondert ausgeschrieben wird und daher lediglich durchschnittliche Baustellengemeinkosten entstehen. Die Preise enthalten keinen Generalunternehmerzuschlag.

Soweit Bauvorhaben nur regional ausgeschrieben werden, geringe Vergabevolumina aufweisen oder in hochpreisigen Regionen liegen, ist vom Anwender dieser Baupreissammlung ein entsprechender Zuschlag auf die Einheitspreise zu wählen.

Kaum ein Bauvorhaben wird in der Höhe abgerechnet, in der die Bauleistungen zum Zeitpunkt der Kostenberechnung oder der Ausschreibung bepreist oder vom Unternehmer angeboten waren. Kostensicherheit ist also dringend nötig. Daher sollten für unvorhergesehene Risiken, wie Bodenfunde, Unternehmerinsolvenzen, Wettereinbrüche, aber eben auch zum Zeitpunkt von Kostenermittlungen oder Ausschreibungserstellung noch nicht bekannte Leistungslücken und Schnittstellenthemen usw. auch stets angemessene Rückstellungen gebildet werden.

Bauleistungen werden öffentlichen Auftraggebern, die ihre Bauleistungen im Zuge verdeckter Angebotsabgabe ohne Möglichkeit der Preis-Nachverhandlung nach VOB/A ausschreiben müssen, im Wettbewerb der Bieter um den Zuschlag auf den besten Preis in der Regel etwas preiswerter angeboten als privaten Auftraggebern. Da die Baufirmen aber auch bei den öffentlichen Auftraggebern auf ihre Kosten kommen wollen, werden nach den Vergaben der öffentlichen Auftraggeber daher üblicherweise mehr Nachträge gestellt als bei den privaten. In diesem Fall gilt es, Vorsorge durch ausreichende Rückstellungen im Kostenanschlag zu bilden.

Die Bewertung und projektbezogene Anpassung der in dieser Baupreissammlung genannten Preise ist daher ebenso unverzichtbar wie die Bildung angemessener Budgets mit entsprechenden Rückstellungen.

Da aus den vorgenannten Gründen die hier angegebenen Preise vermutlich niemals exakt erzielt werden können, übernehmen Verlag und Herausgeber keine Haftung für die Erlangbarkeit dieser Preise und die daraus resultierenden Folgen, wie Baukostenüberschreitung, Unterfinanzierung, mangelnde Rendite o. Ä.

Berlin, im Oktober 2020 | Uwe Morell

Inhalt

Hinweise zum Download-Angebot

Die enthaltenen Kurztexte und Einheitspreise stehen digital im Excel- und GAEB-Format zum Download bereit unter **https://besser-ausschreiben.de/bp2021-download/**

Zum Öffnen der Seite ist ein Kennwort erforderlich.
Ihr persönliches Kennwort lautet: **Bfz29-km**

Baustelle

000 Baustelleinrichtung

000.02	Baustelleneinrichtung - Einzelleistungen (über AN-Nutzung hinaus)
000.03	Bauschuttbeseitigung
000.04	Winterbau-Heizanlage
000.05	BE für Umbaumaßnahmen
000.06	Feierlichkeiten
000.90	Stundenlohnarbeiten

000	Baustelleneinrichtung			
000.02	**Baustelleneinrichtung - Einzelleistungen (über AN-Nutzung hinaus)**			
0010	Einholen öffentlich-rechtliche Genehmigung für BE	17,50 €	m^2	391
0020	Einholen öffentlich-rechtliche Genehmigung für BE, Folgezeit	1,10 €	m^2Wo	391
0100	Bürocontainer, 15,00m^2	965,00 €	St.	391
0110	Bürocontainer, 15,00m^2, vorhalten + betreiben	325,00 €	StWo	391
0120	Bürocontainer mit WC, 15,00m^2	1.235,00 €	St.	391
0130	Bürocontainer mit WC, 15,00m^2, vorhalten + betreiben	325,00 €	StWo	391
0140	Besprechungscontainer, 30,00m^2	1.900,00 €	St.	391
0150	Besprechungscontainer, 30,00m^2, vorhalten + betreiben	550,00 €	StWo	391
0160	Sanitärcontainer, WC-Anlage, 15,00m^2	1.690,00 €	St.	391
0170	Sanitärcontainer, WC-Anlage, 15,00m^2, vorhalten + betreiben	435,00 €	StWo	391
0180	WC-/Teeküchencontainer, 15,00m^2	1.310,00 €	St.	391
0190	WC-/Teeküchencontainer, 15,00m^2, vorhalten + betreiben	365,00 €	StWo	391
0200	Chemie-Toilette	301,00 €	St.	391
0210	Chemie-Toilette, vorhalten + betreiben	31,50 €	StWo	391
0220	Mannschaftsaufenthaltscontainer, 15,00m^2	810,00 €	St.	391
0230	Mannschaftsaufenthaltscontainer, 15,00m^2, vorhalten + betreiben	237,00 €	StWo	391
0240	Mannschaftsumkleidecontainer, 15,00m^2	965,00 €	St.	391
0250	Mannschaftsumkleidecontainer, 15,00m^2, vorhalten + betreiben	237,00 €	StWo	391
0260	Material-Lagercontainer, 10ft	550,00 €	St.	391
0270	Material-Lagercontainer, 10ft, vorhalten + betreiben	125,00 €	StWo	391
0280	Treppen, Galerien, Flurcontainer	1.100,00 €	St.	391
0290	Treppen, Galerien, Flurcontainer, vorhalten + betreiben	315,00 €	StWo	391
0400	TK/IT-Ausstattung der BE	7.620,00 €	St.	391
0410	TK/IT-Ausstattung, vorhalten + betreiben	305,00 €	StWo	391
0500	Turmdrehkran, H≥25,00m, L≥30,00m, 1,0t	8.500,00 €	St.	391
0505	Vorhaltung Turmdrehkran, H≥25,00m, L≥30,00m, 1,0t	1.650,00 €	St.	391
0510	Turmdrehkran, H≥30,00m, L≥40,00m, 1,1t	8.900,00 €	St.	391
0515	Vorhaltung Turmdrehkran, H≥30,00m, L≥40,00m, 1,1t	1.950,00 €	St.	391
0520	Turmdrehkran, H≥33,00m, L≥50,00m, 1,2t	9.500,00 €	St.	391
0525	Vorhaltung Turmdrehkran, H≥33,00m, L≥50,00m, 1,2t	2.100,00 €	St.	391
0600	Bauwasserversorgung	2.500,00 €	St.	391
0610	Bauwasserversorgung, vorhalten + betreiben	300,00 €	StWo	391

0620	Abwasserentsorgung	2.650,00 €	St.	391
0630	Abwasserentsorgung, vorhalten + betreiben	350,00 €	StWo	391
0640	Baustromversorgung	2.100,00 €	St.	391
0650	Baustromanschluss, vorhalten + betreiben	350,00 €	StWo	391
0660	TK/DSL/LTE-Versorgung	1.500,00 €	St.	391
0670	TK/DSL/LTE-Versorgung, vorhalten + betreiben	100,00 €	StWo	391
0800	Baustraße als Schutz vorhandener Beläge, mit Rückbau	36,00 €	m^2	391
0810	Baustraße, Recyclingmaterial	26,50 €	m^2	391
0820	Baustraße, Bitumentragschicht	42,50 €	m^2	391
0830	Schutzabdeckung Pflaster, Bohlen im Sandbett	28,50 €	m^2	391
0840	Schutzabdeckung Pflaster, aus Bitumen	36,00 €	m^2	391
0900	Bauzaun (geschlossen)	7,30 €	m	391
0910	Bauzaun (geschlossen), vorhalten + betreiben	1,80 €	mWo	391
0920	Bauzauntür, 1-flg., Holz, 1,00m	33,50 €	St.	391
0930	Bauzauntür, 1-flg., Holz, 1,00m, vorhalten + betreiben	3,80 €	StWo	391
0940	Bauzauntor, 2-flg., Holz, 4,00m	78,00 €	St.	391
0950	Bauzauntor, 2-flg., Holz, 4,00m, vorhalten + betreiben	4,10 €	StWo	391
0960	Mobilbauzaun, H=2,00m	5,90 €	m	391
0970	Mobilbauzaun, H=2,00m, vorhalten + betreiben	0,80 €	mWo	391
0980	Tür, Mobilbauzaun, 1-flg., 1,00m	36,50 €	St.	391
0990	Tür, Mobilbauzaun, 1-flg., 1,00m, vorhalten + betreiben	3,50 €	StWo	391
1000	Tor, Mobilbauzaun, 4,00m	120,00 €	St.	391
1010	Tor, Mobilbauzaun, 2-flg., 4,00m, vorhalten + betreiben	6,70 €	StWo	391
1020	Fußgängertunnel	30,00 €	m	392
1030	Fußgängertunnel, vorhalten + betreiben	5,10 €	mWo	392
1040	Schrammbord	53,50 €	m	391
1050	Schrammbord, vorhalten + betreiben	0,30 €	mWo	392
1100	Baumschutz, Holz, H=3,00m	65,00 €	St.	391
1110	Baumschutz, Holz, H=3,00m, vorhalten + betreiben	3,50 €	StWo	391
1120	Baumschutz Polsterung, Ø<50cm	85,00 €	St.	391
1130	Baumschutz Polsterung, vorhalten + betreiben	3,90 €	StWo	391
1200	Verkehrssicherung der Baustelle	96,00 €	St.	391
1210	Verkehrssicherung vorhalten + betreiben	0,40 €	StWo	391
1230	Bautafel ca. 5,00x3,00m, Auf-/Abbau	3.930,00 €	St.	391
1240	Schnurgerüst und Einmessarbeiten	1.500,00 €	psch.	391
1250	Höhenfestpunkt einschl. Fundament	375,00 €	St.	391

000.03	**Bauschuttbeseitigung**			
0010	Absetzcontainer, 7,00m³	65,00 €	St.	396
0020	Absetzcontainer, Deckel, 7,00m³	68,00 €	St.	396
0030	Abfallpersonal 8h/Tag	5.100,00 €	Mon	763
0040	Abfallpersonal 12h/Tag	7.650,00 €	Mon	763
0050	Abrollcontainer, 10,00m³, An- und Abfuhr, Grundstandzeit	70,00 €	St.	396
0060	Abrollcontainer, 30,00m³ , An- und Abfuhr, Grundstandzeit	72,00 €	St.	396
0100	Sortierung/Entsorgung, Baumisch, mineralisch, AVV 170107	129,00 €	t	396
0110	Sortierung/Entsorgung, Kunststoff, AVV 170203	185,00 €	t	396
0120	Sortierung/Entsorgung, Bitumen, AVV 170302	185,00 €	t	396
0130	Sortierung/Entsorgung, Gips, AVV 170802	135,00 €	t	396
0140	Sortierung/Entsorgung, Baumisch, AVV 170904	215,00 €	t	396
0150	Sortierung/Entsorgung, Holz, AVV 170201	196,00 €	t	396
0160	Sortierung/Entsorgung, Dämmung (neu), AVV 170604	265,00 €	t	396
0170	Sortierung/Entsorgung, Eisen + Stahl, AVV 170405	38,00 €	t	396
0200	Müllwart 8h/Tag	5.650,00 €	Mon	763
0210	Müllwart 12h/Tag	9.300,00 €	Mon	763
000.04	**Winterbau-Heizanlage**			
0010	Bauheizung, Ölheizgerät	1.650,00 €	St.	397
0020	Bauheizung, Ölheizgerät, vorhalten + betreiben	950,00 €	St.	397
0030	Umsetzung der Ölheizgeräte	185,00 €	St.	397
0040	Lieferung Heizöl	1,10 €	l	397
000.05	**BE für Umbaumaßnahmen**			
0010	Staubschutzwände, Folie + Holz-UK	42,00 €	m²	398
0020	Schlupftür	85,00 €	St.	398
0030	massive Schutzwand als Einbruchschutz	73,50 €	m²	398
0040	Schlupftür als Einbruchschutz	146,00 €	St.	398
0050	Bautür (behelfsmäßig), Stahlblech	175,00 €	St.	398
0060	Schutz Einbauteile	59,00 €	m²	398
0070	Schutz Bodenbeläge, Hartfaser	12,50 €	m²	398
0080	Schutz Treppenstufen, Hartfaser	6,80 €	St.	398
0090	Abdeckung von Öffnungen	46,50 €	St.	398
0100	Absturzsicherung Decken-/Podestränder, Holz	22,50 €	m	391
0110	Fensteröffnungen schließen, Folie	18,50 €	m²	398
0120	Schuttrutsche aus Kunststoffrohren	25,50 €	m	391
0130	Fußgängerbrücke, Holz, 1,00x2,50m	483,00 €	St.	398

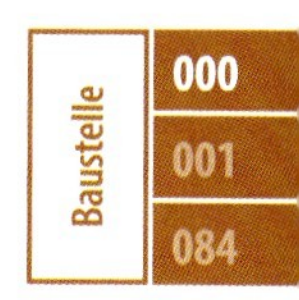

000.06	**Feierlichkeiten**			
0010	feierliche Grundsteinlegung, 50 Personen, alles inklusive	17.500,00 €	St.	391
0020	Richtfest, 50 Personen, alles inklusive	17.200,00 €	St.	391
000.90	**Stundenlohnarbeiten**			
0010	Stundensatz: Fachwerker	55,50 €	h	399
0020	Stundensatz: Bauhelfer	45,00 €	h	399

Baustelle

001 Gerüstarbeiten

001.01	Arbeitsgerüste
001.02	Sonderkonstruktionen und -formen
001.03	Raumgerüste/Arbeitsplattformen
001.04	Hubbühnen, Höhenzugangstechnik
001.90	Stundenlohnarbeiten

001	Gerüstarbeiten			
001.01	**Arbeitsgerüste**			
0010	flächige Abbohlung	36,50 €	m^2	392
0100	Fassadengerüst, LK3, W06	8,30 €	m^2	392
0110	Fassadengerüst, LK3, W06, Gebrauchsüberlassung	0,30 €	m^2Wo	392
0120	Fassadengerüst, LK3, W06, Fanglage	8,70 €	m^2	392
0130	Fassadengerüst, LK3, W06, Fanglage, Gebrauchsüberlassung	0,30 €	m^2Wo	392
0140	Fassadengerüst, LK4, W09	9,10 €	m^2	392
0150	Fassadengerüst, LK4, W09, Gebrauchsüberlassung	0,40 €	m^2Wo	392
0160	Fassadengerüst, LK5, W09	14,50 €	m^2	392
0170	Fassadengerüst, LK5, W09, Gebrauchsüberlassung	0,40 €	m^2Wo	392
0200	Zulage Handtransport	2,20 €	m^2	392
0210	Zulage Gerüststellung, geneigte Dachfläche	3,40 €	m	392
0300	Gerüstplanen	5,30 €	m^2	392
0310	Gerüstplanen, Gebrauchsüberlassung	0,30 €	m^2Wo	392
0320	Gerüstplanen Folie (fabrikneuer Zustand)	6,20 €	m^2	392
0330	Gerüstplanen (fabrikneu), Gebrauchsüberlassung	0,40 €	m^2Wo	392
0400	Gerüstnetze	4,10 €	m^2	392
0410	Staubschutznetze, Gebrauchsüberlassung	0,30 €	m^2Wo	392
0500	Belagsverbreiterung innen	6,00 €	m	392
0510	Belagsverbreiterung innen, Gebrauchsüberlassung	0,20 €	mWo	392
0600	zusätzlicher Seitenschutz, innen	3,90 €	m	392
0610	zusätzlicher Seitenschutz, innen, Gebrauchsüberlassung	0,20 €	mWo	392
0700	Fanggerüst, ≤20°	12,00 €	m	392
0710	Fanggerüst, Gebrauchsüberlassung	0,40 €	mWo	392
0720	Dachfanggerüst, >20°	17,00 €	m	392
0730	Dachfanggerüst, Gebrauchsüberlassung	0,60 €	mWo	392
0800	Überbrückungsträger, LK3	46,00 €	m	392
0810	Überbrückungsträger, LK3, Gebrauchsüberlassung	1,80 €	mWo	392
0820	Überbrückungsträger, LK4	48,50 €	m	392
0830	Überbrückungsträger, LK4, Gebrauchsüberlassung	1,90 €	mWo	392
0840	Überbrückungsträger, LK5	63,50 €	m	392
0850	Überbrückungsträger, LK5, Gebrauchsüberlassung	1,30 €	mWo	392
0900	Leitergang, zusätzlich	24,50 €	St.	392
0910	Leitergang, Gebrauchsüberlassung	1,40 €	StWo	392
1000	Gerüstanker, Überbrückung Dämmung, bis 300mm	1,50 €	m^2	392
1010	Gerüstanker, Gebrauchsüberlassung	0,10 €	m^2Wo	392

001.02	**Sonderkonstruktionen und -formen**			
0010	Aufzugsturm für Fassadengerüst	134,00 €	m	392
0020	Aufzugsturm, Gebrauchsüberlassung	2,30 €	mWo	392
0030	Aufzugsturm frei stehend, H=12,00m	5.195,00 €	St.	392
0040	Aufzugsturm frei stehend, Gebrauchsüberlassung	455,00 €	St.	392
0100	Bauaufzug, vertikal, bis 12,00m	3.275,00 €	St.	392
0110	Bauaufzug, bis 12,00m, Gebrauchsüberlassung	328,00 €	StWo	392
0200	Treppenturm	118,00 €	m	392
0210	Treppenturm, Gebrauchsüberlassung	14,50 €	mWo	392
0300	auskragendes Schutzdach, B=2,00m	27,00 €	m	392
0310	Auskragung Schutzdach, Gebrauchsüberlassung	1,10 €	mWo	392
0400	Fußgängerschutztunnel, B=1,30m	62,50 €	m	392
0410	Fußgängerschutztunnel, Gebrauchsüberlassung	2,30 €	mWo	392
0500	Personenauffangnetz, horizontal	1,90 €	m^2	364
0510	Personenauffangnetz, Gebrauchsüberlassung	0,30 €	m^2Wo	392
0600	Montagebühne Aufzugsschacht, 1,80x2,60m	645,00 €	St.	392
0700	Schornsteinrüstung	2.431,00 €	St.	392
0710	Schornsteinrüstung, Gebrauchsüberlassung	139,00 €	StWo	392
0800	Raumrüstung Treppenhauskopf	1.277,00 €	St.	392
0810	Raumrüstung Treppenhauskopf, Gebrauchsüberlassung	73,00 €	StWo	392
001.03	**Raumgerüste/Arbeitsplattformen**			
0010	Raumfachwerkgerüst, innen, Leergerüst	7,70 €	m^3	392
0020	Raumfachwerkgerüst, Gebrauchsüberlassung	0,30 €	m^3Wo	392
0030	Raumgerüst als Standgerüst	8,00 €	m^3	392
0040	Raumgerüst, Gebrauchsüberlassung	0,30 €	m^3Wo	392
0100	Arbeitsplattform auf Raumgerüst	12,00 €	m^2	392
0110	Arbeitsplattform, Gebrauchsüberlassung	0,60 €	m^2Wo	392
001.04	**Hubbühnen, Höhenzugangstechnik**			
0010	Gelenkteleskopbühne, selbstfahrend, H=25,00m	572,00 €	St.	392
0020	Gelenkteleskopbühne, selbstfahrend, Gebrauchsüberlassung	483,00 €	d	392
0030	Teleskopbühne, Anhänger, H=10,00m	310,00 €	St.	392
0040	Teleskopbühne, Anhänger, Gebrauchsüberlassung	177,00 €	d	392
0050	Scherenhubbühne, selbstfahrend, H=12,00m	181,00 €	St.	392
0060	Scherenhubbühne, selbstfahrend, Gebrauchsüberlassung	172,00 €	d	392
0100	Einmastenaufzug, bis 50,00m	2.738,00 €	St.	392
0110	Einmastenaufzug, Gebrauchsüberlassung	145,00 €	StWo	392

0200	Zweimastenaufzug, bis 100,00m, 2000kg	5.239,00 €	St.	392
0210	Zweimastenaufzug, Gebrauchsüberlassung	565,00 €	StWo	392
0300	Rollgerüst, H=4,00m, B=0,70m	194,00 €	St.	392
0310	Rollgerüst, H=4,00m, B=0,70m, Gebrauchsüberlassung	14,00 €	d	392
001.90	**Stundenlohnarbeiten**			
0010	Stundensatz: Fachwerker	54,00 €	h	399
0020	Stundensatz: Bauhelfer	47,00 €	h	399

Baustelle

084 Abbruch-/Rückbauarbeiten

084	Abbruch-/Rückbauarbeiten			
084.01	**Vorbereitende Arbeiten/Entrümpelungen**			
0010	Medienfreischaltung	806,00 €	psch.	394
0020	Entrümpelung Gebäude	2,20 €	m²	394
0030	Gebäudeentkernung	20,00 €	m²	394
084.02	**Komplettabbruch**			
0010	Komplettabbruch freistehendes Gebäude	55,00 €	m³	394
084.03	**Teilabbruch**			
0010	Abbruch Bodenplatte, Stb., d=30cm	91,50 €	m³	394
0020	Abbruch Kellersohle, MW	20,50 €	m³	394
0030	Abbruch Fundamente, Stb.	64,50 €	m³	394
0040	Abbruch Fundamente, Naturstein	43,00 €	m³	394
0050	Abbruch Fundamente, Mauerwerk	38,00 €	m³	394
0100	Abbruch tragende Wände, Stb.	145,00 €	m³	394
0110	Abbruch tragende Wände, MW, d≥15cm	81,00 €	m³	394
0120	Abbruch nicht tragende Wände, MW, d≤15cm	9,70 €	m²	394
0130	Abbruch nicht tragende Wände, GK, d≤20cm	10,50 €	m²	394
0200	Abbruch Stützen, Stb.	74,50 €	m³	394
0210	Abbruch Pfeiler, MW	64,50 €	m³	394
0300	Abbruch Decke/Unterzüge, Stb.	81,00 €	m³	394
0310	Abbruch Stahlstein-/Ziegelelementdecke	64,50 €	m³	394
0320	Abbruch Holzbalkendecke	27,00 €	m³	394
0330	Abbruch Treppe/Rampe, Stb.	472,00 €	m³	394
0340	Abbruch Holztreppe, 2-lfg., Podest, 15 Stg.	484,00 €	St.	394
0350	Abbruch Stahltreppe, 2-lfg., Podest, 15 Stg.	371,00 €	St.	394
0400	Abbruch Flachdach, Stb., WD, Abdichtung	95,00 €	m²	394
0410	Abbruch Flachdach, Trapezblech, WD, Abdichtung	30,50 €	m²	394
0420	Abbruch Holzbalkendach, WD, Abdichtung	33,50 €	m²	394
0430	Abbruch Holzdachstuhlkonstruktion	7,50 €	m³	394
0440	Abbruch Dachdeckung, Steildach	4,80 €	m²	394
0500	Stahlverbände für temporäre Abfangungen	2.560,00 €	t	394
084.04	**Abbruch Wand-/Boden-/Deckenbeläge**			
0010	Abbruch Wandfliesen im Dickbett	9,70 €	m²	394
0020	Abbruch Wandfliesen im Dünnbett	4,30 €	m²	394
0030	Abbruch Wandbekleidung Holzwerkstoff	3,20 €	m²	394
0040	Abbruch Wandbekleidung Blechpaneel	3,20 €	m²	394
0050	Abbruch Innenwandputz	7,50 €	m²	394
0100	Abbruch Estrich, d bis 7cm	5,40 €	m²	394

0110	Abbruch schwimmender Estrich/Dämmung, d bis 14cm	9,10 €	m^2	394
0120	Abbruch Bodenbelag, Linoleum/PVC	7,00 €	m^2	394
0130	Abbruch Bodenbelag, Teppich	9,10 €	m^2	394
0140	Abbruch Bodenfliesen im Dickbett	6,50 €	m^2	394
0150	Abbruch Bodenfliesen im Dünnbett	3,80 €	m^2	394
0160	Abbruch Bodenbelag, Werkstein	6,50 €	m^2	394
0170	Abbruch Winkelstufen, Werkstein	5,40 €	St.	394
0180	Abbruch Bodenbelag, Parkett/Dielen	3,20 €	m^2	394
0190	Abbruch Sockelleisten, Holz/Kunststoff	0,80 €	m	394
0200	Abbruch Hohlraumboden	7,40 €	m^2	394
0300	Abbruch Deckenputz	7,00 €	m^2	394
0310	Abbruch GK-Abhangdecken	9,20 €	m^2	394
0320	Abbruch MF-Abhangdecken	8,90 €	m^2	394
0330	Abbruch Metall-Abhangdecken	7,10 €	m^2	394
084.05	**Abbruch Einbauten**			
0010	Abbruch Innentüren, 1-flg.	14,00 €	St.	394
0020	Abbruch Innentüren, 2-flg.	20,50 €	St.	394
0100	Abbruch Stahl-/Alu-Glas-Rahmentür, 1-flg.	29,00 €	St.	394
0110	Abbruch Stahl-/Alu-Glas-Rahmentür, 2-flg.	36,50 €	St.	394
0200	Abbruch Fenster, <2,50m^2	17,50 €	St.	394
0210	Abbruch Fenster, >2,50m^2	21,50 €	m^2	394
0300	Abbruch Innenfassadenkonstruktion	18,50 €	m^2	394
0400	Demontage Heizkörper	20,50 €	St.	394
0410	Demontage Abwasser-, Fall-/Sammelleitung	3,40 €	m	394
0420	Demontage TW-Leitungen, Steigestränge	2,00 €	m	394
0430	Demontage Waschtisch	4,30 €	St.	394
0440	Demontage WC-Anlage	5,40 €	St.	394
0450	Demontage Urinalanlage	4,30 €	St.	394
0460	Demontage Fußbodenentwässerung	28,00 €	St.	394
0500	Abbruch Metallgitterabtrennung	13,00 €	m^2	394
0510	Abbruch WC-Trennwände	6,50 €	m^2	394
084.06	**Decken-/Wanddurchbrüche**			
0010	Durchbrüche, Stb., bis 900cm^2, d≤25cm	38,00 €	St.	394
0020	Durchbrüche, Stb., bis 1600cm^2, d≤25cm	62,50 €	St.	394
0030	Durchbrüche, Stb., bis 2500cm^2, d≤25cm	103,00 €	St.	394
0040	Durchbrüche, Stb., bis 6000cm^2, d≤25cm	124,00 €	St.	394
0100	Wanddurchbruch, MW, <400cm^2, d≤17,5cm	10,50 €	St.	394

0110	Wanddurchbruch, MW, <400cm^2, d≤24cm	13,00 €	St.	394
0120	Wanddurchbruch, MW, <400cm^2, d≤36,5cm	18,50 €	St.	394
0130	Wanddurchbruch, MW, <400cm^2, d≤49cm	27,00 €	St.	394
0140	Wanddurchbruch, MW, <1600cm^2, d≤17,5cm	13,50 €	St.	394
0150	Wanddurchbruch, MW, <1600cm^2, d≤24cm	17,50 €	St.	394
0160	Wanddurchbruch, MW, <1600cm^2, d≤36,5cm	27,00 €	St.	394
0170	Wanddurchbruch, MW, <1600cm^2, d≤49cm	29,00 €	St.	394
0180	Wanddurchbruch, MW, <3000cm^2, d≤17,5cm	41,00 €	St.	394
0190	Wanddurchbruch, MW, <3000cm^2, d≤24cm	46,50 €	St.	394
0200	Wanddurchbruch, MW, <3000cm^2, d≤36,5cm	50,50 €	St.	394
0210	Wanddurchbruch, MW, <3000cm^2, d≤49cm	60,50 €	St.	394
0220	Wanddurchbruch, MW, >3000cm^2, d≤17,5cm	30,50 €	m^2	394
0230	Wanddurchbruch, MW, >3000cm^2, d≤24cm	32,50 €	m^2	394
0240	Wanddurchbruch, MW, >3000cm^2, d≤36,5cm	37,00 €	m^2	394
0250	Wanddurchbruch, MW, >3000cm^2, d≤49cm	45,50 €	m^2	394
084.07	**Diamant-Bohr-/Sägearbeiten**			
0010	Anfahrtpauschale Kernbohrung	91,50 €	St.	394
0100	Kernbohrung in Stb., Ø=70mm	1,30 €	cm	394
0110	Kernbohrung in Stb., Ø=100mm	1,50 €	cm	394
0120	Kernbohrung in Stb., Ø=125mm	1,60 €	cm	394
0130	Kernbohrung in Stb., Ø=150mm	1,90 €	cm	394
0140	Kernbohrung in Stb., Ø=200mm	2,40 €	cm	394
0150	Kernbohrung in Stb., Ø=250mm	2,80 €	cm	394
0160	Kernbohrung in Stb., Ø=300mm	3,80 €	cm	394
0200	Zulage Stahlschnitte bei Kernbohrungen	1,20 €	cm^2	394
0300	Kernbohrung in Mauerwerk, Ø=70mm	0,90 €	cm	394
0310	Kernbohrung in Mauerwerk, Ø=100mm	1,00 €	cm	394
0320	Kernbohrung in Mauerwerk, Ø=125mm	1,20 €	cm	394
0330	Kernbohrung in Mauerwerk, Ø=150mm	1,30 €	cm	394
0340	Kernbohrung in Mauerwerk, Ø=200mm	1,70 €	cm	394
0350	Kernbohrung in Mauerwerk, Ø=250mm	2,00 €	cm	394
0400	Betonsägearbeiten, Wände	339,00 €	m^2	394
0410	Betonsägearbeiten, Decken	317,00 €	m^2	394
0490	Zulage Stahlschnitte bei Betonschnitten	1,20 €	cm^2	394
084.08	**Bauschuttbeseitigung**			
0010	Absetzcontainer, 7,00m^3	65,00 €	St.	396
0020	Absetzcontainer, Deckel, 7,00m^3	68,00 €	St.	396

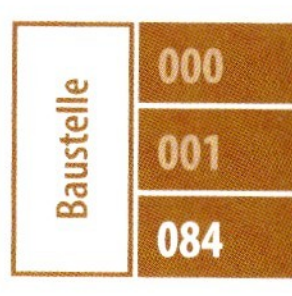

0030	Abrollcontainer, 10,00m³, An- und Abfuhr, Grundstandzeit	70,00 €	St.	396
0040	Abrollcontainer, 30,00m³, An- und Abfuhr, Grundstandzeit	72,00 €	St.	396
0100	Sortierung/Entsorgung, Baumischung, mineralisch, AVV 170107	129,00 €	t	396
0110	Sortierung/Entsorgung, Kunststoff, AVV 170203	185,00 €	t	396
0120	Sortierung/Entsorgung, Bitumen, AVV 170302	185,00 €	t	396
0130	Sortierung/Entsorgung, Gips, AVV 170802	135,00 €	t	396
0140	Sortierung/Entsorgung, Baumischung, AVV 170904	215,00 €	t	396
0150	Sortierung/Entsorgung, Holz, AVV 170201	196,00 €	t	396
0160	Sortierung/Entsorgung, Dämmung (neu), AVV 170604	265,00 €	t	396
0170	Sortierung/Entsorgung, Eisen + Stahl, AVV 170405	38,00 €	t	396
084.90	**Stundenlohnarbeiten**			
0010	Stundensatz: Fachwerker	40,00 €	h	399
0020	Stundensatz: Bauhelfer	28,50 €	h	399

Erd- & Grundbau

002 Erdarbeiten

002
006
008
010
044
Erd- & Grundbau

002	Erdarbeiten			
002.01	**Vorbereitende Maßnahmen**			
0000	vorbereitende Leistungen	930,00 €	psch.	219
0010	Baufeld Mineralschutt beräumen (AVV 170107)	54,00 €	t	219
0020	Baufeld Metallabfall beräumen (AVV 170407)	1.538,00 €	t	219
0030	Baufeld Sperrmüll beräumen (AVV 200307)	256,00 €	m^3	219
0100	Sträucher, Hecken roden + entsorgen	12,50 €	m^2	214
0200	Nadelbaum roden + entsorgen, Ø=10-25cm	94,00 €	St.	214
0210	Nadelbaum roden + entsorgen, Ø=25-40cm	134,00 €	St.	214
0220	Nadelbaum roden + entsorgen, Ø=40-55cm	256,00 €	St.	214
0300	Laubbaum roden + entsorgen, Ø=10-25cm	101,00 €	St.	214
0310	Laubbaum roden + entsorgen, Ø=25-40cm	142,00 €	St.	214
0320	Laubbaum roden + entsorgen, Ø=40-55cm	270,00 €	St.	214
0330	Laubbaum roden + entsorgen, Ø=55-70cm	305,00 €	St.	214
0400	Wurzelwerk/-stock roden + entsorgen, Ø<70cm	105,00 €	St.	214
002.02	**Oberboden**			
0010	Oberboden abtragen + entsorgen	27,00 €	m^3	311
0020	Oberboden abtragen + seitlich lagern (<6 Mon.)	10,50 €	m^3	311
0030	Oberbodenmieten einsäen	0,30 €	m^3	311
0040	Oberboden abtragen + seitlich lagern (>6 Mon.)	10,50 €	m^3	311
0050	Oberboden, seitlich gelagert, andecken	8,00 €	m^3	311
0060	Oberboden, seitlich gelagert, entsorgen	19,00 €	m^3	311
002.03	**Bodenaushub/-austausch/-verdichtung/-einbau**			
0010	Baugrubenaushub, Bodenklasse 3-4, entsorgen	23,50 €	m^3	311
0020	Baugrubenaushub, Bodenklasse 3-4, lagern	10,50 €	m^3	311
0030	Baugrubenaushub, Bodenklasse 5-6, entsorgen	38,00 €	m^3	311
0040	Baugrubenaushub, Bodenklasse 5-6, lagern	12,00 €	m^3	311
0050	Baugruben-Restaushub, Bodenklasse 3-4, entsorgen	29,50 €	m^3	311
0060	Baugruben-Restaushub, Bodenklasse 5-6, entsorgen	43,00 €	m^3	311
0070	Bodenaushub, seitlich gelagert, entsorgen	1,90 €	m^2	311
0080	Aushub Handschachtung	104,00 €	m^3	311
0090	Baugrubensohle planieren + verdichten	2,80 €	m^2	311
0100	Baugrubensohle planieren, geneigt + verdichten	2,30 €	m^2	311
0110	Böschung sichern	4,10 €	m^2	311
0120	Schürfgrube, Maschinenaushub, Verfüllen	90,00 €	m^3	319
0130	Schürfgrube, Handaushub, Verfüllen	228,00 €	m^3	319
0140	Rohrgrabenaushub, 0,00<1,25m	25,00 €	m	311
0150	Rohrgrabenaushub, 1,25<1,75m, Verbau	31,50 €	m	311

0160	Rohrgrabenaushub, 1,75<2, 50m, Verbau	34,00 €	m	311
0170	Rohrgrabenaushub, Handschachtung	115,00 €	m^3	311
0180	Verfüllung Rohrgräben Liefermaterial	31,50 €	m^3	311
0190	Rohrbettung, Sand	59,50 €	m^3	311
0200	Aushub Einzelfundament, Bodenklasse 3-4, entsorgen	31,50 €	m^3	322
0210	Aushub Einzelfundament, Bodenklasse 3-4, lagern	36,00 €	m^3	322
0220	Aushub Streifenfundament, Bodenklasse 3-4, entsorgen	43,00 €	m^3	322
0230	Aushub Streifenfundament, Bodenklasse 3-4, lagern	24,00 €	m^3	322
0240	Aushub Einzelfundament, Bodenklasse 5-6, entsorgen	52,50 €	m^3	322
0250	Aushub Einzelfundament, Bodenklasse 5-6, lagern	43,50 €	m^3	322
0260	Aushub Streifenfundament, Bodenklasse 5-6, entsorgen	23,50 €	m^3	322
0270	Aushub Streifenfundament, Bodenklasse 5-6, lagern	52,00 €	m^3	322
0300	Hindernis Fundament/MW abbrechen + entsorgen	113,00 €	m^3	329
0310	Hindernis Fundament/Stb. abbrechen + entsorgen	183,00 €	m^3	329
0400	Geotextil, 1-lg., G4	2,90 €	m^2	321
0500	Bodenaustausch Erdmaterial, d=50cm	53,50 €	m^3	321
0510	Bodenaustausch Kies/Sand, d=50cm	68,50 €	m^3	321
0520	Bodenaustausch Recycling, d=50cm	60,50 €	m^3	321
0600	Bodenverfestigung, d=10cm	5,60 €	m^2	321
0610	Bodenverfestigung, d=20cm	9,50 €	m^2	321
0700	Baustelleneinrichtung	1.655,00 €	psch.	321
0710	statische Berechnung	3.447,00 €	psch.	321
0720	Einmessung Stopfpunkte	19,00 €	St.	321
0730	Rüttelstopfverdichtung	131,00 €	m	321
0740	Zugabematerial	20,50 €	t	321
0750	Leerschlagsstrecken	13,50 €	m	321
0760	Kolonnenstunde	393,00 €	h	321
0770	Kolonnenstillstandsstunde	333,00 €	h	321
0800	Gründungspolster, Sand, d=50cm	38,00 €	m^3	321
0810	Schottertragschicht, d=30cm	43,00 €	m^3	321
0820	Kies-Schotter-Tragschicht, d=30cm	47,00 €	m^3	321
0900	Hinterfüllung Bauwerke, Lagermaterial	32,50 €	m^3	311
0910	Hinterfüllung Bauwerke, Liefermaterial	67,00 €	m^3	311
1000	Verfüllung Fundamente, Lagermaterial	25,50 €	m^3	311
1010	Verfüllung Fundamente, Liefermaterial	35,50 €	m^3	311
1100	Auffüllung, Lagermaterial	15,00 €	m^3	311
1110	Auffüllung, Liefermaterial	63,00 €	m^3	311

002.04	Entsorgung			
0010	Deklarationsanalyse, Fachgutachter	1.388,00 €	St.	396
0100	Laden + Entsorgen Aushub, LAGA Z0	14,00 €	t	396
0110	Laden + Entsorgen Bauschutt, LAGA Z1	31,50 €	t	396
0120	Laden + Entsorgen Aushub, LAGA Z1.2	61,50 €	t	396
0130	Laden + Entsorgen Aushub, LAGA Z2	70,50 €	t	396
0140	Laden + Entsorgen Bauschutt, LAGA Z2	60,50 €	t	396
0150	Laden + Entsorgen Bauschutt, LAGA Z3	72,50 €	t	396
0200	Entsorgung Asphalt, bitum. (AVV 170302)	75,50 €	t	396
0210	Entsorgung PAK-haltige Schwarzdecke (AVV 170301)	260,00 €	t	396
0220	Laden + Entsorgen Aushub, LAGA Z1.1	31,50 €	t	396
002.05	**Erdarbeiten Bestandsgebäude**			
0010	Handaushub Sohle in Bestand, H=50cm	109,00 €	m^3	324
0020	Handaushub Fundament in Bestand, H=50cm	114,00 €	m^3	322
0030	Aushub für Unterfangung, innen, Bestand	141,00 €	m^3	322
0040	Maschinenaushub Wiedereinbau von Außenwand	43,50 €	m^3	311
0050	Handaushub Wiedereinbau von Außenwand	77,00 €	m^3	311
0100	kapillarbrechende Schicht, Kies, d=20cm, innen	75,00 €	m^3	311
0110	Hinterfüllung Fundament, Liefermaterial, innen	50,00 €	m^3	311
002.90	**Stundenlohnarbeiten**			
0010	Stundensatz: Fachwerker	46,00 €	h	399
0020	Stundensatz: Bauhelfer	39,00 €	h	399

Erd- & Grundbau

006 Spezialtiefbauarbeiten

002
006
008
010
044
Erd- & Grundbau

006	Spezialtiefbauarbeiten			
006.01	**Trägerbohlwand-Verbau**			
0010	Baustelleneinrichtung Trägerbohlwand	8.540,00 €	psch.	312
0020	statische Berechnung Trägerbohlwand	4.160,00 €	psch.	312
0100	Berliner Verbau, freie Wandhöhe	203,00 €	m^2	312
0110	Berliner Verbau, verankert, Wandhöhe	255,00 €	m^2	312
0120	Zulage Träger abbrennen, T=1,00m	84,00 €	m^2	312
0130	Zulage Träger abbrennen, T=2,00m	98,50 €	m^2	312
0140	Zulage dauerhaft verbleibender Verbau	31,00 €	m^2	312
0150	Berliner Verbau, Vorhaltung	2,00 €	m^2Wo	312
0160	Gurtkonstruktion, 2 x U160, Trägerbohlwand	114,00 €	m	312
0170	Ankerinjektionen Trägerbohlwand	729,00 €	St.	312
0180	Ablösegebühr für Anker	159,00 €	St.	312
0190	Aussteifungskonstruktion Trägerbohlwand	2.735,00 €	t	312
0200	Zulage Erschwernis durch Hindernisse	750,00 €	psch.	312
006.02	**Spundwände**			
0010	Baustelleneinrichtung Spundbohlen	7.685,00 €	psch.	312
0020	statische Berechnung Spundbohlenwand	4.135,00 €	psch.	312
0030	Probe-Rammung Spundbohlen	3.310,00 €	psch.	312
0100	Spundbohlenverbau	65,50 €	m^2	312
0110	verlängerte Vorhaltung Spundwand	9,10 €	m^2Wo	312
0120	Stahlspundwand ziehen	45,00 €	m^2	312
0130	Zulage Abtrennen der Spundwand	102,00 €	m	312
0140	Zulage im Boden belassene Stahlspundbohlen	69,00 €	m^2	312
006.03	**Bohrpfahlgründung**			
0010	statische Berechnung Bohrpfähle	4.015,00 €	psch.	312
0020	Baustelleneinrichtung Bohrpfähle	7.460,00 €	psch.	323
0100	Einmessung der Bohrpunkte	1.375,00 €	psch.	323
0110	Einmessung der Bohrpfähle	1.720,00 €	psch.	323
0200	Leerbohrung, Bohrpfähle, Ø=60cm	44,00 €	m	323
0210	Leerbohrung, Bohrpfähle, Ø=120cm	61,00 €	m	323
0300	vorbohren Hindernisse, unbewehrter Beton, Ø=60cm	213,00 €	m	323
0310	vorbohren Hindernisse, unbewehrter Beton, Ø=120cm	304,00 €	m	323
0320	vorbohren Hindernisse, bewehrter Beton, Ø=60cm	258,00 €	m	323
0330	vorbohren für das Herstellen von Ortbetonpfählen	258,00 €	m	323
0400	Großbohrpfähle, Ø=60cm	132,00 €	m	323
0410	Großbohrpfähle, Ø=120cm	225,00 €	m	323

0500	Überschnitt, Bohrpfähle, Ø=50cm	143,00 €	m	323
0510	Überschnitt, Bohrpfähle, Ø=60cm	154,00 €	m	323
0600	Zulage Betongüte C35/45	17,50 €	m	323
0610	Pfahlbewehrung	1.366,00 €	t	323
0620	Zulage örtlicher Bewehrungskorb, Ø=50cm	109,00 €	St.	323
0630	Zulage örtlicher Bewehrungskorb, Ø=60cm	126,00 €	St.	323
0640	Zulage örtlicher Bewehrungskorb, Ø=120cm	152,00 €	St.	323
0700	statische Probebelastung	8.125,00 €	psch.	323
0710	dynamische Integritätsprüfung Bohrpfähle	172,00 €	St.	323
0720	Stillstandszeit Bohrgerät, Ø=60cm	258,00 €	h	323
0730	Stillstandszeit Bohrgerät, Ø=120cm	327,00 €	h	323
006.04	**Kleinbohrpfähle**			
0010	statische Berechnung Kleinbohrpfähle	4.015,00 €	psch.	323
0020	Baustelleneinrichtung Bohrpfähle	5.740,00 €	psch.	323
0030	technische Bearbeitung	689,00 €	psch.	323
0040	Kleinbohrpfähle, GEWI-Pfähle	2.065,00 €	St.	323
0050	Zulage Betongüte C35/45	17,50 €	m	323
0060	Pfahlbewehrung	1.365,00 €	t	323
0070	dynamische Integritätsprüfung Bohrpfähle	172,00 €	St.	323
006.05	**Düsenstrahlverfahren (HDI)**			
0010	statische Berechnung Düsenstrahlverfahren	4.015,00 €	psch.	321
0100	Baustelleneinrichtung Düsenstrahlarbeiten	51.650,00 €	psch.	321
0200	HDI-Wandunterfangung, außen	488,00 €	m^3	321
0210	HDI-Wandunterfangung, innen	505,00 €	m^3	321
0220	HDI-Baugrubensohlensicherung	321,00 €	m^3	321
0230	HDI-Sohlen-Sicherungsanker, L=12,00m	482,00 €	St.	321
006.90	**Stundenlohnarbeiten**			
0010	Kolonnenstunden für unvorhergesehene Leistungen	386,00 €	h	329
0020	Kolonnenstunden bei Stillstandszeiten	371,00 €	h	329

Erd- & Grundbau

008 Wasserhaltungsarbeiten

008	Wasserhaltungsarbeiten			
008.01	**Offene Wasserhaltung**			
0010	technische Planung + wasserrechtlicher Antrag	5.800,00 €	psch.	313
0020	Wasserhaltung, offen	3.600,00 €	psch.	313
0030	Wasserhaltung, offen, Vorhaltung	3.000,00 €	Wo	313
0040	Zulage redundante, netzunabhängige Ausführung	1.500,00 €	psch.	313
0050	offener Pumpensumpf, T=1,00m, Ø=1000mm	250,00 €	St.	313
0060	Sickerleitung, WH offen, DN150	23,00 €	m	313
0070	übererdige Abwasserleitungen	45,00 €	m	313
0080	Vorhaltung Abwasserleitungen	3,50 €	mWo	313

Erd- & Grundbau

010 Drän-/Versickerarbeiten

010	Drän-/Versickerarbeiten			
010.01	**Ringdränage**			
0010	Ringdränageleitung <0,75m²	41,50 €	m³	326
0020	Ringdränageleitung <1,25m²	49,00 €	m³	326
0030	Dränleitung, PVC-U, DN150	7,50 €	m	326
0040	Drän-Kontrollschacht, PVC, ohne Sandfang, DN300	153,00 €	St.	326
0050	Drän-Kontrollschacht, PVC, mit Sandfang, DN300	161,00 €	St.	326
0060	Schachtaufsetzrohr, DN315 aus PVC (U)	49,50 €	St.	326
0070	Übergabeschacht, DN1000, Konus, DN600	1.705,00 €	St.	326
010.02	**Gebäudedränage**			
0010	Drängrabenaushub, 0,00<1,00m	24,50 €	m	326
0020	vertikale Drän-/Schutzschicht	7,30 €	m²	326
0030	Filtervlies, Geotextil	2,90 €	m²	326
0040	Sickerpackung, Kies, 8/16mm	38,00 €	m³	326
0050	Filterkies, 8/16mm, Flächendränage	34,00 €	m³	326
0100	Dränleitung, PVC-U, DN100	15,00 €	m	326
0110	Dränleitung, PVC-U, DN125	18,00 €	m	326
0120	Dränleitung, PVC-U, DN150	21,00 €	m	326
0130	Dränleitung, PVC-U, DN200	38,00 €	m	326
0200	T-Stück, PVC-U, DN100	12,00 €	St.	326
0210	T-Stück, PVC-U, DN125	16,00 €	St.	326
0220	T-Stück, PVC-U, DN150	20,00 €	St.	326
0230	T-Stück, PVC-U, DN200	24,00 €	St.	326
0300	Abzweig, 45°, PVC-U, DN100	12,00 €	St.	326
0310	Abzweig, 45°, PVC-U, DN125	14,50 €	St.	326
0320	Abzweig, 45°, PVC-U, DN150	22,00 €	St.	326
0330	Abzweig, 45°, PVC-U, DN200	29,00 €	St.	326
0400	Reduktionsmuffe, PVC-U, DN125/DN100	9,50 €	St.	326
0410	Reduktionsmuffe, PVC-U, DN160/DN125	12,00 €	St.	326
0420	Reduktionsmuffe, PVC-U, DN200/DN150	16,50 €	St.	326
0500	Spül-/Kontrollschacht, PVC, ohne Sandfang, DN315	138,00 €	St.	326
0510	Drän-Kontrollschacht, PVC, mit Sandfang, DN315	146,00 €	St.	326
0520	Schachtaufsetzrohr, DN315	38,00 €	St.	326
0530	Übergabeschacht, FT, DN1000, T=2,50m	690,00 €	St.	326
0600	Reduzierstück, Schachtanschluss, DN200/DN100	14,00 €	St.	326
0610	Reduzierstück, Schachtanschluss, DN200/DN125	16,50 €	St.	326
0620	Reduzierstück, Schachtanschluss, DN200/DN150	24,00 €	St.	326

Erd- & Grundbau

044 Grundleitungen

044	Grundleitungen			
044.00	**Planung und Dokumentation**			
0010	Werkstatt- und Montageplanung	2.484,00 €	psch.	411
0020	Dichtheitsprüfung	1.650,00 €	psch.	411
0030	Video-Kanalbefahrung	10,50 €	m	411
0040	Dokumentation/Revisionsunterlagen	685,00 €	psch.	411
044.01	**Erdarbeiten und Verbau**			
0010	Rohrgrabenaushub, 0,00<1,25m	24,50 €	m	311
0020	Rohrgrabenaushub, 1,25<1,75m, Verbau	30,50 €	m	311
0030	Rohrgrabenaushub, 1,75<2,50m, Verbau	33,00 €	m	311
0040	Rohrgrabenaushub, Handschachtung	112,00 €	m^3	311
0050	Verfüllung Rohrgräben Liefermaterial	30,50 €	m^3	311
0060	Rohrbettung, Sand	58,00 €	m^3	311
044.02	**KG-Rohrsystem**			
0010	KG-Rohr, DN100, Bettung	53,00 €	m	411
0020	KG-Rohr, DN125, Bettung	56,50 €	m	411
0030	KG-Rohr, DN150, Bettung	74,00 €	m	411
0040	KG-Rohr, DN200, Bettung	98,50 €	m	411
0050	KG-Rohr, DN250, Bettung	123,00 €	m	411
0100	Bogen, 15-45°, DN100	9,20 €	St.	411
0110	Bogen, 15-45°, DN125	16,50 €	St.	411
0120	Bogen, 15-45°, DN150	20,50 €	St.	411
0130	Bogen, 15-45°, DN200	49,00 €	St.	411
0140	Bogen, 15-45°, DN250	108,00 €	St.	411
0200	Abzweig, 45°, DN100/100	19,50 €	St.	411
0210	Abzweig, 45°, DN125/100	25,00 €	St.	411
0220	Abzweig, 45°, DN125/125	29,00 €	St.	411
0230	Abzweig, 45°, DN150/100	38,00 €	St.	411
0240	Abzweig, 45°, DN150/125	48,50 €	St.	411
0250	Abzweig, 45°, DN150/150	44,50 €	St.	411
0260	Abzweig, 45°, DN200/100	85,50 €	St.	411
0270	Abzweig, 45°, DN200/150	89,50 €	St.	411
0280	Abzweig, 45°, DN200/200	104,00 €	St.	411
0290	Abzweig, 45°, DN250/150	133,00 €	St.	411
0300	Abzweig, 45°, DN250/200	184,00 €	St.	411
0310	Abzweig, 45°, DN250/250	257,00 €	St.	411
0400	Reduzierstück, DN125/100	15,00 €	St.	411
0410	Reduzierstück, DN150/100	18,00 €	St.	411

0420	Reduzierstück, DN150/125	24,50 €	St.	411
0430	Reduzierstück, DN200/150	36,00 €	St.	411
0440	Reduzierstück, DN250/150	97,00 €	St.	411
0500	Überschiebmuffe, DN100	55,00 €	St.	411
0510	Überschiebmuffe, DN125	59,50 €	St.	411
0520	Überschiebmuffe, DN150	63,50 €	St.	411
0530	Überschiebmuffe, DN200	82,00 €	St.	411
0540	Überschiebmuffe, DN250	93,50 €	St.	411
0600	Doppelsteckmuffe, DN100	59,00 €	St.	411
0610	Doppelsteckmuffe, DN125	64,00 €	St.	411
0620	Doppelsteckmuffe, DN150	68,00 €	St.	411
0630	Doppelsteckmuffe, DN200	87,50 €	St.	411
0640	Doppelsteckmuffe, DN250	101,00 €	St.	411
0700	Reinigungsrohr, DN100, rund	127,00 €	St.	411
0710	Reinigungsrohr, DN125, rund	146,00 €	St.	411
0720	Reinigungsrohr, DN150, rund	189,00 €	St.	411
0730	Reinigungsrohr, DN200, rund	306,00 €	St.	411
0740	Reinigungsrohr, DN100, eckig	99,50 €	St.	411
0750	Reinigungsrohr, DN125, eckig	117,00 €	St.	411
0760	Reinigungsrohr, DN150, eckig	148,00 €	St.	411
0770	Reinigungsrohr, DN200, eckig	251,00 €	St.	411
0780	Reinigungsrohr, DN250, eckig	1.118,00 €	St.	411
0800	Rückstauverschluss, DN100	243,00 €	St.	411
0810	Rückstauverschluss, DN125	288,00 €	St.	411
0820	Rückstauverschluss, DN150	337,00 €	St.	411
0830	Rückstauverschluss, DN200	498,00 €	St.	411
044.03	**KG-2000-Rohrsystem**			
0010	KG-2000-Rohr, DN100, Bettung	40,00 €	m	411
0020	KG-2000-Rohr, DN125, Bettung	47,00 €	m	411
0030	KG-2000-Rohr, DN150, Bettung	51,00 €	m	411
0040	KG-2000-Rohr, DN200, Bettung	71,00 €	m	411
0050	KG-2000-Rohr, DN250, Bettung	143,00 €	m	411
0100	Bogen, 15-45°, DN100	7,10 €	St.	411
0110	Bogen, 15-45°, DN125	9,20 €	St.	411
0120	Bogen, 15-45°, DN150	16,00 €	St.	411
0130	Bogen, 15-45°, DN200	42,00 €	St.	411
0140	Bogen, 15-45°, DN250	141,00 €	St.	411
0200	Abzweig, 45°, DN100/100	17,00 €	St.	411

0210	Abzweig, 45°, DN125/100	25,00 €	St.	411
0220	Abzweig, 45°, DN125/125	25,50 €	St.	411
0230	Abzweig, 45°, DN150/100	24,50 €	St.	411
0240	Abzweig, 45°, DN150/125	45,50 €	St.	411
0250	Abzweig, 45°, DN150/150	33,00 €	St.	411
0260	Abzweig, 45°, DN200/100	72,00 €	St.	411
0270	Abzweig, 45°, DN200/150	77,50 €	St.	411
0280	Abzweig, 45°, DN200/200	94,00 €	St.	411
0290	Abzweig, 45°, DN250/150	164,00 €	St.	411
0300	Abzweig, 45°, DN250/250	275,00 €	St.	411
0400	Reduzierstück, DN125/100	10,00 €	St.	411
0410	Reduzierstück, DN150/100	12,50 €	St.	411
0420	Reduzierstück, DN150/125	15,00 €	St.	411
0430	Reduzierstück, DN200/150	37,50 €	St.	411
0440	Reduzierstück, DN250/200	111,00 €	St.	411
0500	Überschiebmuffe, DN100	55,00 €	St.	411
0510	Überschiebmuffe, DN125	55,50 €	St.	411
0520	Überschiebmuffe, DN150	62,00 €	St.	411
0530	Überschiebmuffe, DN200	92,00 €	St.	411
0540	Überschiebmuffe, DN250	146,00 €	St.	411
0600	Doppelsteckmuffe, DN100	12,00 €	St.	411
0610	Doppelsteckmuffe, DN125	12,50 €	St.	411
0620	Doppelsteckmuffe, DN150	21,00 €	St.	411
0630	Doppelsteckmuffe, DN200	56,00 €	St.	411
0640	Doppelsteckmuffe, DN250	103,00 €	St.	411
0700	Reinigungsrohr, DN100, eckig	92,50 €	St.	411
0710	Reinigungsrohr, DN125, eckig	136,00 €	St.	411
0720	Reinigungsrohr, DN150, eckig	148,00 €	St.	411
0730	Reinigungsrohr, DN200, eckig	171,00 €	St.	411
0800	Rückstauverschluss, DN100	243,00 €	St.	411
0810	Rückstauverschluss, DN125	288,00 €	St.	411
0820	Rückstauverschluss, DN150	337,00 €	St.	411
0830	Rückstauverschluss, DN200	498,00 €	St.	411
044.04	**SML-Rohrsystem**			
0010	SML-Rohr, DN100, Bettung	75,50 €	m	411
0020	SML-Rohr, DN125, Bettung	88,00 €	m	411
0030	SML-Rohr, DN150, Bettung	112,00 €	m	411
0040	SML-Rohr, DN200, Bettung	212,00 €	m	411

0100	Bogen, 15-45°, DN100	7,00 €	St.	411
0110	Bogen, 15-45°, DN125	11,50 €	St.	411
0120	Bogen, 15-45°, DN150	17,00 €	St.	411
0130	Bogen, 15-45°, DN200	27,50 €	St.	411
0200	Abzweig, 45°, DN125/100	24,50 €	St.	411
0210	Abzweig, 45°, DN150/100	33,00 €	St.	411
0220	Abzweig, 45°, DN150/125	37,50 €	St.	411
0230	Abzweig, 45°, DN200/100	68,00 €	St.	411
0240	Abzweig, 45°, DN200/125	60,00 €	St.	411
0300	Reduzierstück, DN125/100	8,40 €	St.	411
0310	Reduzierstück, DN150/100	12,00 €	St.	411
0320	Reduzierstück, DN150/125	13,00 €	St.	411
0330	Reduzierstück, DN200/125	20,50 €	St.	411
0340	Reduzierstück, DN200/150	21,50 €	St.	411
0400	Reinigungsrohr, DN100, rund	18,00 €	St.	411
0410	Reinigungsrohr, DN100, eckig	34,50 €	St.	411
0420	Reinigungsrohr, DN125, eckig	46,50 €	St.	411
0430	Reinigungsrohr, DN150, eckig	60,50 €	St.	411
0440	Reinigungsrohr, DN200, eckig	141,00 €	St.	411
0450	Reinigungsrohr, DN250-300, eckig	249,00 €	St.	411
0500	CV-Verbinder, DN50-125	4,00 €	St.	411
0510	CV-Verbinder, DN150-200	10,50 €	St.	411
0520	Rapid-Verbinder, DN50-125	5,00 €	St.	411
0530	Rapid-Verbinder, DN150-200	6,00 €	St.	411
0540	Zulage Verbinder, Innendruckbelastung, DN50-100	15,50 €	St.	411
0550	Zulage Verbinder, Innendruckbelastung, DN125-150	24,50 €	St.	411
0560	Zulage Verbinder, Innendruckbelastung, DN200	39,00 €	St.	411
0600	Dichtungseinsatz, WU-Beton, DN100	104,00 €	St.	411
0610	Dichtungseinsatz, WU-Beton, DN125	128,00 €	St.	411
0620	Dichtungseinsatz, WU-Beton, DN150	148,00 €	St.	411
0630	Dichtungseinsatz, WU-Beton, DN100, drückendes Wasser	182,00 €	St.	411
0640	Dichtungseinsatz, WU-Beton, DN125, drückendes Wasser	200,00 €	St.	411
0650	Dichtungseinsatz, WU-Beton, DN150, drückendes Wasser	231,00 €	St.	411
044.05	**Edelstahl-Rohrsystem**			
0010	Edelstahl-Rohr, DN100, Bettung	167,00 €	m	411
0020	Edelstahl-Rohr, DN125, Bettung	220,00 €	m	411

0030	Edelstahl-Rohr, DN150, Bettung	284,00 €	m	411
0040	Edelstahl-Rohr, DN200, Bettung	393,00 €	m	411
0050	Edelstahl-Rohr, DN250, Bettung	501,00 €	m	411
0100	Bogen, 15-45°, DN100	29,00 €	St.	411
0110	Bogen, 15-45°, DN125	64,00 €	St.	411
0120	Bogen, 15-45°, DN150	68,50 €	St.	411
0130	Bogen, 15-45°, DN200	198,00 €	St.	411
0200	Abzweig, 45°, DN100/100	98,00 €	St.	411
0210	Abzweig, 45°, DN125/100	187,00 €	St.	411
0220	Abzweig, 45°, DN125/125	156,00 €	St.	411
0230	Abzweig, 45°, DN150/100	229,00 €	St.	411
0240	Abzweig, 45°, DN150/150	229,00 €	St.	411
0250	Abzweig, 45°, DN200/150	521,00 €	St.	411
0260	Abzweig, 45°, DN200/200	434,00 €	St.	411
0300	Reduzierstück, DN125/100	60,00 €	St.	411
0310	Reduzierstück, DN150/100	78,50 €	St.	411
0320	Reduzierstück, DN150/125	93,50 €	St.	411
0330	Reduzierstück, DN200/150	185,00 €	St.	411
0340	Reduzierstück, DN250/200	245,00 €	St.	411
0400	Überschiebmuffe, DN100	81,50 €	St.	411
0410	Überschiebmuffe, DN125	97,00 €	St.	411
0420	Überschiebmuffe, DN150	112,00 €	St.	411
0430	Überschiebmuffe, DN200	169,00 €	St.	411
0440	Überschiebmuffe, DN250	286,00 €	St.	411
0500	Doppelsteckmuffe, DN100	32,00 €	St.	411
0510	Doppelsteckmuffe, DN125	44,50 €	St.	411
0520	Doppelsteckmuffe, DN150	57,00 €	St.	411
0530	Doppelsteckmuffe, DN200	106,00 €	St.	411
0600	Reinigungsrohr, DN100, rund	74,00 €	St.	411
0610	Reinigungsrohr, DN125, rund	166,00 €	St.	411
0620	Reinigungsrohr, DN150, rund	211,00 €	St.	411
0630	Reinigungsrohr, DN200, rund	316,00 €	St.	411
0640	Reinigungsrohr, DN250, rund	440,00 €	St.	411
0700	Steckmuffensicherung, 2-tlg., DN100	37,50 €	St.	411
0710	Steckmuffensicherung, 2-tlg., DN125	47,00 €	St.	411
0720	Steckmuffensicherung, 2-tlg., DN150	54,00 €	St.	411
0730	Steckmuffensicherung, 2-tlg., DN200	58,50 €	St.	411

044.06	**Betonschächte**			
0010	Schachtunterteile, DN1000, rund	450,00 €	St.	411
0020	Schachtring, DN1000, H=25 cm	71,00 €	St.	411
0030	Schachtring, DN1000, H=50 cm	93,00 €	St.	411
0040	Schachtring, DN1000, H=75 cm	155,00 €	St.	411
0050	Schachtring, DN1000, H=100 cm	191,00 €	St.	411
0090	Schachtkonus, DN1000	154,00 €	St.	411
0100	Zulage Steigeisen	9,00 €	St.	411
0110	Zulage Steigeisen, nachträglich	20,50 €	St.	411
0120	Zulage Steigbügel	27,00 €	St.	411
0130	Zulage Edelstahlsteigbügel	32,50 €	St.	411
0200	Auflagerringe/Ausgleichsringe, DN800	47,50 €	St.	411
0210	Auflagerringe/Ausgleichsringe, DN800, glatt	28,50 €	St.	411
0220	Auflagerringe/Ausgleichsringe, DN800	106,00 €	St.	411
0300	Übergangsplatten, DN1000	867,00 €	St.	411
0400	Abdeckplatten, DN625	546,00 €	St.	411
0410	Abdeckplatten, DN800	773,00 €	St.	411
0500	Schachtabdeckung, rund, Beton	94,00 €	St.	411
0510	Schachtabdeckung, rund, Beton-Gusseisen	438,00 €	St.	411
0520	Schachtabdeckung, rund, Gusseisen	710,00 €	St.	411
044.07	**Hofeinlauf/Einlaufrinnen**			
0010	Hofeinlauf, Gussrost, 300x300mm	195,00 €	St.	411
0020	Hofeinlauf, Maschenrost, 300x300mm	199,00 €	St.	411
0030	Punktablauf, Polymerbeton, 540x355mm, Kurzform	1.007,00 €	St.	411
0040	Punktablauf, Polymerbeton, 540x355mm, Langform	1.072,00 €	St.	411
0100	Entwässerungsrinne, Stahlabdeckung, NW100mm	184,00 €	m	411
0110	Entwässerungsrinne, Edelstahlabdeckung, NW100mm	325,00 €	m	411
0120	Entwässerungsrinne, Gusseisenabdeckung, NW100mm, B125	194,00 €	m	411
0130	Entwässerungsrinne, Gusseisenabdeckung, NW100mm, C250	196,00 €	m	411
0140	Einlaufkasten, DN100, Stahl verzinkt	167,00 €	St.	411
0150	Einlaufkasten, DN100, Edelstahl	302,00 €	St.	411
0200	Entwässerungsrinne, Stahlabdeckung, NW150mm, B125	347,00 €	m	411
0210	Entwässerungsrinne, Edelstahlabdeckung, NW150mm, B125	701,00 €	m	411
0220	Entwässerungsrinne, Gusseisenabdeckung, NW100mm, C250	349,00 €	m	411
0230	Einlaufkasten, DN150, Stahl verzinkt	299,00 €	St.	411
0240	Einlaufkasten, DN150, Edelstahl	591,00 €	St.	411

Rohbau & Dach

012 Mauerarbeiten

012	**Mauerarbeiten**			
012.01	**Abdichtungen, Kimmschichten, Fugen**			
0010	Querschnittsabdichtung, d=11,5cm	5,70 €	m	331
0020	Querschnittsabdichtung, d=17,5cm	6,10 €	m	331
0030	Querschnittsabdichtung, d=24cm	6,70 €	m	331
0040	Querschnittsabdichtung, d≤36,5cm	8,80 €	m	331
0100	ausgleichende Kimmschicht, d=11,5cm	9,50 €	m	331
0110	ausgleichende Kimmschicht, d=17,5cm	11,50 €	m	331
0120	ausgleichende Kimmschicht, d=24cm	13,00 €	m	331
0130	ausgleichende Kimmschicht, d=30cm	15,00 €	m	331
0140	ausgleichende Kimmschicht, d=36,5cm	19,50 €	m	331
0200	ISO-Kimmschicht, d=11,5cm	32,00 €	m	331
0210	ISO-Kimmschicht, d=17,5cm	36,50 €	m	331
0220	ISO-Kimmschicht, d=24cm	40,50 €	m	331
0230	ISO-Kimmschicht, d=30cm	44,50 €	m	331
0240	ISO-Kimmschicht, d=36,5cm	47,00 €	m	331
0500	Deckenanschlussfuge MW nicht tragend	42,00 €	m	342
0510	Deckenanschlussfuge Brandwand nicht tragend	127,00 €	m	342
012.02	**Mauerwände**			
0010	MW, Vollziegel, Mz 20-1,80, d=11,5cm	60,00 €	m^2	341
0020	MW, Vollziegel, Mz 20-1,8, d=17,5cm	79,00 €	m^2	341
0030	MW, Vollziegel, Mz 20-1,8, d=24cm	91,00 €	m^2	341
0040	MW, Vollziegel, Mz 20-1,8, d=36,5cm	154,00 €	m^2	341
0100	Pfeiler-MW, Vollziegel, Mz 20-1,8, <1000cm^2	85,00 €	m	341
0200	MW, HLz 12-1,2, d=11,5cm	45,50 €	m^2	341
0210	MW, HLz 12-1,2, d=17,5cm	51,00 €	m^2	341
0220	MW, HLz 12-1,2, d=24cm	61,00 €	m^2	341
0230	MW, HLz 10-1,2, d=36,5cm	91,50 €	m^2	341
0300	Pfeiler-MW, HLz 12-1,2, <1000cm^2	54,50 €	m^3	343
0400	Mauerwerk, LHLz T8, AW, d=24cm	126,00 €	m^2	331
0410	Mauerwerk, LHLz T8, AW, d=36,5cm	152,00 €	m^2	331
0420	Mauerwerk, LHLz T8, AW, d=42,5cm	184,00 €	m^2	331
0500	Pfeiler-MW, LHLz T8, <1000cm^2	129,00 €	m	333
0600	Ziegelflachsturz, L≤2,76m, d=11,5cm	46,50 €	m	341
0610	Ziegelflachsturz zur Überdeckung einer Öffnung	60,00 €	m	341
0620	Ziegelflachsturz, L≤2,76m, d=24cm	74,00 €	m	341
0630	Ziegelflachsturz, L≤2,76m, d=36,5cm	84,50 €	m	341
0700	Wärmedämmflachsturz, L≤2,76m, d=30cm	89,00 €	m	331

0710	Wärmedämmflachsturz, L≤2,76m, d=36,5cm	96,00 €	m	331
0720	Wärmedämmflachsturz, L≤2,76m, d=42,5cm	107,00 €	m	331
0730	Wärmedämm-U-Schale, d=36,5cm	92,00 €	m	331
0800	Deckenrandstein LHLz, H≤25cm	26,50 €	m	331
0900	Rollladenkasten LHLz, B≤1,51m, d=30cm	250,00 €	m	338
0910	Rollladenkasten LHLz, B≤1,51m, d=36,5cm	275,00 €	m	338
1000	Gurtwicklerstein	15,50 €	St.	338
1100	Mauerwerk, KSV, 12-1,8, d=11,5cm	57,00 €	m^2	342
1110	Mauerwerk, KSV, 12-1,8, d=17,5cm	64,50 €	m^2	341
1120	Mauerwerk, KSV, 12-1,8, d=20cm	76,00 €	m^2	341
1130	Mauerwerk, KSV, 12-1,8, d=24cm	78,00 €	m^2	341
1140	Mauerwerk, KSV, 12-1,8, d=30cm	109,00 €	m^2	341
1150	Mauerwerk, KSV, 12-1,8, d=36,5cm	142,00 €	m^2	341
1200	Pfeiler-MW, KSV, 12-1,8, <1000cm²	67,50 €	m^3	343
1300	Mauerwerk, KS XL-PE, 12-1,8, d=11,5cm	47,00 €	m^2	342
1310	Mauerwerk, KS XL-PE, 12-1,8, d=17,5cm	64,50 €	m^2	341
1320	Mauerwerk, KS XL-PE, 12-1,8, d=20cm	75,00 €	m^2	341
1330	Mauerwerk, KS XL-PE, 12-1,8, d=24cm	85,00 €	m^2	341
1340	Mauerwerk, KS XL-PE, 12-1,8, d=30cm	80,50 €	m^2	341
1400	Pfeiler-MW, KS-PE, <1000cm²	62,00 €	m	343
1500	KS-Flachsturz, L≤2,135m, d=11,5cm	39,00 €	m	342
1510	KS-Flachsturz, L≤2,135m, d=17,5cm	42,50 €	m	342
1520	KS-Flachsturz, L≤2,135m, d=20cm	49,00 €	m	342
1530	KS-Flachsturz, L≤2,135m, d=24cm	52,50 €	m	342
1540	KS-Flachsturz, L≤2,135m, d=30cm	56,00 €	m	342
1550	KS-Flachsturz, L≤2,135m, d=36,5cm	62,00 €	m	342
1600	KS-FT-Sturz, L≤1,75m, H=50cm, d=24cm	52,50 €	m	342
1610	KS-FT-Sturz, L≤1,75m, H=50cm, d=30cm	56,50 €	m	342
1620	KS-FT-Sturz, L≤1,75m, H=50cm, d=36,5cm	70,00 €	m	342
1700	KS-U-Schale, H=24cm, d=24cm	45,00 €	m	331
1710	KS-U-Schale, H=24cm, d=30cm	51,00 €	m	331
1720	KS-U-Schale, H=24cm, d=36,5cm	56,50 €	m	331
1800	Zulage verringerte Toleranzen KS-MW	4,70 €	m^2	341
1810	Fugenglattstrich KS-MW	11,00 €	m^2	345
1900	Zulage KS-Wandanschluss, EI30, Stb.-Decke	24,00 €	m	341
1910	Zulage KS-Wandanschluss, EI90, Stb.-Decke	28,50 €	m	341
1920	Zulage KS-BW-Anschluss, REI90, Stb.-Decke	4.252,00 €	m	341
2000	Mauerwerk, PP 2-0,35, d=17,5cm	66,00 €	m^2	331

2010	Mauerwerk, PP 2-0,35, d=24cm	79,50 €	m^2	331
2020	Mauerwerk, PP 2-0,35, d=30cm	94,00 €	m^2	331
2030	Mauerwerk, PP 2-0,35, d=36,5cm	110,00 €	m^2	331
2040	Mauerwerk, PP 2-0,35, d=42,5cm	125,00 €	m^2	331
2100	Pfeiler-MW, PP, <1000cm^2	96,50 €	m	333
2200	Brandwand, PPW 4-0,55, bewehrt, d=20cm	124,00 €	m^2	331
2300	PP-Flachsturz, L≤2,51m, d=17,5cm	32,00 €	m	331
2310	PP-Flachsturz, L≤2,51m, d=24cm	45,00 €	m	331
2320	PP-Flachsturz, L≤2,51m, d=30cm	53,00 €	m	331
2330	PP-Flachsturz, L≤2,51m, d=36,5cm	62,00 €	m	331
2340	PP-Flachsturz, L≤2,51m, d=42,5cm	71,00 €	m	331
2400	PP-U-Schale, H=24cm, d=17,5cm	63,50 €	m	331
2410	PP-U-Schale, H=25cm, d=24cm	66,00 €	m	331
2420	PP-U-Schale, H=24cm, d=30cm	69,00 €	m	331
2430	PP-U-Schale, H=24cm, d=36,5cm	72,00 €	m	331
2440	PP-U-Schale, H=24cm, d=42,5cm	77,50 €	m	331
2500	Zulage verringerte Toleranzen PP	3,20 €	m^2	331
2600	Eckausbildung rechtwinklig PP	29,50 €	m	331
2610	Eckausbildung schrägwinklig PP	39,50 €	m	331
2700	Deckenrandstein PP, H≤25cm	26,50 €	m	331
2800	Rollladenkasten PP, B≤3,51m, d=36,5cm	198,00 €	m	338
2810	Rollladenkasten PP, B≤3,51m, d=42,5cm	223,00 €	m	338
2900	gleitender Wandanschluss/Brandwand	18,00 €	m	339
3000	Öffnung anlegen, 11,5cm, <2,50m^2, ohne Anschlag	16,00 €	St.	341
3010	Öffnung anlegen, 11,5cm, <5,00m^2, ohne Anschlag	26,00 €	St.	331
3020	Öffnung anlegen, 17,5cm, <2,50m^2, ohne Anschlag	16,00 €	St.	331
3030	Öffnung anlegen, 17,5cm, <5,00m^2, ohne Anschlag	26,00 €	St.	331
3040	Öffnung anlegen, 24cm, <2,50m^2, ohne Anschlag	29,00 €	St.	331
3050	Öffnung anlegen, 24cm, <5,00m^2, ohne Anschlag	39,00 €	St.	331
3060	Öffnung anlegen, 30cm, <2,50m^2, ohne Anschlag	31,50 €	St.	331
3070	Öffnung anlegen, 30cm, <5,00m^2, ohne Anschlag	41,50 €	St.	331
3080	Öffnung anlegen, 36,5cm, <2,50m^2, ohne Anschlag	40,00 €	St.	331
3090	Öffnung anlegen, 36,5cm, <5,00m^2, ohne Anschlag	50,00 €	St.	331
3100	Öffnung anlegen, 42,5cm, <2,50m^2, ohne Anschlag	44,00 €	St.	331
3110	Öffnung anlegen, 42,5cm, <5,00m^2, ohne Anschlag	52,50 €	St.	331
3120	Zulage Öffnung anlegen mit Anschlag	12,50 €	m	331
3200	Beton-FT-Sturz, L≤3,51m, d=17,5cm	38,00 €	m	331
3210	Beton-FT-Sturz, L≤3,51m, d=24cm	54,50 €	m	331

3220	Beton-FT-Sturz, L≤3,51m, d=36,5cm	63,50 €	m	331
3300	Zulage Auflagermauerwerk verbessert	32,50 €	St.	341
3400	Eckausbildung rechtwinklig, Vollziegel	34,50 €	m	341
3410	Eckausbildung schrägwinklig	41,00 €	m	341
3420	Eckausbildung rechtwinklig HLz	31,00 €	m	341
3500	Zulage Mauerwerk rund	19,00 €	m²	341
3510	Haustrennwandplatte, MiWo	32,00 €	m²	331
3520	Zulage Höhe über 3,00-4,00m	4,30 €	m²	341
3530	Drahtanker eingelegt	19,00 €	m²	335
012.03	**Öffnungen in Bestands-MW, Durchbrüche, Schlitze**			
0010	Wandschlitze in massives MW, 5x3cm, vertikal	12,50 €	m	349
0020	Wandschlitze in leichtes MW, 5x3cm, vertikal	10,00 €	m	349
0030	Wandschlitze in massives MW, 10x5cm, vertikal	19,00 €	m	349
0040	Wandschlitze in leichtes MW, 10x5cm, vertikal	15,00 €	m	349
0050	Wandschlitze massives MW, 10x10cm, vertikal	31,50 €	m	349
0060	Wandschlitze in leichtes MW, 10x10cm, vertikal	25,00 €	m	349
0100	Wanddurchbrüche, 50x50cm, d=11,5cm	7,50 €	St.	349
0110	Wanddurchbrüche, 80x40cm, d=11,5cm	25,00 €	St.	349
0120	Wanddurchbrüche, 60x40cm, d=17,5cm	10,00 €	St.	349
0130	Wanddurchbrüche, 20x20cm, d=24cm	14,00 €	St.	349
0140	Wanddurchbrüche, 20x20cm, d=36,5cm	20,00 €	St.	349
0150	Wanddurchbrüche, 30x30cm, d=24cm	31,50 €	St.	349
0160	Wanddurchbrüche, 30x30cm, d=36,5cm	41,50 €	St.	349
0200	Anfahrtpauschale Kernbohrung	450,00 €	St.	394
0300	Kernbohrung in Mauerwerk, Ø=70mm	1,20 €	cm	394
0310	Kernbohrung in Mauerwerk, Ø=100mm	1,80 €	cm	394
0320	Kernbohrung in Mauerwerk, Ø=125mm	2,30 €	cm	394
0330	Kernbohrung in Mauerwerk, Ø=150mm	2,80 €	cm	394
0340	Kernbohrung in Mauerwerk, Ø=200mm	4,30 €	cm	394
0350	Kernbohrung in Mauerwerk, Ø=250mm	4,80 €	cm	394
0400	Türöffnung Bestands-MW herstellen, 1-flg., d≤17,5cm	562,00 €	St.	395
0410	Türöffnung Bestands-MW herstellen, 2-flg., d≤17,5cm	803,00 €	St.	395
0420	Türöffnung Bestands-MW herstellen, 1-flg., d=24cm	703,00 €	St.	395
0430	Türöffnung Bestands-MW herstellen, 2-flg., d=24cm	853,00 €	St.	395
0440	Türöffnung Bestands-MW herstellen, 1-flg., d=36,5cm	905,00 €	St.	395
0450	Türöffnung Bestands-MW herstellen, 2-flg., d=36,5cm	1.042,00 €	St.	395
0460	Türöffnung Bestands-MW herstellen, 1-flg., d=49cm	1.156,00 €	St.	395
0470	Türöffnung Bestands-MW herstellen, 2-flg., d=49cm	1.290,00 €	St.	395

012 013 016 017 018 020 021 022 069 Rohbau & Dach

0500	Laibungen nachträgliche Öffnungen	35,00 €	m^2	395
0600	Öffnungen MW schließen, <400cm², d=17,5cm	19,00 €	St.	395
0610	Öffnungen MW schließen, <400cm², d=24cm	29,00 €	St.	395
0620	Öffnungen MW schließen, <400cm², d=36,5cm	36,00 €	St.	395
0630	Öffnungen MW schließen, <400cm², d=49cm	51,00 €	St.	395
0640	Öffnungen MW schließen, <1600cm², d=17,5cm	46,00 €	St.	395
0650	Öffnungen MW schließen, <1600cm², d=24cm	77,00 €	St.	395
0660	Öffnungen MW schließen, <1600cm², d=36,5cm	84,00 €	St.	395
0670	Öffnungen MW schließen, <1600cm², d=49cm	90,00 €	St.	395
0680	Öffnungen MW schließen, <3000cm², d=17,5cm	75,00 €	St.	395
0690	Öffnungen MW schließen, <3000cm², d=24cm	95,00 €	St.	395
0700	Öffnungen MW schließen, <3000cm², d=36,5cm	120,00 €	St.	395
0710	Öffnungen MW schließen, <3000cm², d=49cm	126,00 €	St.	395
0720	Öffnungen MW schließen, >3000cm², d=17,5cm	87,00 €	m^2	395
0730	Öffnungen MW schließen, >3000cm², d=24cm	110,00 €	m^2	395
0740	Öffnungen MW schließen, >3000cm², d=36,5cm	162,00 €	m^2	395
0750	Öffnungen MW schließen, >3000cm², d=49cm	217,00 €	m^2	395
0800	Türöffnungen, 1-flg., MW schließen, d=17,5cm	562,00 €	St.	395
0810	Türöffnungen, 1-flg., MW schließen, d=24cm	687,00 €	St.	395
0820	Türöffnungen, 1-flg., MW schließen, d=36,5cm	812,00 €	St.	395
0830	Türöffnungen, 1-flg., MW schließen, d=49cm	1.060,00 €	St.	395
0840	Türöffnungen, 2-flg., MW schließen, d=17,5cm	1.000,00 €	St.	395
0850	Türöffnungen, 2-flg., MW schließen, d=24cm	1.186,00 €	St.	395
0860	Türöffnungen, 2-flg., MW schließen, d=36,5cm	1.374,00 €	St.	395
0870	Türöffnungen, 2-flg., MW schließen, d=49cm	1.560,00 €	St.	395
0900	Herstellung Auflagertaschen, 30x50x25cm	107,00 €	St.	395
0910	Deckenauflager herstellen, T=12cm	34,00 €	m	395
0920	Druckschwelle, C12/15, LxBxH=35x24x50cm	86,50 €	St.	395
1000	Verzahnung stemmen, d≤17,5cm	20,00 €	m	395
1010	Verzahnung stemmen, d≤24cm	28,00 €	m	395
1020	Verzahnung stemmen, d≤36,5cm	35,00 €	m	395
1030	Verzahnung stemmen, d≤49cm	41,50 €	m	395
1100	Maueranschlussschiene angedübelt, HL28/15	20,00 €	m	349
012.04	**Vormauerschalen**			
0010	Musterfläche Vormauerschale, ca. 6,00m²	2.310,00 €	St.	335
0020	Fußpunkt Vormauerschale	60,00 €	m	335
0030	Zulage Dämmung Brandwand nicht brennbar	15,00 €	m^2	335

0040	Zulage Dämmung nicht brennbar + feuchteunempfindlich	15,00 €	m²	335
0050	Drahtanker gedübelt	11,50 €	m²	335
0100	Vormauerschale VMz, NF, MW 160mm	188,00 €	m²	335
0110	Vormauerschale VMz, 2DF, MW 160mm	173,00 €	m²	335
0120	Vormauerschale KS-Vb, 2DF, MW 160mm	170,00 €	m²	335
0130	MW-Dämmung, Mehr-/Minderstärke, 20mm	3,50 €	m²	335
0200	Laibung Stein, T=11,5cm	17,50 €	m	335
0210	Laibung Stein, T=17,5cm	25,00 €	m	335
0220	Laibung Stein, T=24cm	42,50 €	m	335
0300	FT-Sturz Vormauerschale, T=11,5cm, B≤1,50m	208,00 €	m	335
0310	FT-Sturz Vormauerschale, T=11,5cm, B≤2,50m	212,00 €	m	335
0320	FT-Sturz Vormauerschale, T=17,5cm, B≤1,50m	216,00 €	m	335
0330	FT-Sturz Vormauerschale, T=17,5cm, B≤2,50m	219,00 €	m	335
0340	FT-Sturz Vormauerschale, T=24cm, B≤1,50m	233,00 €	m	335
0350	FT-Sturz Vormauerschale, T=24cm, B≤2,50m	236,00 €	m	335
0400	L-Winkel Sturz Rollschicht, <2,50m	181,00 €	m	335
0410	L-Winkel Abfangung Vormauerschale	162,00 €	m	335
0500	Fensterbank Rollschicht	52,50 €	m	335
0510	Bekleidung Riemchen aus VMZ oder KS-Vb	156,00 €	m²	335
0520	Bekleidung, WD, Riemchen aus VMZ oder KS-Vb	175,00 €	m²	335
0530	Rollschicht, Fensterbank-FT, ca. 360x115mm	44,00 €	m	335
0540	Bewegungsfuge, Kompriband	15,00 €	m	335
0550	Bewegungsfuge, dauerelastisch, besandet	24,00 €	m	335
0560	Mäanderfuge, dauerelastisch, besandet	31,50 €	m	335
0570	Zulage Mauerwerk rund, R=10,00m	31,50 €	m²	335
0580	Zulage Schrägen Giebelwände	12,50 €	m	335
0590	Hydrophobierung Vormauerschale	21,00 €	m²	335
0600	„Anti-Graffiti"-Oberflächenimprägnierung	20,00 €	m²	335
0610	Dauergerüstanker, Edelstahl, MW	69,00 €	St.	335
012.05	**Glasbausteinwand**			
0010	Glasbausteinwand, 190x190x80mm	219,00 €	m²	342
0020	Glasbausteinwand, rund, 190x190x100mm	285,00 €	m²	342
0030	Glasbausteinwand, 240x240x80mm	239,00 €	m²	342
0040	Glasbausteinwand, 300x300x100mm, F90	302,00 €	m²	342
0050	Zulage Glasbausteinschwingflügel	125,00 €	St.	342
0060	Zulage Glasbausteinmauerwerk, rund	31,50 €	m²	342

012 013 016 017 018 020 021 022 069 Rohbau & Dach

012.06	**Bestandsfassaden**			
0010	Untersuchung Bestandsfassade, Doku	8,10 €	m²	395
0020	Reinigung Niederdruckwassersandstrahl	18,50 €	m²	395
0030	Reinigung Hochdruckheißwasserstrahl	4,30 €	m²	395
0100	vollflächige Mauerwerksverfugung, Erneuerung	13,50 €	m²	395
0110	teilflächige Mauerwerksverfugung, Ausbesserung	5,90 €	m²	395
0120	Austausch einzelne Mauersteine	20,00 €	St.	395
0130	Austausch einzelne Sondersteine	28,50 €	St.	395
0140	Austausch glasierte Sondersteine	47,50 €	St.	395
0150	Schadstellen Mauerwerkssteine	11,00 €	St.	395
0200	Stürze Stahlträger Rost sanieren	44,00 €	m	395
0210	Stürze Stahlträger erneuern	44,00 €	m	395
0220	Öffnung erstellen Sichtmauerwerksfassade	7.930,00 €	St.	395
0230	Öffnung schließen Sichtmauerwerksfassade	1.168,00 €	St.	395
0240	Fensterbleche ausbauen, Abwässerung erneuern	33,50 €	m	395
0250	Risssanierung durch Verpressung	19,00 €	m	395
0260	Risssanierung, Verpressen, Spiralanker	50,00 €	m	395
0270	Sanierung Auflager, neu ausmauern	56,50 €	St.	395
0300	horizontale Abdichtung, Paraffininjektage, <12cm	199,00 €	m	395
0310	horizontale Abdichtung, Paraffininjektage, <24cm	206,00 €	m	395
0320	horizontale Abdichtung, Paraffininjektage, <30cm	211,00 €	m	395
0330	horizontale Abdichtung, Paraffininjektage, <36,5cm	224,00 €	m	395
0340	horizontale Abdichtung, Niederdruckinjektage	206,00 €	m²	395
0350	Hohlräume füllen, Zementsuspension	1,30 €	l	395
0400	Hydrophobierung Bestandsmauerwerksfassade	13,00 €	m²	335
0410	„Anti-Graffiti"-Oberflächenimprägnierung	7,70 €	m²	335
012.07	**Vollgipsplattenwände**			
0010	Vollgipsplattenwand, 60mm, 39dB	44,50 €	m²	342
0020	Vollgipsplattenwand, 80mm, 39dB	46,50 €	m²	342
0030	Vollgipsplattenwand, 100mm, 39dB	48,50 €	m²	342
0040	Zulage Hydrophobierung	6,00 €	m²	342
0050	gleitender Deckenanschluss, seitlicher Winkel	17,00 €	m	342
0060	Türöffnung, bis 0,885x2,135m	42,50 €	St.	342
012.90	**Stundenlohnarbeiten**			
0010	Stundensatz: Fachwerker	49,00 €	h	399
0020	Stundensatz: Bauhelfer	42,50 €	h	399

Rohbau & Dach

013 Betonarbeiten

013	Betonarbeiten			
013.01	**Unterfangungen**			
0010	Unterfangung mit Stb.	607,00 €	m^3	329
013.02	**Tragschichten, Trennlagen**			
0010	Kiesfilterschicht, d=30cm	12,50 €	m^2	326
0020	Kies-Schotter-Tragschicht, d=30cm	16,50 €	m^2	321
0030	Tragschicht, Recyclingmaterial, d=30cm	10,50 €	m^2	321
0100	Schaumglasschotter, d=20cm	51,50 €	m^2	322
0110	Schaumglasschotter, d=30cm	58,00 €	m^2	322
0120	Schaumglasschotter, d=40cm	70,00 €	m^3	322
0130	Schaumglasschotter, d=50cm	81,00 €	m^3	322
0140	alternative Bettung Schaumglasschotter, d=50cm	-23,50 €	m^3	321
0150	alternative Lagerung Schaumglasschotter, d=30cm	-12,00 €	m^3	321
0200	Sauberkeitsschicht Noppenbahn, Spezial-PE, d=5cm, 0,6x8mm	10,50 €	m^2	322
0210	Trennlage, PE-Folie, 0,2mm, 2-lg.	12,00 €	m^2	322
0300	Tragfähigkeitsprüfung, statischer Plattendruckversuch	146,00 €	St.	329
0310	Tragfähigkeitsprüfung, dynamischer Plattendruckversuch	82,00 €	St.	329
013.03	**Gründung**			
0010	Sauberkeitsschicht, C8/10, X0, 8cm	12,50 €	m^2	322
0020	Füllbeton, C8/10, X0	114,00 €	m^3	322
0100	Streifenfundamente, Stb., C20/25, XC2	128,00 €	m^3	322
0110	Einzelfundamente, C12/15, X0, unbewehrt	122,00 €	m^3	322
0120	Einzelfundamente, Stb., C20/25, XC2	128,00 €	m^3	322
0130	Einzelfundamente, Stb., C25/30, XC2	131,00 €	m^3	322
0140	Schalung, Streifenfundamente	33,50 €	m^2	322
0200	Fundamentaussparung nicht schubfest, DN70	10,50 €	St.	322
0210	Fundamentaussparung nicht schubfest, DN100	13,50 €	St.	322
0220	Fundamentaussparung nicht schubfest, DN125	16,50 €	St.	322
0230	Fundamentaussparung nicht schubfest, DN150	18,00 €	St.	322
0240	Fundamentaussparung nicht schubfest, DN200	22,00 €	St.	322
0250	Fundamentaussparung nicht schubfest, DN250	34,00 €	St.	322
0300	Schalung, Einzel-/Köcherfundamente	35,50 €	m^2	322
0310	Köcherfundament, Stb., C30/37, XC4, ohne Schalung	150,00 €	m^3	322
0320	Blockfundamente mit Köcheraussparung, C25/30	133,00 €	m^3	322
0330	Fundamentköchereinsätze, bis 60x70x90cm	102,00 €	St.	322
0340	Fundamentköchereinsätze, konisch, 70x70x55cm	104,00 €	St.	322

0350	Fundamentköchereinsätze, konisch, 90x80x100cm	148,00 €	St.	322
0360	Verfüllen Köcheraussparung, bis 70x70x55cm	85,00 €	St.	322
0370	Verfüllen Köcheraussparung, bis 90x80x100cm	217,00 €	St.	322
0400	Pfahlkopfbalken, Stb., C25/30WU	132,00 €	m³	323
0410	Schalung, Pfahlkopfbalken, rau	37,00 €	m²	323
013.04	**Bodenplatten**			
0100	Bodenplatte Stb., C30/37, d=20cm	139,00 €	m³	322
0110	Bodenplatte, C30/37, WU, Stb., d=60cm	127,00 €	m³	322
0200	Zulage Neigung Bodenplatte	8,20 €	m²	322
0210	Schalung, Bodenplatte, Plattenränder	45,00 €	m²	322
0220	Zulage Schalung Bodenplatte, rund, R≤10,00m	58,00 €	m²	322
0300	Höhenversprung Bodenplatte, H=15cm	15,00 €	m	322
0310	Zulage hoher Frost-Tausalz-Widerstand, XF4	11,50 €	m³	322
0400	Oberflächen flügelglätten	5,00 €	m²	322
0410	Oberflächenvergütung, vakuumieren	12,50 €	m²	322
0420	Oberfläche Fischgrätriffelung	100,00 €	m²	322
0430	Oberflächenvergütung Natriumsilikat	7,80 €	m²	322
0500	Aussparung für Entwässerungsrinne, 26x29cm	76,00 €	m	322
0510	Aussparung für Entwässerungsrinne, 36x40cm	81,00 €	m	322
0520	Einbau bauseits Bodeneinlauf, ca. 20x20cm	53,00 €	St.	322
0530	Verdunstungsrinne, 20x3cm	33,50 €	m	322
0540	Pumpensumpf mit Abdeckung, 100x100x120cm	2.248,00 €	St.	322
0550	Pumpensumpf mit Abdeckung, 80x80x80cm	1.657,00 €	St.	322
0600	Schrammbord C30/37, Stb., glatt, 35x15cm	77,00 €	m	322
0610	Einbau Rampenheizung	24,50 €	m²	322
0620	Bewegungsfuge, Bodenplatte, d=20cm	24,50 €	m	322
0700	Industriebodenplatte Faserbeton C30/37, d=25cm	73,50 €	m²	322
0710	Stahlfaserbewehrung HE 55/35	1.135,00 €	t	322
0720	Hartstoffschicht Korundeinstreuung	7,00 €	t	325
0730	Industriebodensystem, Walzbeton, d=25cm	85,00 €	m²	324
0740	Mehrstärke Walzbeton, bis 1cm	1,70 €	m²	324
0750	Zulage Neigung Bodenplatte	13,50 €	m²	324
0760	Schalung, Bodenplatte, Plattenränder	45,00 €	m²	324
0770	Zulage Schalung Bodenplatte, rund, R≤10,00m	58,00 €	m²	324
0780	Einbau FT für Überladebrücke	703,00 €	St.	322
013.05	**Wände**			
0010	Außenwände, Stb., C25/30, XC3, d=24cm	142,00 €	m³	331
0020	Außenwände, Stb., C30/37WU, d=30cm	150,00 €	m³	331

0030	Innenwände, Stb., C20/25, XC1, d=20cm	137,00 €	m^3	341
0040	Aufzugsschachtwände, C20/25, XC1, d=25cm	142,00 €	m^3	341
0050	Aufzugsschacht, 2-schalig, C35/45, d=25+3+15cm	231,00 €	m^2	341
0100	Schalung, glatt, Wände, 2-häuptig	42,00 €	m^2	341
0110	Schalung, glatt, Wände, 1-häuptig	64,00 €	m^2	341
0120	Zulage Wandschalung, SB2	8,70 €	m^2	341
0130	Zulage Wandschalung, SB3	24,00 €	m^2	341
0140	Zulage Wandschalung, gekrümmt, 2-häuptig	67,50 €	m^2	341
0150	Zulage Wandschalung, gekrümmt, 1-häuptig	87,50 €	m^2	341
0160	Randschalung Öffnungen, d≤30cm	26,50 €	m	341
0170	Haustrennwandplatte, MiWo, d=30mm	39,00 €	m^2	335
0200	FT-Hohlwände, C30/37WU, d=26cm	105,00 €	m^2	331
0210	FT-Hohlwände, C30/37, d=25cm	87,50 €	m^2	341
0300	Randschalung Öffnung, Hohlwände, d=25cm	29,00 €	m	341
0310	FT-Fugenelement, WU-Wand	51,50 €	m	331
0320	Trennfugenplatte, Gebäudetrennfuge, 30mm	45,50 €	m^2	335
013.06	**Stützen**			
0010	Stützen, Stb., C25/30, XC1, <1200cm^2	154,00 €	m^3	343
0100	Schalung, rechteckig, glatt, Stützen, <1200cm^2	70,00 €	m^2	343
0200	Schalung, rund, Stahl, Stützen, Ø<30cm	158,00 €	m^2	343
0210	Schalung, rund, Stahl, Stützen, Ø<50cm	146,00 €	m^2	343
0300	Schalung, rund, Pappe, Stützen, Ø<30cm	146,00 €	m^2	343
0310	Schalung, rund, Pappe, Stützen, Ø<50cm	134,00 €	m^2	343
0400	Sichtbetonschalung, SB2, Stützen, <1200cm^2	85,50 €	m^2	343
0410	Sichtbetonschalung, SB3, Stützen, <1200cm^2	106,00 €	m^2	343
0500	Stb.-Stützen, Ø=30cm, C30/37, XC1, glatt	152,00 €	m	343
0510	Stb.-Stützen, Ø=30cm, C30/37, XC1, SB2	159,00 €	m	343
0520	Stb.-Stützen, Ø=30cm, C30/37, XC1, SB3	167,00 €	m	343
0600	Zulage Auflagerkonsole Ortbetonstütze bis 30x30x30cm	147,00 €	St.	343
0610	Zulage Auflagerkonsole Ortbetonsütze bis 40x40x40cm	166,00 €	St.	343
0700	Stahlverbundstütze, rechteckig, 300x500mm, H=3,20m	3.910,00 €	St.	343
0800	Stahlverbundstütze, rund, H=3,20m	4.225,00 €	St.	343
0900	Stahlverbundstütze, quadratisch, 260x260mm, H=7,00m	6.742,00 €	St.	343
013.07	**Decken**			
0010	Decken, Stb., C20/25, XC1, d=20cm	126,00 €	m^3	351
0020	Decken, Stb., C20/25, XC1, d=25cm	123,00 €	m^3	351
0030	Decken, Stb., C20/25, XC1, d=30cm	120,00 €	m^3	351

0100	Schalung, glatt, Decken	37,50 €	m^2	351
0200	Deckenrandschalung, bis 20cm	23,50 €	m	351
0210	Deckenrandschalung, bis 25cm	25,50 €	m	351
0220	Deckenrandschalung, bis 30cm	28,00 €	m	351
0300	Höhenversprung, 10cm, Stb.-Decken, SB2	121,00 €	m	351
0310	Höhenversprung, 25cm, Stb.-Decken, SB2	126,00 €	m	351
0400	Zulage Deckenschalung, SB2	13,00 €	m^2	351
0410	Zulage Deckenschalung, SB3	28,50 €	m^2	351
0500	Filigrandecken, C25/30, d=6+14cm	52,00 €	m^2	351
0510	Filigrandecken, C25/30, d=6+19cm	60,00 €	m^2	351
0520	Filigrandecken, C30/37, d=6+24cm	75,50 €	m^2	351
0600	Stahltafelverbunddecken, d=10cm	157,00 €	m^2	351
013.08	**Unterzüge**			
0010	Unterzüge, Stb., C20/25, XC1	141,00 €	m^3	351
0200	Schalung, glatt, Unterzüge, Attika, Stürze	67,00 €	m^2	351
0300	Zulage Schalung, SB2, Unterzüge	13,00 €	m^2	351
0310	Zulage Schalung, SB3, Unterzüge	28,50 €	m^2	351
0400	Schalung für runde Bauteile, R=5,00m	118,00 €	m^2	351
0500	Linienkonsole, C35/45, XC1, BxT=25x30cm	165,00 €	m	351
0600	Öffnung in Unterzug, <250cm^2	41,50 €	St.	351
0610	Öffnung in Unterzug, <400cm^2	46,50 €	St.	351
0620	Öffnung in Unterzug, <1000cm^2	54,00 €	St.	351
0630	Öffnung in Unterzug, d≤100mm	28,00 €	St.	351
0640	Öffnung in Unterzug, d≤150mm	29,00 €	St.	351
0650	Öffnung in Unterzug, d≤250mm	29,50 €	St.	351
0700	Öffnung in Unterzug, d≤100mm, schubfest	105,00 €	St.	351
0710	Öffnung in Unterzug, d≤150mm, schubfest	120,00 €	St.	351
0720	Öffnung in Unterzug, d≤200mm, schubfest	120,00 €	St.	351
0800	Stahlverbundträger, rechteckig, 50x140cm	911,00 €	m	343
0810	Stahlverbundträger, rechteckig, 75x85cm	735,00 €	St.	343
013.09	**Treppen und Podeste**			
0010	Treppe, Ortbeton, gerade, 15 Stg., d=16cm	292,00 €	m^2	351
0020	Treppe, Ortbeton, gerade, 15 Stg., d=18cm	300,00 €	m^2	351
0100	Diffrerenztreppe, 2 Stg., Schalung, B=1,25m	229,00 €	St.	351
0110	Diffrerenztreppe, 3 Stg., Schalung, B=1,25m	353,00 €	St.	351
0200	Podeste, Ortbeton, Schalung, d=20cm	157,00 €	m^2	351
0300	FT-Treppe, 8 Stg., BxLxH=100x265x18cm	1.138,00 €	St.	351
0310	FT-Treppe, 9 Stg., BxLxH=100x300x18cm	1.298,00 €	St.	351

012
013
016
017
018
020
021
022
069
Rohbau & Dach

0320	FT-Treppe, 10 Stg., BxLxH=100x330x18cm	1.428,00 €	St.	351
0330	FT-Treppe, 12 Stg., BxLxH=100x400x18cm	1.623,00 €	St.	351
0340	FT-Treppe, 14 Stg., BxLxH=100x465x18cm	1.753,00 €	St.	351
0350	FT-Treppe, 8 Stg., BxLxH=150x265x18cm	1.623,00 €	St.	351
0360	FT-Treppe, 9 Stg., BxLxH=150x300x18cm	1.728,00 €	St.	351
0370	FT-Treppe, 10 Stg., BxLxH=150x330x18cm	1.926,00 €	St.	351
0380	FT-Treppe, 12 Stg., BxLxH=150x400x18cm	2.183,00 €	St.	351
0390	FT-Treppe, 14 Stg., BxLxH=150x465x18cm	2.463,00 €	St.	351
0400	FT-Treppe, 5 Stg., BxLxH=100x170x18cm, 1/4-gewendelt	984,00 €	St.	351
0410	FT-Treppe, 16 Stg., BxLxH=100x480x22cm, 1/4-gewendelt	3.257,00 €	St.	351
0420	FT-Treppe, 17 Stg., BxLxH=100x590x18cm, 1/2-gewendelt	3.087,00 €	St.	351
0500	FT-Winkeltreppe, 17 Stg., BxLxH=100x550x25cm	3.292,00 €	St.	351
0600	FT-Treppe, 3-lfg., 17 Stg., BxLxH=100x700x22cm	3.379,00 €	St.	351
0700	FT-Podestplatte, Stb., C20/25, XC1, d=20cm	550,00 €	m^2	351
0800	FT-Falttreppe, 14 Stg., BxLxT=100x420x18cm	5.661,00 €	St.	351
0900	Trittschalltrennung, Lauf/Bodenplatte	77,50 €	m	351
0910	Trittschalltrennung, Lauf/Podest	77,50 €	m	351
0920	Trittschalltrennung, FT-Podest/Wand	200,00 €	St.	351
0930	Trittschalltrennung, Wendeltreppe/Wand	333,00 €	St.	351
1000	Trittschallfugenplatte	34,50 €	m	351
1100	Bewehrungsanschluss, Lauf/Podest	131,00 €	St.	351
1110	Bewehrungsanschluss, Podest/Wand	102,00 €	St.	351
013.10	**Öffnungen und Aussparungen**			
0010	Wandschlitz in Beton, Schalung, 3x5cm	17,00 €	m	349
0020	Wandschlitz in Beton, Schalung, 5x5cm	17,50 €	m	349
0030	Wandschlitz in Beton, Schalung, 5x10cm	19,50 €	m	349
0040	Wandschlitz in Beton, Schalung, 10x10cm	23,00 €	m	349
0100	Wandschlitz HK-Anbindung, Schalung, 20x10x40cm	56,00 €	St.	349
0200	Wandschlitz in Beton, nachträglich, 3x3cm	25,00 €	m	349
0210	Wandschlitz in Beton, nachträglich, 3x5cm	29,00 €	m	349
0220	Wandschlitz in Beton, nachträglich, 5x5cm	33,50 €	m	349
0230	Wandschlitz in Beton, nachträglich, 5x10cm	45,50 €	m	349
0240	Wandschlitz in Beton, nachträglich, 10x10cm	62,50 €	m	349
0300	Anfahrtpauschale Betonbearbeitung	234,00 €	St.	359
0400	Kernbohrung in Stb., Ø=70mm	1,20 €	cm	359
0410	Kernbohrung in Stb., Ø=100mm	1,40 €	cm	359

0420	Kernbohrung in Stb., Ø=125mm	1,60 €	cm	359
0430	Kernbohrung in Stb., Ø=150mm	1,70 €	cm	359
0440	Kernbohrung in Stb., Ø=200mm	2,30 €	cm	359
0450	Kernbohrung in Stb., Ø=250mm	2,90 €	cm	359
0460	Kernbohrung in Stb., Ø=300mm	3,20 €	cm	359
0500	Zulage Stahlschnitte Kernbohrung	0,10 €	St.	359
0600	Betonsägeschnitte, Schnitttiefe, bis 25cm	82,00 €	m	359
0610	Betonsägeschnitte, Schnitttiefe, >25<30cm	105,00 €	m	359
0620	Betonsägeschnitte, Schnitttiefe, >30<35cm	128,00 €	m	359
0630	Betonsägeschnitte, Schnitttiefe, >35<40cm	146,00 €	m	359
0700	Zulage Stahlschnitte Betonsägen	0,10 €	St.	359
0800	Durchbrüche schließen, bis 900cm^2, d<25cm	42,00 €	St.	359
0810	Durchbrüche schließen, bis 1600cm^2, d<25cm	51,00 €	St.	359
0820	Durchbrüche schließen, bis 2500cm^2, d<25cm	65,50 €	St.	359
0830	Durchbrüche schließen, bis 6000cm^2, d<25cm	121,00 €	St.	359
0900	Zulage Krandeckel in Geschossdecke	405,00 €	St.	359
1000	Wanddurchbruch, Stb.-Wände, Ortbeton, <400cm^2	69,50 €	St.	341
1010	Wanddurchbruch, Stb.-Wände, Ortbeton, <1600cm^2	78,00 €	St.	341
1020	Wanddurchbruch, Stb.-Wände, Ortbeton, <3000cm^2	93,00 €	St.	341
1100	Wanddurchbruch, Stb.-Wände, FT, <400cm^2	73,50 €	St.	341
1110	Wanddurchbruch, Stb.-Wände, FT, <1600cm	82,50 €	St.	341
1120	Wanddurchbruch, Stb.-Wände, FT, <3000cm^2	97,50 €	St.	341
1200	Deckendurchbruch, Ortbetondecke, <400cm^2	67,00 €	St.	351
1210	Deckendurchbruch, Ortbetondecke, <1600cm^2	76,00 €	St.	351
1220	Deckendurchbruch, Ortbetondecke, <3000cm^2	95,50 €	St.	351
1300	Deckendurchbruch, Stb.-FT-Decke, <400cm^2	71,50 €	St.	351
1310	Deckendurchbruch, Stb.-FT-Decke, <1600cm^2	80,00 €	St.	351
1320	Deckendurchbruch, Stb.-FT-Decke, <3000cm^2	95,50 €	St.	351
013.20	**WU-Ausführung, Fugenabdichtungen**			
0000	Werkstattplanung, WU-Bauteile	3.795,00 €	psch.	326
0010	Arbeitsfuge, Bitumenschweißbahn	22,00 €	m	325
0020	Arbeitsfuge, Fugenblech, 250mm	22,00 €	m	325
0100	Arbeitsfugenband, innenliegend, PVC, 250mm	22,50 €	m	325
0110	Arbeitsfugenband, außenliegend, PVC, 250mm	24,00 €	m	325
0200	Ortbeton-Sollbruchelement, Blech, WU-Wand	43,50 €	m	330
0210	Ortbeton-Sollbruchelement, PVC, WU-Wand	21,00 €	m	330
0300	Bewegungsfugenband, innenliegend, PVC, 250mm	46,50 €	m	325
0400	Bewegungsfugenband, außenliegend, PVC, 250mm	47,00 €	m	325

013.21	**Leichtbeton**			
0010	Leichtbetonwände, LC12/13, d=25cm	219,00 €	m²	342
0020	Leichtbetonwände, LC25/28, d=25cm	193,00 €	m²	342
0100	Leichtbetondecken, LC25/28, d=18cm	189,00 €	m²	351
0200	Leichtbeton, ausgleichend, Decke, LC25/28, d=14cm	192,00 €	m²	351
013.22	**Schwerbeton, Strahlenschutzbeton**			
0010	technische Bearbeitung (Werkplanung)	16.212,00 €	psch.	397
0020	Übereinstimmungsnachweis	3.783,00 €	psch.	397
0030	Eigenüberwachung mit Nachweis	2.702,00 €	psch.	397
0100	Wand-Schwerbeton, Baryt, 3,4g/cm³, d≤150cm	3.124,00 €	m³	397
0110	Wand-Schwerbeton, Magnetit, 3,6g/cm³, d≤150cm	1.281,00 €	m³	397
0120	2-seitige Wandschalung, glatt, für Schwerbeton	52,50 €	m²	397
0130	1-seitige Wandschalung, glatt, für Schwerbeton	52,50 €	m²	397
0140	Laibungsschalung, glatt, für Schwerbeton	103,00 €	m²	397
0150	Bleiplatteneinlage in Stb.-Wänden	3.107,00 €	t	397
0200	Decken-Schwerbeton, Baryt, 3,4g/cm³, d≤90cm	3.107,00 €	m³	397
0210	Decken-Schwerbeton, Magnetit, 3,6g/cm³, d≤90cm	1.252,00 €	m³	397
0220	Deckenschalung, glatt, für Schwerbeton	70,50 €	m²	397
0230	Deckenrandschalung, glatt, für Schwerbeton	70,50 €	m²	397
0240	Bleiplatteneinlage in Stb.-Decken	3.242,00 €	t	397
0500	Füllung Strahlenschutztore Baryt, 3,4g/cm³	3.767,00 €	m³	397
0510	Füllung Strahlenschutztore Magnetit, 3,6g/cm³	1.594,00 €	m³	397
013.30	**Konsol- und Traggerüste**			
0010	Konsolgerüst, LK4, B=0,90m	5,30 €	m	392
0020	Konsolgerüst, Gebrauchsüberlassung	0,10 €	mWo	392
0100	statischer Nachweis Belastungsklase B1	321,00 €	St.	392
0110	statischer Nachweis Belastungsklase B2	625,00 €	St.	392
0200	Unterzug-Traggerüst B nach DIN EN 12812	17,50 €	m	392
0210	Unterzug-Traggerüst, Gebrauchsüberlassung	0,60 €	mWo	392
0220	Decken-Traggerüst B nach DIN EN 12812	29,00 €	m²	392
0230	Decken-Traggerüst, Gebrauchsüberlassung	1,50 €	m²Wo	392
013.40	**Stahlbeton-Fertigteile**			
0010	FT-Satteldachbinder, L=16,50m, H=1,65x1,85m	12.665,00 €	St.	361
0020	FT-Satteldachbinder, L=10,75m, H=44-55cm	4.030,00 €	St.	351
0100	FT-Flachdachbinder, L=31,00m, H=2,30m	15.490,00 €	St.	361
0200	FT-Pultdachbinder, L=11,90m, H=1,20-1,75m	9.210,00 €	St.	361
0300	FT-Binder, trapezförmig, L=11,90m, BxH=35x20x60cm	3.467,00 €	St.	361
0400	FT-Unterzug, L=13,00m, BxH=50x200cm	4.576,00 €	St.	351

0500	FT-Balken, L=6,00m, BxH=40x50cm	800,00 €	St.	351
0510	FT-Balken, L=7,50m, BxH=40x80cm	918,00 €	St.	351
0520	FT-Balken, L=12,00m, BxH=40x80cm	1.337,00 €	St.	351
0530	FT-Balken, L=16,50m, BxH=80x175cm	4.495,00 €	St.	351
0600	FT-Randträger, L=7,00m, BxH=30x220cm	2.533,00 €	St.	361
0700	Öffnung in Unterzug, <250cm²	38,00 €	St.	351
0710	Öffnung in Unterzug, <400cm²	43,00 €	St.	351
0720	Öffnung in Unterzug, <1000cm²	50,00 €	St.	351
0730	Öffnung in Unterzug, d≤100mm	27,00 €	St.	351
0740	Öffnung in Unterzug, d≤150mm	27,00 €	St.	351
0750	Öffnung in Unterzug, d≤250mm	27,00 €	St.	351
0800	Öffnung in Unterzug, d≤100mm, schubfest	97,00 €	St.	351
0810	Öffnung in Unterzug, d≤150mm, schubfest	111,00 €	St.	351
0820	Öffnung in Unterzug, d≤200mm, schubfest	120,00 €	St.	351
0900	FT-Stütze, H=3,20m, 24x24cm, SB2	1.053,00 €	St.	343
0910	FT-Stütze, H=10,00m, 40x40cm, SB2	2.562,00 €	St.	343
0920	FT-Stütze, H=10,00m, 45x45cm, SB2	2.850,00 €	St.	343
0930	FT-Stütze, H=12,00m, 50x50cm, SB2	3.196,00 €	St.	343
0940	FT-Stütze, H=12,00m, 60x60cm, SB2	3.234,00 €	St.	343
1000	FT-Rundstütze, H=10,00m, Ø=60cm, SB2	4.053,00 €	St.	343
1100	Zulage Auflagerkonsole Ortbetonstütze bis 30x30x30cm	77,50 €	St.	343
1110	Zulage Auflagerkonsole Ortbetonstütze bis 40x40x40cm	86,00 €	St.	343
1200	Auflagerkonsole Ortbetonstütze bis 40x40x40cm	246,00 €	St.	343
1300	FT-Lichtschacht mit Boden + Rost, 175x170x90cm	2.465,00 €	St.	339
1310	FT-Lichtschacht mit Boden + Rost, 120x130x70cm	2.168,00 €	St.	339
1400	FT-Lichtschacht, offen, mit Rost, 175x170x90cm	1.664,00 €	St.	339
1410	FT-Lichtschacht, offen, mit Rost, 120x130x70cm	1.166,00 €	St.	339
1420	FT-Lichtschacht, offen, mit Rost, 120x75x45cm	927,00 €	St.	339
1500	FT-Wand, Sandwichfassade, 20+14+8cm	228,00 €	m²	335
1510	FT-Wand, Öffnung <2,50m² mit Laibung	187,00 €	St.	335
1520	FT-Wand, Tür-/Fensteröffnung, >2,50m²	187,00 €	St.	335
1530	FT-Wand, Tür-/Fensterlaibung	31,50 €	m	335
1540	FT-Wand, Außenecke	46,00 €	m	335
1550	FT-Vordach, d=20cm, 3,00x2,00m	2.351,00 €	St.	351
1600	FT-Deckenplatten, Spannbeton, d=18cm	89,50 €	m²	351
1610	FT-Deckenplatten, Spannbeton, d=26cm	95,00 €	m²	351
1620	FT-Deckenplatten, Spannbeton, d=40cm	105,00 €	m²	351

1700	FT-Deckenplatte, TT-Profil, H=48cm	174,00 €	m^2	351
1710	FT-Deckenplatte, TT-Profil, H=81cm	197,00 €	m^2	351
1720	FT-Deckenplatte, TT-Profil, H=118cm	207,00 €	m^2	351
1800	FT-Balkonplatte, 1,20x2,00m	800,00 €	St.	351
1810	FT-Balkonplatte, 1,50x3,00m	1.060,00 €	St.	351
1820	FT-Balkonplatte, 1,75x3,50m	1.400,00 €	St.	351
1830	FT-Balkonplatte, 2,50x7,50m	3.970,00 €	St.	351
2000	Stb.-FT-Überladebrücke, ca. 370x425x160m	3.372,00 €	St.	324
013.50	**Dämmungen**			
0010	Dämmung Bodenplatte, XPS, 60mm	25,50 €	m^2	324
0020	Dämmung Bodenplatte, XPS, 80mm	29,00 €	m^2	324
0030	Dämmung Bodenplatte, XPS, 100mm	32,50 €	m^2	324
0040	Dämmung Bodenplatte, XPS, 120mm	36,50 €	m^2	324
0100	Dämmung Bodenplatte, CG, 60mm	31,00 €	m^2	324
0110	Dämmung Bodenplatte, CG, 80mm	43,00 €	m^2	324
0120	Dämmung Bodenplatte, CG, 100mm	53,00 €	m^2	324
0130	Dämmung Bodenplatte, CG, 120mm	65,50 €	m^2	324
0200	Dämmung Bodenplatte, CG, 60mm, Heißbitumen	45,00 €	m^2	324
0210	Dämmung Bodenplatte, CG, 80mm, Heißbitumen	57,50 €	m^2	324
0220	Dämmung Bodenplatte, CG, 100mm, Heißbitumen	67,00 €	m^2	324
0230	Dämmung Bodenplatte, CG, 120mm, Heißbitumen	80,50 €	m^2	324
0300	Wanddämmung, Perimeter, XPS, 60mm	26,50 €	m^2	335
0310	Wanddämmung, Perimeter, XPS, 80mm	38,00 €	m^2	335
0320	Wanddämmung, Perimeter, XPS, 100mm	34,00 €	m^2	335
0330	Wanddämmung, Perimeter, XPS, 120mm	38,50 €	m^2	335
0400	Wanddämmung, Perimeter, CG, 60mm	40,00 €	m^2	335
0410	Wanddämmung, Perimeter, CG, 80mm	51,00 €	m^2	335
0420	Wanddämmung, Perimeter, CG, 100mm	61,00 €	m^2	335
0430	Wanddämmung, Perimeter, CG, 120mm	74,00 €	m^2	335
0440	Haustrennwandplatte 30mm	20,50 €	m^2	335
0500	Deckendämmung, MW, kaschiert, gedübelt, 80mm	45,50 €	m^2	354
0510	Deckendämmung, MW, kaschiert, gedübelt, 100mm	49,00 €	m^2	354
0520	Deckendämmung, MW, kaschiert, gedübelt, 120mm	52,50 €	m^2	354
0530	Deckendämmung, MW, kaschiert, gedübelt, 140mm	56,00 €	m^2	354
0600	Deckendämmung, MW, kaschiert, Schienen, 80mm	51,50 €	m^2	354
0610	Deckendämmung, MW, kaschiert, Schienen, 100mm	55,00 €	m^2	354
0620	Deckendämmung, MW, kaschiert, Schienen, 120mm	58,50 €	m^2	354
0630	Deckendämmung, MW, kaschiert, Schienen, 140mm	61,50 €	m^2	354

0700	Außenecken Deckendämmung Blechprofil	5,30 €	m	354
0800	Außenecken Dämmstoffformteil	11,50 €	m	354
013.59	**Einlegearbeiten Elektro**			
0010	Elektroinstallationsrohr, Ø=16mm	4,90 €	m	444
0020	Elektroinstallationsrohr, Ø=20mm	5,00 €	m	444
0030	Elektroinstallationsrohr, Ø=25mm	6,00 €	m	444
0040	Elektroinstallationsrohr, Ø=32mm	6,50 €	m	444
0050	Elektroinstallationsrohr, Ø=40mm	8,40 €	m	444
0060	Elektroinstallationsrohr, Ø=50mm	10,50 €	m	444
0100	Gerätedose für Betoneinbau, 71x71x68mm	10,50 €	St.	444
0200	Einbaukasten für Betoneinbau, 85x91x53mm	15,50 €	St.	444
0210	Einbaukasten für Betoneinbau, 142x142x70mm	22,00 €	St.	444
013.60	**Bewehrung, Baustahl**			
0030	Betonstabstahl, BSt500S	1.197,00 €	t	399
0040	Betonmattenstahl, BSt500M	1.121,00 €	t	399
0050	Betonstab-/-mattenstahl für FT	1.290,00 €	t	399
0060	Spannstahl für Spannbeton-FT	2.335,00 €	t	399
0070	Zulage Bewehrungseinbau innerhalb Gebäuden	810,00 €	t	399
0090	Betonstabstahl, Ø=8mm, Balken	1.308,00 €	t	351
0100	Betonstabstahl, Ø=10mm, Balken	1.275,00 €	t	351
0110	Betonstabstahl, Ø=12mm, Balken	1.254,00 €	t	351
0120	Betonstabstahl, Ø>12mm, Balken	1.210,00 €	t	351
0140	Betonmattenstahl, Balken	1.308,00 €	t	351
0150	Betonstabstahl, Ø=8mm, Wände	1.265,00 €	t	331
0160	Betonstabstahl, Ø=10mm, Wände	1.254,00 €	t	331
0170	Betonstabstahl, Ø=12mm, Wände	1.297,00 €	t	331
0180	Betonstabstahl, Ø>12mm, Wände	1.210,00 €	t	331
0190	Betonmattenstahl, Wände	1.190,00 €	t	331
0200	Betonstabstahl, Ø=8mm, Decken	1.275,00 €	t	351
0210	Betonstabstahl, Ø=10mm, Decken	1.221,00 €	t	351
0220	Betonstabstahl, Ø=12mm, Decken	1.200,00 €	t	351
0230	Betonstabstahl, Ø>12mm, Decken	1.156,00 €	t	351
0240	Betonmattenstahl, Decken	1.190,00 €	t	351
0260	Betonstabstahl, Ø=8mm, Dachdecken	1.254,00 €	t	361
0270	Betonstabstahl, Ø=10mm, Dachdecken	1.221,00 €	t	361
0280	Betonstabstahl, Ø=12mm, Dachdecken	1.200,00 €	t	361
0290	Betonstabstahl, Ø>12mm, Dachdecken	1.156,00 €	t	361
0300	Betonmattenstahl, Dachdecken	1.281,00 €	t	361

0310	Dübelleiste, HDB-10/185-2/280	15,00 €	St.	351
0320	Dübelleiste, HDB-12/205-2/315	16,00 €	St.	351
0330	Dübelleiste, HDB-12/205-3/472	24,00 €	St.	351
0340	Dübelleiste, HDB-12/215-2/300	18,50 €	St.	351
0350	Dübelleiste, HDB-12/215-3/450	25,00 €	St.	351
0360	Dübelleiste, HDB-14/205-2/315	20,00 €	St.	351
0370	Dübelleiste, HDB-14/215-2/300	21,50 €	St.	351
0380	Dübelleiste, HDB-14/215-3/450	28,50 €	St.	351
0390	Dübelleiste, HDB-14/275-2/400	22,00 €	St.	351
0400	Dübelleiste, HDB-14/275-3/600	31,00 €	St.	351
0410	Dübelleiste, HDB-14/285-2/420	24,00 €	St.	351
0420	Dübelleiste, HDB-16/275-2/400	25,00 €	St.	351
0430	Dübelleiste, HDB-16/275-3/600	34,00 €	St.	351
0440	Dübelleiste, HDB-20/275-2/400	26,50 €	St.	351
0450	Dübelleiste, HDB-20/275-3/600	37,00 €	St.	351
0460	Dübelleiste, HDB-20/285-2/420	29,50 €	St.	351
0470	Dübelleiste, HDB-20/285-3/630	43,50 €	St.	351
0480	Dübelleiste, HDB-20/305-2/440	26,50 €	St.	351
0490	Dübelleiste, HDB-20/305-3/660	43,00 €	St.	351
0500	Dübelleiste, HDB-25/285-2/420	31,50 €	St.	351
0510	Dübelleiste, HDB-25/285-3/630	44,50 €	St.	351
0520	Dübelleiste, HDB-25/345-2/440	43,00 €	St.	351
0530	Dübelleiste, HDB-25/455-2/640	43,00 €	St.	351
0540	Dübelleiste, HDB-25/455-3/960	50,00 €	St.	351
0550	Dübelleiste, 10-160-5/A600	47,00 €	St.	351
0560	Dübelleiste, 10-160-6/A720	54,00 €	St.	351
0570	Dübelleiste, 10-160-7/A840	60,50 €	St.	351
0580	Dübelleiste, 10-160-8/A960	67,50 €	St.	351
0590	Dübelleiste, 10-190-4/A560	40,50 €	St.	351
0600	Dübelleiste, 12-160-6/A720	56,50 €	St.	351
0610	Dübelleiste, 12-160-8/A960	71,50 €	St.	351
0620	Schubdorn, längsverschieblich	264,00 €	St.	351
0630	Schubdorn, längs-/querverschieblich	449,00 €	St.	351
0650	ISO-Korb, Stb.-Balkonplatte, frei auskragend	174,00 €	m	351
0660	ISO-Korb-Eck, Stb.-Balkonplatte, frei auskragend	313,00 €	St.	351
0670	ISO-Korb, Stahlträger, frei auskragend, KS14	173,00 €	St.	351
0680	ISO-Korb, Stahlträger, frei auskragend, KS20	229,00 €	St.	351
0690	ISO-Korb, Anschluss Stb.-Attika	161,00 €	St.	361

0710	Anschweißplatte für Geländerbefestigung	30,00 €	St.	359
0720	Rückbiegeanschluss 180/10/150/1250	38,00 €	m	399
0730	Rückbiegeanschluss 180/12/150/1250	48,00 €	m	399
0740	Rückbiegeanschluss 220/12/100-1250	59,50 €	m	399
0750	Bewehrungsanschluss, Schraubmuffe, Ø=14mm	30,50 €	St.	399
0760	Bewehrungsanschluss, Schraubmuffe, Ø=20mm	38,00 €	St.	399
013.61	**Formstahl, Kleineisenteile, Ankerschienen**			
0010	Stahlträger, Profilstahl, grundiert	2.171,00 €	t	399
0020	Stahlträger, Profilstahl, verzinkt	2.900,00 €	t	399
0100	Kleineisenteile, grundiert	7,50 €	kg	399
0200	Kleineisenteile, feuerverzinkt	10,50 €	kg	399
0300	Kleineisenteile, Edelstahl, V4A	15,00 €	kg	399
0400	Ankerschiene, verzinkt, Kurzstück, HTA40/25	8,20 €	St.	359
0500	Maueranschlussschiene, HMS25/15D	18,00 €	m	342
0510	Maueranschlussschiene, HTA28/15	27,50 €	m	342
0520	Maueranschlussschiene, HTA38/17	30,00 €	m	342
0600	Maueranschlussschiene, angedübelt, HL28/15	69,50 €	m	342
013.62	**Einbauteile**			
0010	Kellerfenster, 1-flg., Faserbetonlaibungsrahmen, 100x70cm	380,00 €	St.	334
0020	Kellerfenster, 1-flg., D/K, Kunststoff, 100x80cm	497,00 €	St.	334
0030	Kellerfenster, 1-flg., Kipp, Kunststoff, 100x60cm	462,00 €	St.	334
0100	Entwässerungsrinne, Gussgitterrost, 15x15cm	188,00 €	m	411
0110	Entwässerungsrinne, Gussgitterrost, 20x20cm	216,00 €	m	411
0120	Entwässerungsrinne, Gussgitterrost, 25x25cm	236,00 €	m	411
0200	Entwässerungsrinne, Blechstegrost, 15x15cm	139,00 €	m	411
0300	Kellerlichtschacht Kunststoff (GFK)	294,00 €	St.	339
0400	Aufstockelement Kellerlichtschacht (GFK), 30cm	64,50 €	St.	339
0500	bauseitige bereitgestellte Einbauteile einbauen	29,50 €	St.	392
013.63	**Hauseinführungen und Wanddurchführungen**			
0010	Rohrdurchführung, WU, DN100	374,00 €	St.	354
0020	Rohrdurchführung, WU, DN200	415,00 €	St.	354
0100	Rohrdurchführung, Faserzement, WU, 105-145mm	571,00 €	St.	354
0110	Rohrdurchführung, Faserzement, WU, 146-190mm	709,00 €	St.	354
0120	Rohrdurchführung, Faserzement, WU, 191-233mm	913,00 €	St.	354
0130	Rohrdurchführung, Faserzement, WU, 234-288mm	1.075,00 €	St.	354
0140	Rohrdurchführung, Faserzement, WU, 289-339mm	1.362,00 €	St.	354
0200	Rohrdurchführung, Faserzement, Lose-/Festflansch, DN100	547,00 €	St.	354

0210	Rohrdurchführung, Faserzement, Lose-/Festflansch, DN150	661,00 €	St.	354
0220	Rohrdurchführung, Faserzement, Lose-/Festflansch, DN200	828,00 €	St.	354
0230	Rohrdurchführung, Faserzement, Lose-/Festflansch, DN250	907,00 €	St.	354
0300	Rohrdurchführung, PP, DN100	124,00 €	m	354
0310	Rohrdurchführung, PP, DN150	153,00 €	m	354
0320	Rohrdurchführung, PP, DN200	182,00 €	m	354
0330	Rohrdurchführung, PP, DN250	212,00 €	m	354
013.70	**Beton-Baustellenüberwachung**			
0010	Fremdüberwachung BII-Baustelle	2,10 €	psch.	762
013.80	**Einheitspreisliste**			
0010	Materialsatz: Beton C8/10	83,50 €	m^3	399
0020	Materialsatz: Beton C12/15	87,50 €	m^3	399
0030	Materialsatz: Beton C20/25	95,50 €	m^3	399
0040	Materialsatz: Beton C30/37	119,00 €	m^3	399
0050	Materialsatz: Portlandzement (CEM I) 32,50	151,00 €	t	399
0060	Materialsatz: Portlandzement (CEM I) 42,50	211,00 €	t	399
0070	Materialsatz: Hochofenzement (CEM III)	178,00 €	t	399
0080	Materialsatz: Hochofenzement (CEM IIIA)	135,00 €	t	399
0090	Materialsatz: Kalkschotter, lose, trocken, 3-5mm	42,50 €	m^3	399
0100	Materialsatz: Brechsand, 0-3mm	28,50 €	m^3	399
0110	Materialsatz: Betonsand	27,00 €	m^3	399
0120	Materialsatz: Betonkies, WBZ	19,00 €	m^3	399
0130	Materialsatz: Sand, 0-4mm	21,00 €	t	399
0140	Materialsatz: Betonkies, 0-32mm	18,50 €	t	399
0150	Materialsatz: Betonstab-/-mattensahl, BSt500S+M	1,00 €	kg	399
0160	Materialsatz: Betonstahlmatten, 500/550 (M) RK	1,00 €	kg	399
0170	Materialsatz: Betonstahlmatten, DIN488, BSt500M	1,00 €	kg	399
0180	Materialsatz: Betonstahl 500 (S) RK	1,00 €	kg	399
0190	Materialsatz: Abstandhalter	2,00 €	kg	399
0200	Materialsatz: Profilstahl	2,70 €	kg	399
0210	Materialsatz: Kleineisenteile, grundiert	2,60 €	kg	399
0220	Materialsatz: Kleineisenteile, feuerverzinkt	4,50 €	kg	399
0230	Materialsatz: Kleineisenteile, V4A	8,40 €	kg	399
0240	Materialsatz: Schalungsbretter, 24mm	7,80 €	m^2	399
0250	Materialsatz: Kantholz, verschiedene Abmessungen	297,00 €	m^3	399
0260	Materialsatz: Betonplatte, 30x30cm, 5cm	12,50 €	m^2	399

0270	Materialsatz: Schaltafeln, 24mm	13,50 €	m^2	399
0280	Materialsatz: Hartfaserplatten, 4mm	8,50 €	m^2	399
0290	Materialsatz: Nägel	2,40 €	kg	399
0300	Stundensatz: Turmdrehkran Typ 91 EC	200,00 €	h	399
0310	Stundensatz: Turmdrehkran Typ 120 EC-H	189,00 €	h	399
0320	Stundensatz: Betonpumpe bis 30,00m^3	168,00 €	h	399
0330	Stundensatz: Lkw 7,5t mit Bedienung	45,00 €	h	399
0340	Stundensatz: 3-Achser-Lkw	57,00 €	h	399
0350	Stundensatz: 3-Achser-Lkw mit Tandem-Anhänger	81,00 €	h	399
0360	Stundensatz: Lkw-Kipper 5t mit Ladegerät	56,00 €	h	399
0370	Stundensatz: Kleintransporter, 1,5t	41,00 €	h	399
0380	Stundensatz: Bagger mit Bedienung	81,00 €	h	399
0390	Stundensatz: Mobilkran	70,00 €	h	399
0400	Stundensatz: Betonpumpe, 30,00m^3	130,00 €	h	399
0410	Stundensatz: Autokran, 150tm	920,00 €	h	399
0420	Stundensatz: Minibagger, 1,5 oder 3,5t	49,00 €	h	399
0500	Stundensatz: Kompressor mit Abbruchhammer	31,00 €	h	399
0510	Stundensatz: Kompressor mit 2 Abbruchhämmern	39,00 €	h	399
0520	Stundensatz: Abbauhammer, elektrisch	5,20 €	h	399
0530	Stundensatz: Winkelschleifer, Motorsäge	16,50 €	h	399
0540	Stundensatz: Fugenschneider bis 10KW	32,50 €	h	399
0550	Stundensatz: Fugenschneider über 10KW	35,00 €	h	399
0560	Stundensatz: Fugenschneider bis 10KW	38,00 €	h	399
0570	Stundensatz: Boschhammer, Flex, Motorsäge	20,00 €	h	399
0580	Stundensatz: Kleinstromaggregat	41,50 €	h	399
013.90	**Stundenlohnarbeiten**			
0010	Stundensatz: Werkpolier	69,00 €	h	399
0020	Stundensatz: Fachwerker	65,50 €	h	399
0030	Stundensatz: Bauhelfer	52,00 €	h	399

Rohbau & Dach

016 Zimmer-/Holzbauarbeiten

016	Zimmer-/Holzbauarbeiten			
016.01	**Dachkonstruktion**			
0010	Bauschnittholz, GK1, S10, Nadelholz, C24	579,00 €	m^3	361
0020	Brettschichtholz, Fichte, GL24h	946,00 €	m^3	361
0030	vorbeugender chemischer Holzschutz, Iv, Prüfzeichen	47,50 €	m^3	361
0100	Abbund Bau-/BS-Holz, Dachkonstruktion	15,50 €	m	361
0110	Abbund Firstbohlen, Grat-/Kehlsparren	32,50 €	m	361
0120	Abbund Flach-/Schleppdachgaube, B=1,50m	1.773,00 €	St.	361
0130	Abbund Flach-/Schleppdachgaube, B=2,50m	2.054,00 €	St.	361
0140	Abbund Sattel-/Spitzdachgaube, B=1,50m	2.017,00 €	St.	361
0150	Abbund Sattel-/Spitzdachgaube, B=2,50m	2.298,00 €	St.	361
0160	Abbund Trapez-/Walmdachgaube, B=1,50m	2.237,00 €	St.	361
0170	Abbund Trapez-/Walmdachgaube, B=2,50m	2.457,00 €	St.	361
0180	Abbund Fledermausgaube, B=1,50m	3.515,00 €	St.	361
0190	Abbund Fledermausgaube, B=2,50m	3.784,00 €	St.	361
0200	Zulage Abbund Sichtausführung	5,80 €	m	361
0300	sichtbare Sparren-/Pfettenköpfe, 1,25m	38,50 €	St.	361
0310	Auswechselung OL, 1,50x1,50m	336,00 €	St.	362
0320	Auswechselung OL, 3,00x3,00m	507,00 €	St.	362
0330	Einschubtreppe, Holz, gedämmt, 70x140cm	581,00 €	St.	369
0340	Bodenluke, Alu-Scherentreppe, 70x140cm	1.180,00 €	St.	369
0350	Windrispenband, feuerverzinkt, 40x2mm	6,00 €	m	361
0360	Stahl-Befestigungsmittel, feuerverzinkt	10,50 €	m	361
0400	Verbundklebeanker, M8-M16	20,50 €	St.	361
0410	Verbundklebeanker, M18-$m^3$0	22,50 €	St.	361
0500	Stahlkonstruktion Dach, S235JR	4.093,00 €	t	361
0510	Korrosionsschutz Stahlkonstruktion	44,00 €	m^2	361
0520	Brandschutzbeschichtung, Stahl, F30/R30	90,50 €	m^2	361
016.02	**Schalungen und Verkleidungen, Dach**			
0010	Dachschalung, Nut + Feder, gehobelt, d=28mm	32,00 €	m^2	363
0020	Dachschalung, sägerau, d=24mm	27,00 €	m^2	363
0030	Dachschalung, Holzwerkstoffplatte, OSB, d=20mm	21,00 €	m^2	363
0040	Untersichtschalung, gehobelt, d=19mm	29,00 €	m^2	363
0050	Traufkasten, Sichtschalung, Abwicklung 1000mm	80,00 €	m	363
0060	Gaubenwangenbekleidung, Lärche	37,50 €	m^2	363
016.03	**Schalungen und Bekleidungen, Wand**			
0010	Wandschalung, WD, Rhombus, offene Fuge	132,00 €	m^2	335
0020	Wandschalung, WD, Boden-Deckel, sägerauh	84,00 €	m^2	335

0030	Wandschalung, WD, Boden-Deckel, gehobelt	89,00 €	m²	335
0040	Wandschalung, WD, Deckleisten, gehobelt	80,00 €	m²	335
0050	Wandschalung, WD, waagerecht, Nut + Feder, gehobelt	78,50 €	m²	335
0060	Wandschalung, WD, horizontal, Stülp, gehobelt	77,00 €	m²	335
0100	Zulage Eckausbildung 90°, Gehrung	15,50 €	m	335
0110	Zulage Eckausbildung 90°, Eckprofil	8,30 €	m	335
0120	Zulage Eckausbildung 90°, gestoßen	5,10 €	m	335
0200	Zulage Anarbeiten Schrägen	7,90 €	m	335
0300	Attikaausbildung AW-Bekleidung	10,50 €	m	335
0400	Fensteröffnung, -laibung, ca. 1,00x1,40m	79,50 €	St.	335
0410	Fensteröffnung, -laibung, ca. 2,00x1,40m	102,00 €	St.	335
0420	Fensteröffnung, -laibung, ca. 1,00x2,25m	148,00 €	St.	335
0430	Fensteröffnung, -laibung, 2,00x2,25m	188,00 €	St.	335
0500	Fußpunkt Außenwandbekleidung	32,50 €	m	335
0510	Insekten-/Kleintierschutzsieb	8,00 €	m	335
0520	Durchdringung, Wandbekleidung bis Ø100mm	12,00 €	St.	335
016.04	**Dämmungen**			
0010	Zwischensparrendämmung, Glaswolle, d=120mm	17,50 €	m²	361
0020	Zwischensparrendämmung, Glaswolle, d=140mm	20,50 €	m²	361
0030	Zwischensparrendämmung, Glaswolle, d=160mm	20,50 €	m²	361
0040	Zwischensparrendämmung, Glaswolle, d=180mm	22,00 €	m²	361
0050	Zwischensparrendämmung, Glaswolle, d=200mm	22,50 €	m²	361
0060	Zwischensparrendämmung, Glaswolle, d=220mm	23,50 €	m²	361
0070	Zwischensparrendämmung, Glaswolle, d=240mm	24,00 €	m²	361
0100	Zwischensparrendämmung, Steinwolle, d=120mm	23,00 €	m²	361
0110	Zwischensparrendämmung, Steinwolle, d=140mm	24,50 €	m²	361
0120	Zwischensparrendämmung, Steinwolle, d=160mm	26,00 €	m²	361
0130	Zwischensparrendämmung, Steinwolle, d=180mm	27,00 €	m²	361
0140	Zwischensparrendämmung, Steinwolle, d=200mm	28,50 €	m²	361
0150	Zwischensparrendämmung, Steinwolle, d=220mm	29,50 €	m²	361
0160	Zwischensparrendämmung, Steinwolle, d=240mm	30,50 €	m²	361
0200	Zwischensparrendämmung, Holzfaser, d=120mm	15,50 €	m²	361
0210	Zwischensparrendämmung, Holzfaser, d=140mm	17,00 €	m²	361
0220	Zwischensparrendämmung, Holzfaser, d=160mm	18,50 €	m²	361
0230	Zwischensparrendämmung, Holzfaser, d=180mm	20,50 €	m²	361
0240	Zwischensparrendämmung, Holzfaser, d=200mm	21,50 €	m²	361
0250	Zwischensparrendämmung, Holzfaser, d=220mm	23,50 €	m²	361
0260	Zwischensparrendämmung, Holzfaser, d=240mm	25,00 €	m²	361

012
013
016
017
018
020
021
022
069
Rohbau & Dach

0300	Zwischensparrendämmung, Hanffaser, d=120mm	20,50 €	m^2	361
0310	Zwischensparrendämmung, Hanffaser, d=140mm	22,00 €	m^2	361
0320	Zwischensparrendämmung, Hanffaser, d=160mm	23,50 €	m^2	361
0330	Zwischensparrendämmung, Hanffaser, d=180mm	25,00 €	m^2	361
0340	Zwischensparrendämmung, Hanffaser, d=200mm	26,50 €	m^2	361
0350	Zwischensparrendämmung, Hanffaser, d=220mm	27,50 €	m^2	361
0360	Zwischensparrendämmung, Hanffaser, d=240mm	29,00 €	m^2	361
0400	Zwischensparrendämmung, Schafwolle, d=120mm	24,00 €	m^2	361
0410	Zwischensparrendämmung, Schafwolle, d=140mm	25,50 €	m^2	361
0420	Zwischensparrendämmung, Schafwolle, d=180mm	27,00 €	m^2	361
0500	Zwischensparrendämmung, Zellulose, d=140mm	29,00 €	m^2	361
0510	Zwischensparrendämmung, Zellulose, d=160mm	31,50 €	m^2	361
0520	Zwischensparrendämmung, Zellulose, d=200mm	34,00 €	m^2	361
0530	Zwischensparrendämmung, Zellulose, d=240mm	36,50 €	m^2	361
0600	Dampfbremse Dachschräge raumseitig	9,10 €	m^2	361
0610	Dampfsperre Dachschräge raumseitig	9,10 €	m^2	361
0650	Anarbeitung Folie an Dachflächenfenster <2,50m^2	73,00 €	St.	361
0700	Aufdeckendämmung, Steinwolle, d=140mm	28,00 €	m^2	361
0710	Aufdeckendämmung, Steinwolle, d=160mm	29,50 €	m^2	361
0720	Aufdeckendämmung, Steinwolle, d=200mm	32,00 €	m^2	361
0730	Aufdeckendämmung, Steinwolle, d=240mm	35,50 €	m^2	361
0800	Deckendämmung, Glaswolle, d=100mm	21,50 €	m^2	361
0810	Deckendämmung, Glaswolle, d=120mm	22,50 €	m^2	361
0820	Deckendämmung, Glaswolle, d=140mm	24,00 €	m^2	361
016.05	**Dachbinder**			
0010	technische Bearbeitung	3.485,00 €	psch.	399
0020	Nagelplattenbinder, Pultdach, L=11,50m	1.130,00 €	St.	361
0030	Nagelplattenbinder, Satteldach, L=18,30m	1.754,00 €	St.	361
016.06	**Holzfertigteilbauweise**			
0010	Außenwände, tragend, Holztafelbauweise, d=290mm	129,00 €	m^2	331
0020	Innenwände, tragend, Holztafelbauweise, d=215mm	125,00 €	m^2	341
0030	Badwände, tragend, Holztafelbauweise, d=215mm	131,00 €	m^2	341
0040	Innenwände, nicht tragend, Holztafelbauweise, d=141mm	112,00 €	m^2	342
0050	Türöffnung, Innenwand, <1, 26x2, 135m	68,50 €	St.	342
0060	Türöffnung, Innenwand, <2,01x2,135m	109,00 €	St.	342
0070	Fensteröffnung, Außenwand, <1,00x1,30m	67,50 €	St.	331
0080	Fenster-/Türöffnung, Außenwand, <1,00x2,26m	72,50 €	St.	331

0100	Holzelementdecke, L=10,00m, g=5kN/m^2	110,00 €	m^2	351
0110	Holzelementdecke, L=5,00m, g=2kN/m^2	110,00 €	m^2	351
0120	Brettstapeldecke, L=10,00m, g=5kN/m^2	187,00 €	m^2	351
0130	Zulage Unterseite sichtbare Industriequalität	8,00 €	m^2	354
0140	Zulage Schrägschnitte FT-Decke	15,50 €	m	351
0150	Zulage gerundete Deckenkanten	21,50 €	m	351
0160	Aussparung, Holz-FT-Decke, <100cm^2	23,00 €	St.	351
0170	Aussparung, Holz-FT-Decke, <500cm^2	31,50 €	St.	351
0180	Auswechselung, Holz-FT-Decke	25,50 €	St.	351
016.07	**Sanierung**			
0010	Erneuerung Dachschalung, Teilflächen	38,00 €	m^2	369
0020	Erneuerung Dachsparren, ca. 10x14cm	470,00 €	St.	369
0030	Erneuerung Schiftersparren, ca. 16x18cm	642,00 €	m	369
0040	Erneuerung Deckenbalken, Teilstück, 18x24cm	226,00 €	m	369
0050	Verstärkung Deckenbalken, ca. 18x24cm	78,00 €	m	369
0060	Erneuerung Mauerschwelle, ca. 12x14cm	199,00 €	m	369
016.90	**Stundenlohnarbeiten**			
0010	Stundensatz: Fachwerker	59,00 €	h	399
0020	Stundensatz: Bauhelfer	53,00 €	h	399

Rohbau & Dach

017 Stahlbauarbeiten

017	Stahlbauarbeiten			
017.01	**Stahlbau**			
0010	technische Bearbeitung, Statik	5.280,00 €	psch.	361
0020	Stahlkonstruktion Dach, Profilstahl	3.536,00 €	t	361
0030	Stahlkonstruktion Dach, geschweißte Träger	4.905,00 €	t	361
0040	Zulage Stahlbauteile, feuerverzinkt	776,00 €	t	361
0050	thermischer Biegestoß, ISO-Korb	337,00 €	St.	361
0060	Stahlstütze, QRO 60x5, H=2,80m	140,00 €	St.	361
0070	Verankerung Stützenfüße	178,00 €	St.	361
0100	Zugstabsystem, Ø=48, S460, L=4000mm	898,00 €	St.	361
0110	Zugstabsystem, Ø=36, S460, L=4000mm	412,00 €	St.	361
0120	Zugstabsystem, Ø=12, S460, L=3500mm	185,00 €	St.	361
0130	Zugstabsystem, Ø=10, S460, L=3000mm	177,00 €	St.	361
0200	Farbbeschichtung Außenbereich für Profilstahl	662,00 €	t	361
0210	Farbbeschichtung Innenbereich für Profilstahl	593,00 €	t	361
0220	Farbbeschichtung verzinkter Bauteile	49,00 €	m^2	361
0300	Brandschutzbeschichtung, Stahl, F30/R30	74,50 €	m^2	361
0310	Brandschutzbeschichtung, Zugstangen, 24-36mm	80,00 €	m^2	361
0400	Zulage Eisenglimmer	1.597,00 €	t	361
0410	Zulage Eisenglimmer	39,00 €	m^2	361
017.02	**Trapezblech - Dach**			
0010	technische Bearbeitung	2.430,00 €	psch.	369
0020	Personenauffangnetz, horizontal	1,80 €	m^2	392
0030	Personenauffangnetz, Gebrauchsüberlassung	0,30 €	m^2Wo	392
0040	Trapezblechvordach, Profil T40.1, T=0,75mm	26,00 €	m^2	351
0050	Trapezblechdachdecke, Profil T106.1, T=0,88mm	27,50 €	m^2	361
0060	Trapezblechdachdecke, Profil T135.1, T=1mm	32,00 €	m^2	361
0070	Trapezblechdachdecke, Profil T150.1A, T=0,88mm	30,00 €	m^2	361
0080	Zulage vollflächig schubfestes Verlegen	4,10 €	m^2	361
0090	Randbereiche, 2-lg. Verlegung	27,50 €	m^2	361
0100	Firstausbildung, Trapezblech	24,00 €	m	361
0110	Randeinfassprofil, Trapezblech	25,50 €	m	361
0120	Wand-/Attikaanschluss, Stahlblech, T=1mm	31,00 €	m	361
0200	Öffnung Trapezblechdach, 1,00x1,00m	536,00 €	St.	361
0210	Öffnung Trapezblechdach, 1,50x1,50m	639,00 €	St.	361
0220	Öffnung Trapezblechdach, 2,00x2,00m	741,00 €	St.	361
0230	Öffnung Trapezblechdach, 2,50x2,50m	844,00 €	St.	361

0240	Öffnung Trapezblechdach, 1,50x6,00m	1.015,00 €	St.	361
0250	Öffnung Trapezblechdach, 2,20x10,00m	1.392,00 €	St.	361
0300	Durchdringung, Trapezblech, rund, Ø<DN100	40,00 €	St.	361
0310	Durchdringung, Trapezblech, rund, Ø<DN150	44,50 €	St.	361
0320	Durchdringung, Trapezblech, rechteckig, 100x100mm	38,00 €	St.	361
0330	Durchdringung, Trapezblech, rechteckig, 200x200mm	44,50 €	St.	361
0340	Durchdringung, Trapezblech, rechteckig, 300x300mm	52,50 €	St.	361
017.03	**Blechelemente - Wand**			
0010	technische Bearbeitung, Statik, Verlegeplan	1.140,00 €	psch.	335
0100	Stahlunterkonstruktion Kassettenwand	4.542,00 €	t	335
0110	Tragschale Kassettenwand, HK140/600, WD 120mm	72,50 €	m²	335
0120	Außenschale, Stahltrapezprofil, HP35/207	39,00 €	m²	335
0130	Sockelausbildung Trapezblechaußenschale	30,00 €	m	335
0140	Eckausbildung, Trapezblechaußenschale	38,00 €	m	335
0150	Tür-/Fensterabschluss Trapezblechschale	105,00 €	m	335
0200	Stahlunterkonstruktion Kassetten-/Paneelwand	4.542,00 €	t	335
0210	Stahlblechkassetten-Paneelwand, WD 160mm	71,00 €	m²	335
0220	Stahlblechkassetten-Paneelwand, WD 120mm	60,50 €	m²	335
0230	Zulage Eckausbildung, Kassettenwand	39,00 €	m²	335
0240	Anschluss Stahlblechkassettenwand/WDVS	56,00 €	m	335
0250	Sockel Stahlblechkassettenwand/PR-Fassade	73,00 €	m	335
0260	Sockel Stahlblech-Kassettenwand/WDVS	81,00 €	m	335
0270	Sockelausbildung Kassettenwand/Dach	91,50 €	m	335
0280	Vordach, Stahlkonstruktion, ca. 4,80x3,50m	3.103,00 €	St.	335
0290	Attikaausbildung, H=1100mm	234,00 €	m	335
0300	Durchbruch Notüberläufe, 100x100mm	36,50 €	St.	335
0310	Durchbruch Notüberläufe, 200x100mm	42,50 €	St.	335
0320	Durchbruch Notüberläufe, 300x200mm	55,00 €	St.	335
0330	Attikaabdeckung, Z=1100mm	137,00 €	m	335
0340	Dehnungsausgleich, Attikaabdeckung	51,50 €	St.	335
0350	Eckausbildung, Attikaabdeckung	71,00 €	St.	335
0360	Endausbildung, Attikaabdeckung	24,00 €	St.	335
0370	Unterkonstruktion für Firmenlogo	5,60 €	kg	335
0380	Ausschnitte, 100x100mm	74,50 €	St.	335
0390	Ausschnitte, 250x250mm	91,50 €	St.	335
0400	Ausschnitte, rund, DN100	86,00 €	St.	335
0500	Stahlunterkonstruktion, Sandwichelementwand	4.220,00 €	t	335
0510	Sandwichelementwand, d=100mm	82,50 €	m²	335

0520	Zulage Eckausbildung, Sandwichelementwand	19,50 €	m^2	335
0530	Sockelausbildung Sandwichelementwand	34,50 €	m	335
0540	Tür-/Fensterabschluss Sandwichelementwand	22,00 €	m	335
0550	Attikaausbildung Sandwichelementwand	91,50 €	m	335
0560	Ausschnitte, 100x100mm	35,50 €	St.	335
0570	Ausschnitte, 250x250mm	44,50 €	St.	335
0580	Ausschnitte, rund, DN100	39,00 €	St.	335
017.90	**Stundenlohnarbeiten**			
0010	Stundensatz: Fachwerker	61,00 €	h	399
0020	Stundensatz: Bauhelfer	54,50 €	h	399

Rohbau & Dach

018 Abdichtungsarbeiten

018	Abdichtungsarbeiten			
018.01	**Vorbereitende Arbeiten**			
0010	Untergrund reinigen, grobe Verschmutzung	1,90 €	m²	336
018.02	**Außenabdichtungen**			
0010	Abdichtung, Bitumen, R500, W1.1, Bodenfeuchte	21,00 €	m²	335
0020	Abdichtung, MDS, W1.1, Bodenfeuchte	21,50 €	m²	335
0030	Abdichtung, PMBC, W1.2, nicht drückendes Wasser	19,50 €	m²	335
0040	Abdichtung, Bitumen.V13, W1.2, Bodenfeuchte + nicht drückendes Wasser	22,50 €	m²	335
0050	Abdichtung, MDS, W1.2, Bodenfeuchte + nicht drückendes Wasser	21,00 €	m²	335
0100	Abdichtung, Bitumen, W2.1, mäßige Einwirkung, drückendes Wasser, <3,00m	37,00 €	m²	335
0110	Abdichtung, PVC, W2.1, mäßige Einwirkung, drückendes Wasser, <3,00m	30,50 €	m²	335
0120	Abdichtung, Bitumen, W2.2, hohe Einwirkung, drückendes Wasser, 3,00-4,00m	37,00 €	m²	335
0130	Abdichtung, Bitumen, W2.2, hohe Einwirkung, drückendes Wasser, 4,00-9,00m	50,00 €	m²	335
0140	Abdichtung, PVC, W2.2, hohe Einwirkung, drückendes Wasser, 3,00-9,00m	30,50 €	m²	335
0200	Abdichtung, Bitumen, W3, nicht drückendes Wasser	36,50 €	m²	363
0210	Abdichtung, PVC, W3, nicht drückendes Wasser	30,50 €	m²	363
0300	Abdichtung, Bitumen, W4, Spritzwasser	25,00 €	m²	335
0310	Abdichtung, PVC, W4, Spritzwasser	22,50 €	m²	335
0400	Durchdringung, W1.2, Klebeflansch, <300mm	44,50 €	St.	335
0410	Durchdringung, W2.1, Klebeflansch, <300mm	44,50 €	St.	335
0420	Durchdringung, W2.2, Lose-/Festflansch, <300mm	22,50 €	St.	335
0430	Dichtungskehle, PMBC	5,10 €	m	335
0440	Hohlkehle, Mörtel + MDS	16,50 €	m	335
0450	Hohlkehle, Mörtel + Abdichtungsbahn	30,00 €	m	335
0500	Gleitschicht Wandabdichtung	5,20 €	m²	335
0510	Schutzschicht Noppenbahn Wandabdichtung	8,10 €	m²	335
0520	Schutzschicht Kombibahn Wandabdichtung	20,00 €	m²	335
0540	Schutzschicht Perimeterdämmung Wandabdichtung	20,50 €	m²	335
018.03	**Innenabdichtungen**			
0010	Abdichtung, Bitumenbahnen, V13, W1.1, Bodenfeuchte + nicht drückendes Wasser	22,50 €	m²	325
0020	Abdichtung, Bitumenbahnen, V60S4, W1.1, Bodenfeuchte + nicht drückendes Wasser	25,00 €	m²	325
0100	Abdichtung, MDS, W1.1, Bodenfeuchte	21,50 €	m²	325

0300	Randaufkantung, bitum. Abdichtung	6,60 €	m	325
0400	Hohlkehle	5,10 €	m	325
018.04	**Behälter, Tanks, Schwimmbecken**			
0010	Behälterabdichtung, Bitumen, W1-B, <5,00m	46,00 €	m^2	336
0050	Behälterabdichtung, PVC, W2-B, <10,00m	46,00 €	m^2	336
0070	Zulage Auskleidung/Anarbeitung Pumpensumpf	94,00 €	St.	336
0100	Hohlkehle	6,80 €	m	336
0110	Abdichtungsabschluss, Klemmschiene	26,00 €	m	336
0120	Abdichtungsabschluss, verzinkter Lose-/Festflansch	34,50 €	m	336
0130	Abdichtungsabschluss, VA-Lose-/Festflansch	72,50 €	m	336
0200	Durchdringung, Lose-/Festflansch, DN150, 20x20cm, W2-B	121,50 €	St.	336
0210	Durchdringung, Klebeflansch, DN150, 20x20cm, W1-B	45,50 €	St.	336
018.05	**Dämmungen, Schutzbahnen**			
0010	Wanddämmung, Perimeter, XPS, 60mm	27,50 €	m^2	335
0020	Wanddämmung, Perimeter, XPS, 80mm	29,00 €	m^2	335
0030	Wanddämmung, Perimeter, XPS, 100mm	30,50 €	m^2	335
0040	Wanddämmung, Perimeter, XPS, 120mm	36,00 €	m^2	335
0050	Wanddämmung, Perimeter, CG, 60mm	78,50 €	m^2	335
0060	Wanddämmung, Perimeter, CG, 80mm	97,00 €	m^2	335
0070	Wanddämmung, Perimeter, CG, 100mm	116,00 €	m^2	335
0080	Wanddämmung, Perimeter, CG, 120mm	135,00 €	m^2	335
0100	Dämmung, Bodenplatte, CG, 60mm, Heißbitumen	84,50 €	m^2	325
0110	Dämmung, Bodenplatte, CG, 80mm, Heißbitumen	103,00 €	m^2	325
0120	Dämmung, Bodenplatte, CG, 100mm, Heißbitumen	123,00 €	m^2	325
0130	Dämmung, Bodenplatte, CG, 120mm, Heißbitumen	141,00 €	m^2	325
018.90	**Stundenlohnarbeiten**			
0010	Stundensatz: Fachwerker	48,00 €	h	399
0020	Stundensatz: Bauhelfer	35,50 €	h	399

Rohbau & Dach

020 Dachdeckungsarbeiten

020	Dachdeckungsarbeiten			
020.01	**Vorbereitende Maßnahmen**			
0010	Abbruch + Entsorgung Dachdeckung	13,50 €	m²	394
0100	Abbruch Dachflächenfenster, <1,00m²	25,00 €	St.	394
0110	Abbruch Dachflächenfenster, <2,00m²	31,50 €	St.	394
0200	Abbruch Schornstein über Dach, H≤3,00m, 1-zügig	650,00 €	St.	394
0210	Abbruch Schornstein über Dach, H≤5,00m, 1-zügig	910,00 €	St.	394
0220	Abbruch Schornstein über Dach, H≤3,00m, 2-3-zügig	1.622,00 €	St.	394
0230	Abbruch Schornstein über Dach, H≤5,00m, 2-3-zügig	2.035,00 €	St.	394
0240	Abbruch Schornstein unter Dach, H≤3,00m, 1-zügig	774,00 €	St.	394
0250	Abbruch Schornstein unter Dach, H≤5,00m, 1-zügig	1.036,00 €	St.	394
0260	Abbruch Schornstein unter Dach, H≤3,00m, 2-3-zügig	1.748,00 €	St.	394
0270	Abbruch Schornstein unter Dach, H≤5,00m, 2-3-zügig	2.160,00 €	St.	394
020.02	**Unterdach, Unterbau, Unterdeckung**			
0010	Trauf-/Ortgangschalung	57,50 €	m²	363
0020	Zulage Schalung polygonal	19,50 €	m²	363
0100	Unterdach, Rauhschalung, Nut + Feder, d=22mm	18,50 €	m²	363
0110	Unterdach, Rauhschalung, Nut + Feder, d=25mm	21,00 €	m²	363
0120	Unterdach, Rauhschalung, Nut + Feder, d=28mm	29,00 €	m²	363
0200	Unterdach, Grobspanplatte, Nut + Feder, d=18mm	18,50 €	m²	363
0210	Unterdach, Grobspanplatte, Nut + Feder, d=22mm	20,50 €	m²	363
0300	Unterdach, Holzfaserdämmpatte, Nut + Feder, auf Sparren, 22mm	17,50 €	m²	363
1000	Unterspannbahn, PP-Vlies	6,60 €	m²	363
1100	Unterdeckung, Bitumen, regendicht, hinterlüftet	4,70 €	m²	363
1150	Unterdeckung, Poly, regendicht, nicht hinterlüftet	9,20 €	m²	363
1160	Unterdeckung, Poly, Kehlen, Grate	24,50 €	m	363
1170	Unterdeckung, Poly, Durchdringung <250mm	14,00 €	St.	363
1200	Unterdeckung, Bitumen, wasserdicht, hinterlüftet	26,00 €	m²	363
1250	Unterdeckung, TPU, wasserdicht, nicht hinterlüftet	21,50 €	m²	363
1260	Unterdeckung, TPU, Kehlen, Grate	90,00 €	m	363
1270	Unterdeckung, TPU, Durchdringung <250mm	20,50 €	St.	363
2000	Lattung/Konterlattung, e≤80cm, <11,00m	6,50 €	m²	363
2010	Lattung/Konterlattung, e≤80cm, >11,00m	10,50 €	m²	363
2100	Lattung/Konterlattung, e≤100cm, <11,00m	13,00 €	m²	363
2110	Lattung/Konterlattung, e≤100cm, >11,00m	15,50 €	m²	363
2200	Lattung/Konterlattung, Biberschwanz-Doppeldeckung	13,00 €	m²	363

5000	Unterdeckung, Traufe mit Insektenschutz	31,50 €	m	363
5100	Zulage nicht brennbare Lattung über Brandwand	38,00 €	m	363
020.03	**Dämmung**			
0010	Zwischensparrendämmung, Glaswolle, d=120mm	18,00 €	m^2	361
0020	Zwischensparrendämmung, Glaswolle, d=140mm	20,50 €	m^2	361
0030	Zwischensparrendämmung, Glaswolle, d=160mm	21,50 €	m^2	361
0040	Zwischensparrendämmung, Glaswolle, d=180mm	22,50 €	m^2	361
0050	Zwischensparrendämmung, Glaswolle, d=200mm	23,00 €	m^2	361
0060	Zwischensparrendämmung, Glaswolle, d=220mm	24,00 €	m^2	361
0070	Zwischensparrendämmung, Glaswolle, d=240mm	24,50 €	m^2	361
0100	Zwischensparrendämmung, Steinwolle, d=120mm	23,50 €	m^2	361
0110	Zwischensparrendämmung, Steinwolle, d=140mm	25,00 €	m^2	361
0120	Zwischensparrendämmung, Steinwolle, d=160mm	26,50 €	m^2	361
0130	Zwischensparrendämmung, Steinwolle, d=180mm	28,00 €	m^2	361
0140	Zwischensparrendämmung, Steinwolle, d=200mm	29,00 €	m^2	361
0150	Zwischensparrendämmung, Steinwolle, d=220mm	30,50 €	m^2	361
0160	Zwischensparrendämmung, Steinwolle, d=240mm	31,00 €	m^2	361
0200	Zwischensparrendämmung, Holzfaser, d=120mm	15,50 €	m^2	361
0210	Zwischensparrendämmung, Holzfaser, d=140mm	17,50 €	m^2	361
0220	Zwischensparrendämmung, Holzfaser, d=160mm	19,00 €	m^2	361
0230	Zwischensparrendämmung, Holzfaser, d=180mm	21,00 €	m^2	361
0240	Zwischensparrendämmung, Holzfaser, d=200mm	22,00 €	m^2	361
0250	Zwischensparrendämmung, Holzfaser, d=220mm	24,00 €	m^2	361
0260	Zwischensparrendämmung, Holzfaser, d=240mm	25,50 €	m^2	361
0300	Zwischensparrendämmung, Hanffaser, d=120mm	21,00 €	m^2	361
0310	Zwischensparrendämmung, Hanffaser, d=140mm	22,50 €	m^2	361
0320	Zwischensparrendämmung, Hanffaser, d=160mm	24,00 €	m^2	361
0330	Zwischensparrendämmung, Hanffaser, d=180mm	25,50 €	m^2	361
0340	Zwischensparrendämmung, Hanffaser, d=200mm	27,00 €	m^2	361
0350	Zwischensparrendämmung, Hanffaser, d=220mm	28,00 €	m^2	361
0360	Zwischensparrendämmung, Hanffaser, d=240mm	29,50 €	m^2	361
0400	Zwischensparrendämmung, Schafwolle, d=120mm	24,50 €	m^2	361
0410	Zwischensparrendämmung, Schafwolle, d=140mm	26,00 €	m^2	361
0420	Zwischensparrendämmung, Schafwolle, d=180mm	27,50 €	m^2	361
0500	Zwischensparrendämmung, Zellulose, d=140mm	30,00 €	m^2	361
0510	Zwischensparrendämmung, Zellulose, d=160mm	32,50 €	m^2	361
0520	Zwischensparrendämmung, Zellulose, d=200mm	35,00 €	m^2	361

0530	Zwischensparrendämmung, Zellulose, d=240mm	37,50 €	m²	361
0600	Dampfbremse Dachschräge raumseitig	9,40 €	m²	361
0700	Untersparrendämmung, Glaswolle, d=30mm	13,00 €	m²	363
0710	Untersparrendämmung, Glaswolle, d=40mm	15,00 €	m²	363
0720	Untersparrendämmung, Glaswolle, d=50mm	17,00 €	m²	363
0730	Untersparrendämmung, Glaswolle, d=60mm	18,00 €	m²	363
0800	Aufsparrendämmung/Unterdeckung, d=60mm	24,00 €	m²	363
0810	Aufsparrendämmung/Unterdeckung, d=80mm	25,50 €	m²	363
0820	Aufsparrendämmung/Unterdeckung, d=100mm	27,50 €	m²	363
0830	Aufsparrendämmung/Unterdeckung, d=120mm	29,00 €	m²	363
0900	Aufsparrendämmung, Steinwolle, d=100mm	27,50 €	m²	363
0910	Aufsparrendämmung, Steinwolle, d=120mm	32,00 €	m²	363
1000	Aufsparrendämmung, PUR, 100mm	34,00 €	m²	363
1010	Aufsparrendämmung, PUR, 120mm	36,50 €	m²	363
1100	Dampfbremsfolie, PE, 0,2mm	6,60 €	m²	363
1110	Dampfbremsfolie, PA, Klimamembran	9,30 €	m²	363
1120	Manschette, Kabeldurchführung, <DN25	7,70 €	St.	363
1130	Manschette, Rohrdurchführung, >DN25<DN200	20,00 €	St.	363
1140	Manschette, Schalter/Steckdose	15,50 €	St.	363
020.04	**Dachdeckungen Dachziegel, Dachstein**			
0010	Biberschwanz-Doppeldeckung	43,00 €	m²	363
0020	Biberschwanz-Kronendeckung	45,00 €	m²	363
0030	Hohlpfannendeckung	26,50 €	m²	363
0040	Hohlstrangfalzziegeldeckung	29,50 €	m²	363
0050	Doppelmuldenfalzziegeldeckung, engobiert	30,50 €	m²	363
0060	Doppelmuldenfalzziegeldeckung, glasiert	30,50 €	m²	363
0070	Großfalzziegeldeckung, engobiert	28,00 €	m²	363
0080	Großfalzziegeldeckung, glasiert	28,00 €	m²	363
0090	Flachziegeldeckung, engobiert	32,00 €	m²	363
0100	Flachziegeldeckung, glasiert	32,50 €	m²	363
0110	Betonsteindeckung, eben mit Längsfalz	26,00 €	m²	363
0120	Betonsteindeckung, Doppelmuldenfalz	29,50 €	m²	363
0200	Firstausbildung	64,50 €	m	363
0210	Firstanfänger, -end	23,50 €	St.	363
0220	Ortgang	49,50 €	m	363
0230	Pultdachanfänger	55,50 €	m	363
0240	Mansarddachanfang	83,00 €	m	363
0250	Dachkehle	50,50 €	m	363

0260	Zulage Lüfter	24,50 €	St.	363
0270	Zulage Dunstrohr	147,00 €	St.	363
0280	Zulage Dunstrohr, Kunststoff	84,00 €	St.	363
0290	Zulage Antennendurchgang	181,00 €	St.	363
0300	Zulage Antennendurchgang, Kunststoff	119,00 €	St.	363
0310	Zulage Formteil/Schneefang	43,00 €	St.	363
0320	Zulage Durchführung Abgasrohr	262,00 €	St.	363
0400	Faserzementdeckung, Doppeldeckung, 20x40cm	66,00 €	m^2	363
0410	Faserzementdeckung, Doppeldeckung, 30x60cm	61,00 €	m^2	363
0420	Faserzementdeckung, dt. Deckung, 30x30cm	58,00 €	m^2	363
0430	Faserzementdeckung, Rhombusdeckung, 40x44cm	73,00 €	m^2	363
0440	Faserzementdeckung, Spitzschablone, 30x30cm	79,00 €	m^2	363
0500	Traufeindeckung, Faserzement, Ansetzerplatten	30,50 €	m	363
0510	Traufeindeckung, Faserzement, eingespitzt	35,50 €	m	363
0520	Traufeindeckung, Faserzement, Ansetzer + Traufgebinde	32,00 €	m	363
0600	Firstdeckung, Faserzement, einfache Seitenüberdeckung	43,00 €	m	363
0610	Pultdachfirst, Faserzement, einfache Seitenüberdeckung	46,50 €	m	363
0700	Ortdeckung, Faserzement, eingebunden	35,50 €	m	363
0710	Ortdeckung, Faserzement, auslaufend	33,00 €	m	363
0800	Gratdeckung, Faserzement, aufgelegt	43,00 €	m	363
0810	Blechkehle, Faserzement	54,50 €	m	363
0820	unterlegte Plattenkehle, Faserzement	60,50 €	m	363
0900	Faserzement-Wellplattendeckung, 177x51mm	30,50 €	m^2	363
0910	Satteldachfirst, Faserzement-Wellplatten	33,50 €	m	363
0920	First-/Gratausbildung, Faserzement-Kappen	35,50 €	m	363
0930	Pultdachfirst, Faserzement-Wellplatten	109,00 €	m	363
0940	Traufenzahnleiste, Faserzement-Wellplatten	33,00 €	m	363
0950	Traufenlüftungskamm, Faserzement-Wellplatten	19,50 €	m	363
0960	Traufenfußstücke, Faserzement-Wellplatten	27,00 €	m	363
0970	Ortgang, Faserzement-Wellplatten, Giebelwinkel	43,50 €	m	363
0980	untergelegte Kehle, Faserzement-Wellplatten	105,00 €	m	363
1000	Wandanschluss, traufseitig	34,50 €	m	363
1010	Wandanschluss, firstseitig	28,00 €	m	363
1020	Wandanschluss, seitlich, untergedeckt	50,00 €	m	363
1030	Wandanschluss, seitlich, übergedeckt	54,50 €	m	363
1100	Schieferdeckung, altdt. Deckung, normaler Hieb	131,00 €	m^2	363

1110	Schieferdeckung, Schuppen, 30x25cm	112,00 €	m^2	363
1120	Schieferdeckung, Bogenschnitt, 30x30cm	75,00 €	m^2	363
1130	Schieferdeckung, Doppeldeckung, 20x40cm	105,00 €	m^2	363
1200	Traufeindeckung, Schiefer, eingebundener Fuß	58,00 €	m	363
1210	Traufeindeckung, Schiefer, Ansetzersteine	45,00 €	m	363
1300	Firstdeckung, Schiefer, aufgelegt	53,50 €	m	363
1400	Ortdeckung, Schiefer, eingebunden	45,50 €	m	363
1410	Ortdeckung, Schiefer, auslaufend	43,50 €	m	363
1500	Gratdeckung, Schiefer, eingebunden	56,00 €	m	363
1510	Gratdeckung, Schiefer, aufgelegt	53,00 €	m	363
1520	Hauptkehle, Schiefer, eingebunden	73,50 €	m	363
1530	Herz-/Rechteckkehle, Schiefer, eingebunden	71,50 €	m	363
1600	Schneefanggitter mit Schneefangstützen	39,00 €	m	363
1610	Sicherheitsdachhaken	18,50 €	St.	363
1620	Einzeltrittrost, verzinkt, farbbeschichtet, 25x80cm	135,00 €	St.	369
1630	Einzeltrittrost, verzinkt, farbbeschichtet, 25x44,5cm	83,50 €	St.	369
1700	Wandbekleidung, Faserzemt, dt. Deckung, 30x30cm	66,00 €	m^2	335
1710	Wandbekleidung, Faserzement, Wabendeckung, 25x25cm	76,50 €	m^2	335
1720	Wandbekleidung, Faserzement, waagerecht, 20x20cm	65,00 €	m^2	335
1730	Wandbekleidung, Schiefer, Schuppen, 20x15cm	106,00 €	m^2	335
1740	Wandbekleidung, Schiefer, Bogenschnitt, 30x30cm	80,00 €	m^2	335
1750	Wandbekleidung, Schiefer, Doppeldeckung, 30x20cm	95,00 €	m^2	335
1800	seitliche Anschlüsse, Ecken, eingebunden	52,50 €	m	335
1810	seitliche Anschlüsse, Ecken, auslaufend	60,00 €	m	335
1820	oberer Abschluss, aufgelegt	59,50 €	m	335
1830	unterer Abschluss, mit Überstand	56,50 €	m	335
020.05	**Dachflächenfenster**			
0010	Auswechselung, Dachflächenfenster	125,00 €	m	362
0020	Zulage 2er-Kombi-Eindeckrahmen	-33,00 €	m	362
0030	Zulage 3er-Kombi-Eindeckrahmen	-43,50 €	m	362
0100	Dachflächenfenster, Holz, Schwing, 55x98cm	1.136,00 €	St.	362
0110	Dachflächenfenster, Holz, Schwing, 66x118cm	1.223,00 €	St.	362
0120	Dachflächenfenster, Holz, Schwing, 78x140cm	1.386,00 €	St.	362
0130	Dachflächenfenster, Holz, Schwing, 94x160cm	1.473,00 €	St.	362
0200	Dachflächenfenster, Holz, Klapp-Schwing, 55x98cm	1.448,00 €	St.	362
0210	Dachflächenfenster, Holz, Klapp-Schwing, 66x118cm	1.536,00 €	St.	362
0220	Dachflächenfenster, Holz, Klapp-Schwing, 78x140cm	1.698,00 €	St.	362

0230	Dachflächenfenster, Holz, Klapp-Schwing, 94x160cm	1.723,00 €	St.	362
0300	Dachflächenfenster, Kunststoff, Schwing, 55x98cm	1.200,00 €	St.	362
0400	Dachflächenfenster, Kunststoff, Schwing, 66x118cm	1.286,00 €	St.	362
0410	Dachflächenfenster, Kunststoff, Schwing, 78x140cm	1.448,00 €	St.	362
0420	Dachflächenfenster, Kunststoff, Schwing, 94x160cm	1.536,00 €	St.	362
0500	Dachflächenfenster, Kunststoff, Klapp-Schwing, 55x98cm	1.511,00 €	St.	362
0510	Dachflächenfenster, Kunststoff, Klapp-Schwing, 66x118cm	1.598,00 €	St.	362
0520	Dachflächenfenster, Kunststoff, Klapp-Schwing, 78x140cm	1.760,00 €	St.	362
0530	Dachflächenfenster, Kunststoff, Klapp-Schwing, 94x160cm	1.848,00 €	St.	362
0600	Zulage elektrische Öffenbarkeit, Funkfernbedienung	562,00 €	St.	362
0700	Zulage elektrische Öffenbarkeit über Solarbetrieb	537,00 €	St.	362
0710	Zulage Dachfenster als RWA	1.200,00 €	St.	362
0720	Bedienpad Fenster/Sonnenschutz	179,00 €	St.	362
0900	Rollo DFF elektromotorisch, 55x98cm	439,00 €	St.	366
0910	Rollo DFF elektromotorisch, 66x118cm	478,00 €	St.	366
0920	Rollo DFF elektromotorisch, 78x140cm	521,00 €	St.	366
0930	Rollo DFF elektromotorisch, 94x160cm	565,00 €	St.	366
1000	Rollo DFF Solar, 55x98cm	547,00 €	St.	366
1010	Rollo DFF Solar, 66x118cm	586,00 €	St.	366
1020	Rollo DFF Solar, 78x140cm	630,00 €	St.	366
1030	Rollo DFF Solar, 94x160cm	673,00 €	St.	366
1100	Markisette DFF manuell, 55x98cm	71,00 €	St.	366
1110	Markisette DFF manuell, 66x118cm	35,00 €	St.	366
1120	Markisette DFF manuell, 78x140cm	43,00 €	St.	366
1130	Markisette DFF manuell, 94x160cm	92,00 €	St.	366
1200	Markisette DFF elektromotorisch, 55x98cm	391,00 €	St.	366
1210	Markisette DFF elektromotorisch, 66x118cm	402,00 €	St.	366
1220	Markisette DFF elektromotorisch, 78x140cm	423,00 €	St.	366
1230	Markisette DFF elektromotorisch, 94x160cm	467,00 €	St.	366
1300	Markisette DFF Solar, 55x98cm	500,00 €	St.	366
1310	Markisette DFF Solar, 66x118cm	510,00 €	St.	366
1320	Markisette DFF Solar, 78x140cm	532,00 €	St.	366
1330	Markisette DFF Solar, 94x160cm	575,00 €	St.	366
1400	Innenrollo DFF manuell, 55x98cm	92,00 €	St.	366
1410	Innenrollo DFF manuell, 66x118cm	98,00 €	St.	366

1420	Innenrollo DFF manuell, 78x140cm	125,00 €	St.	366
1430	Innenrollo DFF manuell, 94x160cm	141,00 €	St.	366
1500	Innenrollo DFF elektromotorisch, 55x98cm	239,00 €	St.	366
1510	Innenrollo DFF elektromotorisch, 66x118cm	244,00 €	St.	366
1520	Innenrollo DFF elektromotorisch, 78x140cm	261,00 €	St.	366
1530	Innenrollo DFF elektromotorisch, 94x160cm	288,00 €	St.	366
020.06	**Sonstiges**			
0010	Anschluss an aufgehende Bauteile	45,00 €	m	363
0020	Anschluss vertiefte Rinne	72,50 €	m	363
0030	untergelegte Dachkehle, PVC	76,50 €	m	363
0040	untergelegte Dachkehle, Zinkblech	85,00 €	m	363
0050	Taubenvergrämung, VA-Federstahldraht	42,50 €	m	369
020.90	**Stundenlohnarbeiten**			
0010	Stundensatz: Fachwerker	47,00 €	h	369
0020	Stundensatz: Bauhelfer	42,50 €	h	369

Rohbau & Dach

021 Dachabdichtungsarbeiten

021	Dachabdichtungsarbeiten			
021.00	**Vorbereitende Arbeiten**			
0010	Untergrundprüfung	0,50 €	m²	363
0020	Untergrund reinigen, grobe Verschmutzung	2,20 €	m²	363
0100	Ausgleich Heißbitumen <0,50m²	8,10 €	St.	363
0110	Ausgleich Heißbitumen <1,00m²	12,00 €	St.	363
0120	Ausgleich Heißbitumen <2,00m²	16,00 €	St.	363
0200	Toleranzausgleich Untergrund Heißbitumen	6,00 €	m²	363
021.01	**Ungedämmt**			
0010	bitum. Dachabdichtung, 2-lg.	45,00 €	m²	363
021.02	**Gedämmt**			
0010	bitum. Dachabdichtung, 2-lg., MW, 040, d=140mm	73,00 €	m²	363
0020	bitum. Dachabdichtung, 2-lg., MW, 040, d=200mm	91,00 €	m²	363
0030	bitum. Dachabdichtung, 2-lg., EPS, 035, d=140mm	54,50 €	m²	363
0040	bitum. Dachabdichtung, 2-lg., EPS, 035, d=200mm	82,50 €	m²	363
0050	bitum. Dachabdichtung, 2-lg., EPS, 040, d=140mm	52,00 €	m²	363
0060	bitum. Dachabdichtung, 2-lg., EPS, 040, d=200mm	80,00 €	m²	363
0100	Kunststoffabdichtung, PVC-P, MW, 035, d=140mm	69,50 €	m²	363
0110	Kunststoffabdichtung, PVC-P, EPS, 035, d=140mm	53,00 €	m²	363
0200	bitum. Dachabdichtung, 2-lg., MW, 040, d=140mm	76,50 €	m²	363
0210	bitum. Dachabdichtung, 2-lg., MW, 040, d=200mm	92,00 €	m²	363
0220	bitum. Dachabdichtung, 2-lg., EPS, 035, d=140mm	61,00 €	m²	363
0230	bitum. Dachabdichtung, 2-lg., EPS, 035, d=200mm	85,50 €	m²	363
0240	bitum. Dachabdichtung, 2-lg., EPS, 040, d=140mm	58,00 €	m²	363
0250	bitum. Dachabdichtung, 2-lg., EPS, 040, d=200mm	66,50 €	m²	363
0260	bitum. Dachabdichtung, 2-lg., PUR, 025, d=140mm	75,50 €	m²	363
0270	bitum. Dachabdichtung, 2-lg., PUR, 025, d=200mm	98,00 €	m²	363
0280	bitum. Dachabdichtung, 2-lg., CG, 040, d=140mm	157,00 €	m²	363
0290	bitum. Dachabdichtung, 2-lg., CG, 040, d=200mm	205,00 €	m²	363
0300	Umkehrdach, bitum. Dachabdichtung, 2-lg., XPS, d=140mm	58,00 €	m²	363
0310	Umkehrdach, bitum. Dachabdichtung, 2-lg., XPS, d=200mm	75,50 €	m²	363
0400	Kunststoffabdichtung, EVA, EPS, 035, d=140mm	56,00 €	m²	363
0500	Mehr-/Minderstärken, MW-Dämmung, 10mm	5,80 €	m²	363
0510	Mehr-/Minderstärken, EPS-Dämmung, 10mm	3,40 €	m²	363
0520	Mehr-/Minderstärken, PUR-Dämmung, 10mm	3,80 €	m²	363
0530	Mehr-/Minderstärken, CG-Dämmung, 10mm	6,60 €	m²	363
0540	Mehr-/Minderstärken, XPS-Dämmung, 10mm	3,00 €	m²	363

0600	Zulage Gefälledämmung, MW	16,50 €	m^2	363
0610	Zulage Gefälledämmung, EPS	11,00 €	m^2	363
0620	Zulage Gefälledämmung, PUR	17,00 €	m^2	363
0630	Zulage Gefälledämmung, CG	36,00 €	m^2	363
0640	Zulage Dampfsperre als Notabdichtung	15,00 €	m^2	363
0650	Zulage Brandüberschlagsstreifen, A1	31,50 €	m	363
0660	Zulage XPS unter Maschinenfundamenten	25,50 €	m^2	363
0670	Schwingungsisolierung, Maschinenfundament	44,50 €	St.	363
0680	Probe-Anstaubewässerung	2,10 €	m^2	363
0690	Zonierung, Dachabdichtung, Felder <300,00m²	2,60 €	m^2	363
0700	Zonierung, Dachabdichtung, Felder <100,00m²	3,30 €	m^2	363
0710	Zulage mechanische Befestigung Dachabdichung	6,80 €	m^2	363
0800	Attikaaufkantung, 2-lg. bitum., EPS, H=55cm	50,00 €	m	363
0810	Attikaaufkantung, 2-lg. bitum., PUR, H=55cm	56,00 €	m	363
0820	Attikaaufkantung, 2-lg. bitum., CG, H=55cm	91,00 €	m	363
0830	Attikaaufkantung, 2-lg. bitum. MW, UK Attikaverblechung	85,00 €	m	363
0840	Attikaaufkantung, 1-lg., Kunststoff, EPS, H=85cm	64,50 €	m	363
0900	Wandaufkantung, 2-lg. bitum., H=50cm	50,00 €	m	363
0910	Wandaufkantung, 2-lg. bitum., EPS, H=50cm	38,50 €	m	363
0920	Wandaufkantung, 2-lg. bitum., PUR, H=50cm	48,00 €	m	363
0930	Wandaufkantung, 2-lg. bitum., MW, H=50cm	49,50 €	m	363
0980	Überdeckung ISO-Korb-Balkonanschluss	48,50 €	m	363
0990	Wandaufkantung, Anschluss an Außentür	30,00 €	m	363
1000	Dachdurchdringung, Klebeflansch, <500cm²	64,00 €	St.	363
1010	Dachdurchdringung, Klebeflansch, <1500cm²	103,00 €	St.	363
1020	Dachdurchdringung, Klebeflansch, <4000cm²	114,00 €	St.	363
1030	Dachdurchdringung, Klebeflansch, >4000cm²	122,00 €	m	363
1100	Dachdurchdringung, Klemmflansch, <500cm²	75,00 €	St.	363
1110	Dachdurchdringung, Klemmflansch, <1500cm²	117,00 €	St.	363
1120	Dachdurchdringung, Klemmflansch, <4000cm²	148,00 €	St.	363
1130	Dachdurchdringung, Klemmflansch, >4000cm²	167,00 €	m	363
1200	Dachdurchdringung, Aufkantung, Klemmschiene, <500cm²	71,00 €	St.	363
1210	Dachdurchdringung, Aufkantung, Klemmschiene, <1500cm²	137,00 €	St.	363
1220	Dachdurchdringung, Aufkantung, Klemmschiene, <4000cm²	164,00 €	St.	363
1230	Dachdurchdringung, Aufkantung, Klemmschiene, >4000cm²	178,00 €	m	363

1300	Dachdurchdringung, Flüssigkunststoff, <500cm^2	36,50 €	St.	363
1310	Dachdurchdringung, Flüssigkunststoff, <1500cm^2	43,50 €	St.	363
1320	Dachdurchdringung, Flüssigkunststoff, <4000cm^2	48,50 €	St.	363
1330	Dachdurchdringung, Flüssigkunststoff, >4000cm^2	57,50 €	m	363
1400	Sickenfüller, MW, Trapezblechdach	24,50 €	m	363
1500	Bewegungsfuge, Typ I, bitum. Abdichtung	25,00 €	m	363
1510	Bewegungsfuge, Typ II, bitum. Abdichtung	92,50 €	m	363
1520	Bewegungsfuge, Typ I, Kunststoffabdichtung	29,50 €	m	363
1530	Bewegungsfuge, Typ II, Kunststoffabdichtung	99,00 €	m	363
021.03	**Dachbeläge**			
0010	Auflast, Kiesschüttung, 16-32mm, d=5cm	10,50 €	m^2	363
0020	Auflast, Kiesschüttung, 16-32mm, d=12cm	16,50 €	m^2	363
0030	Auflast, Kiesschüttung, 16-32mm, d=22cm	25,50 €	m^2	363
0100	Betonplatten als Auflast, 40x40x4cm	71,00 €	m^2	363
0110	Betonplatten, 40x40x4cm, grau, Splittbett	128,00 €	m^2	363
0120	Betonplatten, 40x40x5cm, glasiert, Splittbett	142,00 €	m^2	363
0130	Betonplatten, 40x40x4cm, grau, Stelzlager	148,00 €	m^2	363
0140	Betonplatten, 40x40x5cm, glasiert, Stelzlager	162,00 €	m^2	363
0150	Betonplatten, 40x40x4cm, grau, Mörtelsäcke	108,00 €	m^2	363
0160	Betonplatten, 40x40x5cm, glasiert, Mörtelsäcke	119,00 €	m^2	363
0200	Randausbildung, Kies, Fangleiste, B=40cm	32,00 €	m	363
0210	Betonplatten für Wartungwege, 40x40x4cm	73,00 €	m^2	363
0220	Zulage An-/Abschluss, Plattenbelag, rund	21,00 €	m	363
0230	Zulage An-/Abschluss, Plattenbelag, schräg	11,00 €	m	363
0300	Terrassenbelag, Douglasie, 27x142mm	92,50 €	m^2	363
0310	Terrassenbelag, sibirische Lärche, 27x145mm	105,00 €	m^2	363
0320	Terrassenbelag, Bangkirai, 25x145mm	123,00 €	m^2	363
0330	Terrassenbelag, IPE, 21x145mm	126,00 €	m^2	363
0340	Terrassenbelag, Thermobuche, 25x130mm	118,00 €	m^2	363
0350	Terrassenbelag, WPC-Dielen, 23x144mm	170,00 €	m^2	363
0400	Zulage Anschluss, Terrassenbelag, rund	25,50 €	m	363
0410	Zulage Anschluss, Terrassenbelag, schräg	18,50 €	m	363
0420	Zulage Revióffnung in Holzbelägen	32,50 €	St.	363
021.04	**Dachbegrünung**			
0010	extensive Dachbegrünung, komplett, 10-25cm, 100-300kg/m^2	43,50 €	m^2	363
0020	extensive Leichtdachbegrünung, komplett, 5cm, 50kg/m^2	36,50 €	m^2	363

0100	intensive Dachbegrünung, komplett, 60-100cm, 700-1300kg/m²	94,50 €	m²	363
0200	Randausbildung, Kies, Fangleiste, B=40cm	32,00 €	m	363
0210	Betonplatten für Wartungwege, 40x40x4cm	73,00 €	m²	363
021.05	**Einbauteile**			
0010	Lichtkuppel, 2-schalig, starr, opal, 100x100cm	1.050,00 €	St.	362
0020	Lichtkuppel, 2-schalig, starr, opal, 120x150cm	1.320,00 €	St.	362
0030	Lichtkuppel, 2-schalig, starr, opal, 150x150cm	1.460,00 €	St.	362
0040	Lichtkuppel, 2-schalig, starr, opal, 150x200cm	1.667,00 €	St.	362
0050	Lichtkuppel, 2-schalig, starr, klar, 100x100cm	1.002,00 €	St.	362
0060	Lichtkuppel, 2-schalig, starr, klar, 120x150cm	1.273,00 €	St.	362
0070	Lichtkuppel, 2-schalig, starr, klar, 150x150cm	1.414,00 €	St.	362
0080	Lichtkuppel, 2-schalig, starr, klar, 150x200cm	1.620,00 €	St.	362
0100	Zulage manuelle Öffnungsfunktion	131,00 €	St.	362
0110	Zulage elektromotorische Öffnungsfunktion	553,00 €	St.	362
0120	Zulage Dachausstieg, manuelle Öffnung	384,00 €	St.	362
0130	Zulage elektromotorische Öffnungsfunktion + RWA	1.004,00 €	St.	362
0140	Zulage pneumatische RWA-Öffnungsfunktion,CO2	472,00 €	St.	362
0150	Zulage Durchsturzsicherung, 100x100cm	166,00 €	St.	362
0160	Zulage Durchsturzsicherung, 120x150cm	181,00 €	St.	362
0170	Zulage Durchsturzsicherung, 150x150cm	244,00 €	St.	362
0180	Zulage Durchsturzsicherung, 150x200cm	312,00 €	St.	362
0190	Dachaustiegsleiter, Wandhalterung, Alu, H≤3,50m	262,00 €	St.	362
0200	Absturzsicherung, Seilsicherungssystem	38,50 €	m	369
0210	Einzelsekuranten, wärmegedämmt	234,00 €	St.	369
0220	persönliche Schutzausrüstung	245,00 €	St.	369
0300	Flachdachentlüfter, NW=100mm	149,00 €	St.	363
0310	Notüberlauf, PVC, DN70	462,00 €	St.	363
0320	Entwässerungsrinne, V2A-Rost, B=15cm, A15	177,00 €	m	363
0330	Entwässerungsrinne, Stahlrost, B=15cm, A15	123,00 €	m	363
0340	Entwässerungsrinne, Gussrost, B=15cm, C250	156,00 €	m	363
0350	Dränrost, V2A, nivellierbar, B=15cm, A15	99,50 €	m	363
021.06	**Flüssigabdichtung**			
0010	Flüssigabdichtung, 2K-Abdichtungsharz, PMMA	114,00 €	m²	363
0020	Sockel, Flüssigkeitsabdichtung, H=30cm	52,00 €	m	363
021.07	**Wartung**			
0010	Wartung Dachflächen	0,20 €	m²	369
0020	Wartung extensiv begrünte Dachflächen	0,30 €	m²	369

0030	Wartung intensiv begrünte Dachflächen	0,20 €	m^2	369
0040	Wartung RWA	182,00 €	St.	369
021.90	**Stundenlohnarbeiten**			
0010	Stundensatz: Fachwerker	52,50 €	h	399
0020	Stundensatz: Bauhelfer	47,00 €	h	399

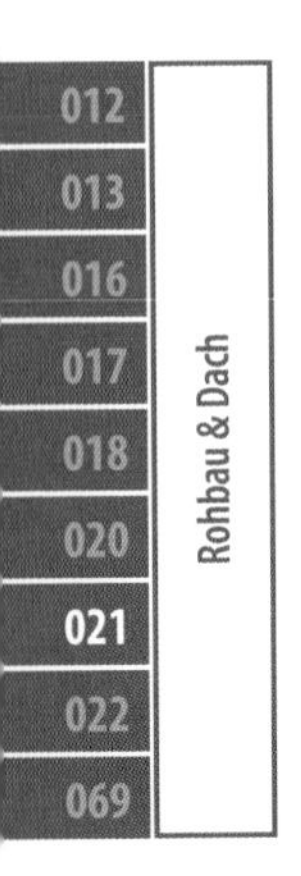

Rohbau & Dach

022 Klempnerarbeiten

012
013
016
017
018
020
021
022
069
Rohbau & Dach

022	Klempnerarbeiten			
022.01	Rinnen, Fallleitungen,Standrohre			
0010	Hängedachrinne, halbrund, Zn, Z=200mm	30,50 €	m	363
0020	Hängedachrinne, halbrund, Zn, Z=250mm	32,00 €	m	363
0030	Hängedachrinne, halbrund, Zn, Z=333mm	34,00 €	m	363
0040	Hängedachrinne, halbrund, Zn, Z=400mm	42,00 €	m	363
0050	Hängedachrinne, halbrund, Cu, Z=200mm	41,50 €	m	363
0060	Hängedachrinne, halbrund, Cu, Z=250mm	43,50 €	m	363
0070	Hängedachrinne, halbrund, Cu, Z=333mm	48,50 €	m	363
0080	Hängedachrinne, halbrund, Cu, Z=400mm	62,50 €	m	363
0090	Hängedachrinne, halbrund, Alu, Z=200mm	38,00 €	m	363
0100	Hängedachrinne, halbrund, Alu, Z=250mm	39,50 €	m	363
0110	Hängedachrinne, halbrund, Alu, Z=333mm	41,00 €	m	363
0120	Hängedachrinne, halbrund, Alu, Z=400mm	52,50 €	m	363
0200	Hängedachrinne, kastenförmig, Zn, Z=250mm	35,00 €	m	363
0210	Hängedachrinne, kastenförmig, Zn, Z=333mm	36,50 €	m	363
0220	Hängedachrinne, kastenförmig, Zn, Z=400mm	42,50 €	m	363
0230	Hängedachrinne, kastenförmig, Cu, Z=250mm	48,50 €	m	363
0240	Hängedachrinne, kastenförmig, Cu, Z=333mm	53,00 €	m	363
0250	Hängedachrinne, kastenförmig, Alu, Z=250mm	44,50 €	m	363
0260	Hängedachrinne, kastenförmig, Alu, Z=333mm	47,00 €	m	363
0270	Hängedachrinne, kastenförmig, Alu, Z=400mm	58,00 €	m	363
0300	Kastenrinne, innenliegend, Zn, Z=333mm	48,00 €	m	363
0310	Kastenrinne, innenliegend, Zn, Z=400mm	56,00 €	m	363
0320	Kastenrinne, innenliegend, Zn, Z=500mm	61,00 €	m	363
0330	Kastenrinne, innenliegend, Cu, Z=333mm	56,00 €	m	363
0340	Kastenrinne, innenliegend, Cu, Z=400mm	63,50 €	m	363
0350	Kastenrinne, innenliegend, Cu, Z=500mm	73,00 €	m	363
0360	Kastenrinne, innenliegend, Alu, Z=333mm	48,50 €	m	363
0370	Kastenrinne, innenliegend, Alu, Z=400mm	56,50 €	m	363
0380	Kastenrinne, innenliegend, Alu, Z=500mm	71,50 €	m	363
0400	Regenfallleitung, rund, Zn, DN60	28,50 €	m	363
0410	Regenfallleitung, rund, Zn, DN80	29,50 €	m	363
0420	Regenfallleitung, rund, Zn, DN100	31,50 €	m	363
0430	Regenfallleitung, rund, Zn, DN120	34,00 €	m	363
0440	Regenfallleitung, rund, Cu, DN60	42,00 €	m	363
0450	Regenfallleitung, rund, Cu, DN80	45,00 €	m	363
0460	Regenfallleitung, rund, Cu, DN100	48,00 €	m	363

0470	Regenfallleitung, rund, Cu, DN120	55,00 €	m	363
0480	Regenfallleitung, rund, Alu, DN60	45,50 €	m	363
0490	Regenfallleitung, rund, Alu, DN80	47,50 €	m	363
0500	Regenfallleitung, rund, Alu, DN100	48,00 €	m	363
0510	Regenfallleitung, rund, Alu, DN120	54,00 €	m	363
0600	Regenfallleitung, quadratisch, Zn, 80mm	29,50 €	m	363
0610	Regenfallleitung, quadratisch, Zn, 100mm	32,50 €	m	363
0620	Regenfallleitung, quadratisch, Cu, 80mm	48,50 €	m	363
0630	Regenfallleitung, quadratisch, Cu, 100mm	53,50 €	m	363
0640	Regenfallleitung, quadratisch, Alu, 80mm	47,50 €	m	363
0650	Regenfallleitung, quadratisch, Alu, 100mm	52,00 €	m	363
0700	Standrohr, Stahl, verzinkt, DN100, 1,00m	97,50 €	St.	363
0710	Standrohr, Stahl, verzinkt, DN100, 2,00m	119,00 €	St.	363
0720	Standrohr, Stahl, verzinkt, DN120, 1,00m	113,00 €	St.	363
0730	Standrohr, Stahl, verzinkt, DN120, 2,00m	162,00 €	St.	363
0800	Standrohr, Cu, DN100, 1,00m	222,00 €	St.	363
0810	Standrohr, Cu, DN100, 2,00m	324,00 €	St.	363
0820	Standrohr, Cu, DN120, 1,00m	256,00 €	St.	363
0830	Standrohr, Cu, DN120, 2,00m	380,00 €	St.	363
0900	Bewegungsausgleich, Dachrinne, EPDM, Z=250mm	18,00 €	St.	363
0910	Bewegungsausgleich, Dachrinne, EPDM, Z=333mm	21,50 €	St.	363
0920	Bewegungsausgleich, innenliegende Dachrinne, EPDM, Z=500mm	24,00 €	St.	363
0930	Bewegungsausgleich, Schiebenaht	26,50 €	St.	363
1100	Zulage Rinnenwinkel, 90°, Z=333mm	30,50 €	St.	363
1110	Zulage Rinnenwinkel, 90°, Z=500mm	38,00 €	St.	363
1200	Rinnenboden, Zn, Z=333mm	19,00 €	St.	363
1210	Rinnenboden, Zn, Z=500mm	24,50 €	St.	363
1220	Rinnenboden, Cu, Z=333mm	28,50 €	St.	363
1230	Rinnenboden, Cu, Z=500mm	33,00 €	St.	363
1240	Rinnenboden, Alu, Z=333mm	20,00 €	St.	363
1250	Rinnenboden, Alu, Z=500mm	25,50 €	St.	363
1300	Fallrohranschluss, Einhangstutzen, halbrund, Zn, Z250	61,00 €	St.	363
1310	Fallrohranschluss, Einhangstutzen, halbrund, Zn, Z333	69,50 €	St.	363
1320	Fallrohranschluss, Einhangstutzen, kastenförmig, Zn, Z250	67,50 €	St.	363
1330	Fallrohranschluss, Einhangstutzen, kastenförmig, Zn, Z333	79,00 €	St.	363
1340	Fallrohranschluss, Einhangstutzen, halbrund, Cu, Z250	68,50 €	St.	363

1350	Fallrohranschluss, Einhangstutzen, halbrund, Cu, Z333	79,00 €	St.	363
1360	Fallrohranschluss, Einhangstutzen, kastenförmig, Cu, Z250	79,00 €	St.	363
1370	Fallrohranschluss, Einhangstutzen, kastenförmig, Cu, Z333	90,50 €	St.	363
1380	Fallrohranschluss, Einhangstutzen, halbrund, Alu, Z250	66,50 €	St.	363
1390	Fallrohranschluss, Einhangstutzen, halbrund, Alu, Z333	76,50 €	St.	363
1400	Fallrohranschluss, Einhangstutzen, kastenförmig, Alu, Z250	71,50 €	St.	363
1410	Fallrohranschluss, Einhangstutzen, kastenförmig, Alu, Z333	83,50 €	St.	363
1500	Fallrohranschluss, Rinnenkasten, Zn	165,00 €	St.	363
1510	Fallrohranschluss, Rinnenkasten, Cu	257,00 €	St.	363
1520	Fallrohranschluss, Rinnenkasten, Alu	250,00 €	St.	363
1600	Fallrohranschluss, Gliederbogen, Zn, 550mm, DN80	354,00 €	St.	363
1610	Fallrohranschluss, Gliederbogen, Zn, 1100mm, DN80	636,00 €	St.	363
1620	Fallrohranschluss, Gliederbogen, Zn, 550mm, DN100	354,00 €	St.	363
1630	Fallrohranschluss, Gliederbogen, Zn, 1100mm, DN100	636,00 €	St.	363
1640	Fallrohranschluss, Gliederbogen, Zn, 550mm, DN120	364,00 €	St.	363
1650	Fallrohranschluss, Gliederbogen, Zn, 1100mm, DN120	643,00 €	St.	363
1660	Fallrohranschluss, Gliederbogen, Cu, 550mm, DN80	372,00 €	St.	363
1670	Fallrohranschluss, Gliederbogen, Cu, 1100mm, DN80	679,00 €	St.	363
1680	Fallrohranschluss, Gliederbogen, Cu, 550mm, DN100	372,00 €	St.	363
1690	Fallrohranschluss, Gliederbogen, Cu, 1100mm, DN100	679,00 €	St.	363
1700	Fallrohranschluss, Gliederbogen, Cu, 550mm, DN120	394,00 €	St.	363
1710	Fallrohranschluss, Gliederbogen, Cu, 1100mm, DN120	394,00 €	St.	363
1800	Fallrohranschluss, Doppelrohrbogen, halbrund, Zn, DN60	704,00 €	St.	363
1810	Fallrohranschluss, Doppelrohrbogen, halbrund, Zn, DN80	61,00 €	St.	363
1820	Fallrohranschluss, Doppelrohrbogen, halbrund, Zn, DN100	63,00 €	St.	363
1830	Fallrohranschluss, Doppelrohrbogen, halbrund, Zn, DN120	67,50 €	St.	363
1840	Fallrohranschluss, Doppelrohrbogen, kastenförmig, Zn, 80mm	74,50 €	St.	363
1850	Fallrohranschluss, Doppelrohrbogen, kastenförmig, Zn, 100mm	83,00 €	St.	363
1860	Fallrohranschluss, Doppelrohrbogen, kastenförmig, Zn, 120mm	86,00 €	St.	363
1870	Fallrohranschluss, Doppelrohrbogen, halbrund, Cu, DN60	72,00 €	St.	363
1880	Fallrohranschluss, Doppelrohrbogen, halbrund, Cu, DN80	80,00 €	St.	363

1890	Fallrohranschluss, Doppelrohrbogen, halbrund, Cu, DN100	88,00 €	St.	363
1900	Fallrohranschluss, Doppelrohrbogen, halbrund, Cu, DN120	100,00 €	St.	363
1910	Fallrohranschluss, Doppelrohrbogen, kastenförmig, Cu, 80mm	84,00 €	St.	363
1920	Fallrohranschluss, Doppelrohrbogen, kastenförmig, Cu, 100mm	91,50 €	St.	363
1930	Fallrohranschluss, Doppelrohrbogen, kastenförmig, Cu, 120mm	103,00 €	St.	363
1940	Fallrohranschluss, Doppelrohrbogen, halbrund, Alu, DN60	60,00 €	St.	363
1950	Fallrohranschluss, Doppelrohrbogen, halbrund, Alu, DN80	64,00 €	St.	363
1960	Fallrohranschluss, Doppelrohrbogen, halbrund, Alu, DN100	71,50 €	St.	363
1970	Fallrohranschluss, Doppelrohrbogen, halbrund, Alu, DN120	84,50 €	St.	363
1980	Fallrohranschluss, Doppelrohrbogen, kastenförmig, Alu, 80mm	131,00 €	St.	363
1990	Fallrohranschluss, Doppelrohrbogen, kastenförmig, Alu, 100mm	139,00 €	St.	363
2000	Fallrohranschluss, Doppelrohrbogen, kastenförmig, Alu, 120mm	163,00 €	St.	363
2100	Fallrohranschluss, Schrägstutzen, konisch, Zn, Z333	75,00 €	St.	363
2110	Fallrohranschluss, Schrägstutzen, konisch, Zn, Z400	91,00 €	St.	363
2120	Fallrohranschluss, Schrägstutzen, konisch, Cu, Z333	83,00 €	St.	363
2130	Fallrohranschluss, Schrägstutzen, konisch, Cu, Z400	100,00 €	St.	363
2140	Fallrohranschluss, Schrägstutzen, zylindrisch, Alu, Z250	79,00 €	St.	363
2150	Fallrohranschluss, Schrägstutzen, zylindrisch, Alu, Z333	123,00 €	St.	363
2160	Fallrohranschluss, Schrägstutzen, zylindrisch, Alu, Z400	133,00 €	St.	363
022.02	**Balkonentwässerung**			
0010	Direktablauf, senkrecht, ohne Abdichtung, <DN50	82,50 €	St.	363
0020	Direktablauf, senkrecht, ohne Abdichtung, <DN80	95,50 €	St.	363
0030	Direktablauf, seitlich, ohne Abdichtung, <DN50	94,50 €	St.	363
0040	Direktablauf, seitlich, ohne Abdichtung, <DN80	106,00 €	St.	363
0100	Einzelablauf, senkrecht, Bahnenabdichtung, <DN50	126,00 €	St.	363
0110	Einzelablauf, senkrecht, Bahnenabdichtung, <DN80	127,00 €	St.	363
0200	Einzelablauf, seitlich, Bahnenabdichtung, <DN50	149,00 €	St.	363
0210	Einzelablauf, seitlich, Bahnenabdichtung, <DN80	166,00 €	St.	363
0300	Direktablauf, senkrecht, Bahnenabdichtung, <DN50	183,00 €	St.	363
0310	Direktablauf, senkrecht, Bahnenabdichtung, <DN80	186,00 €	St.	363
0400	Direktablauf, seitlich, Bahnenabdichtung, <DN50	252,00 €	St.	363

012
013
016
017
018
020
021
022
069
Rohbau & Dach

0410	Direktablauf, seitlich, Bahnenabdichtung, <DN80	257,00 €	St.	363
0500	Einzelablauf, senkrecht, Flüssigabdichtung, <DN50	155,00 €	St.	363
0510	Einzelablauf, senkrecht, Flüssigabdichtung, <DN80	157,00 €	St.	363
0600	Einzelablauf, seitlich, Flüssigabdichtung, <DN50	183,00 €	St.	363
0610	Einzelablauf, seitlich, Flüssigabdichtung, <DN80	185,50 €	St.	363
0700	Direktablauf, senkrecht, Flüssigabdichtung, <DN50	198,00 €	St.	363
0710	Direktlablauf, senkrecht, Flüssigabdichtung, <DN80	201,00 €	St.	363
0800	Direktablauf, seitlich, Flüssigabdichtung, <DN50	227,00 €	St.	363
0810	Direktablauf, seitlich, Flüssigabdichtung, <DN80	229,00 €	St.	363
1000	Anschluss Balkonablauf DN50	104,00 €	St.	363
1010	Anschluss Balkonablauf DN80	111,00 €	St.	363
1100	Ablaufrohr, feuerverzinkter Stahl, <DN50	67,50 €	m	363
1110	Ablaufrohr, feuerverzinker Stahl, <DN80	82,00 €	m	363
1200	Standrohr, Stahl, verzinkt, DN70, 1,00m	71,00 €	St.	363
1210	Standrohr, Stahl, verzinkt, DN70, 2,00m	96,00 €	St.	363
1220	Standrohr, Stahl, verzinkt, DN100, 1,00m	97,50 €	St.	363
1230	Standrohr, Stahl, verzinkt, DN100, 2,00m	119,00 €	St.	363
1300	Bogen, feuerverzinkter Stahl, <DN50	22,50 €	St.	363
1310	Bogen, feuerverzinkter Stahl, <DN80	32,00 €	St.	363
1320	Abzweig, feuerverzinkter Stahl, <DN50	68,00 €	St.	363
1330	Abzweig, feuerverzinkter Stahl, <DN80	83,50 €	St.	363
1340	Reinigungsöffnung ,<DN50	34,00 €	St.	363
1350	Reinigungsöffnung, <DN80	46,50 €	St.	363
1360	Reduzierstück, <DN80	37,50 €	St.	363
022.03	**Dachränder, Attlken**			
0010	Traufblech, Zn, Z=200mm	24,50 €	m	363
0020	Traufblech, Zn, Z=250mm	25,50 €	m	363
0030	Traufblech, Zn, Z=333mm	29,00 €	m	363
0040	Traufblech, Zn, Z=400mm	32,50 €	m	363
0200	Traufblech, Cu, Z=200mm	34,50 €	m	363
0210	Traufblech, Cu, Z=250mm	38,00 €	m	363
0220	Traufblech, Cu, Z=333mm	45,50 €	m	363
0230	Traufblech, Cu, Z=400mm	54,00 €	m	363
0300	Traufblech, Alu, Z=200mm	22,50 €	m	363
0310	Traufblech, Alu, Z=250mm	23,50 €	m	363
0320	Traufblech, Alu, Z=333mm	25,00 €	m	363
0330	Traufblech, Alu, Z=400mm	28,50 €	m	363
0400	Ortgangblech, Zn, Z=250mm	28,00 €	m	363

0410	Ortgangblech, Zn, Z=333mm	30,00 €	m	363
0420	Ortgangblech, Zn, Z=400mm	35,00 €	m	363
0500	Ortgangblech, Cu, Z=250mm	41,00 €	m	363
0510	Ortgangblech, Cu, Z=333mm	47,00 €	m	363
0520	Ortgangblech, Cu, Z=400mm	54,00 €	m	363
0600	Ortgangblech, Alu, Z=250mm	28,00 €	m	363
0610	Ortgangblech, Alu, Z=333mm	29,50 €	m	363
0620	Ortgangblech, Alu, Z=400mm	32,00 €	m	363
0700	Kehlblech, eben, Zn, Z=500mm	39,50 €	m	363
0710	Kehlblech, vertieft, Zn, Z=666mm	44,50 €	m	363
0720	Kehlblech, eben, Cu, Z=500mm	65,00 €	m	363
0730	Kehlblech, vertieft, Cu, Z=666mm	76,00 €	m	363
0800	seitlicher Wandanschluss, flach, Zn, Z=666mm	54,00 €	m	363
0810	seitlicher Wandanschluss, vertieft, Zn, Z=1000mm	81,00 €	m	363
0820	seitlicher Wandanschluss, flach, Cu, Z=666mm	94,50 €	m	363
0830	seitlicher Wandanschluss, vertieft, Cu, Z=1000mm	150,00 €	m	363
0900	Wandanschluss, Flachdachabdeckung, Zn, Z=750mm	60,00 €	m	363
0910	Wandanschluss, Flachdachabdeckung, Cu, Z=750mm	110,00 €	m	363
1000	Schleppblech Flachdach/Steildach, Z=500mm	50,00 €	m	363
1100	Gesimsabdeckung, Zn, Z=200mm	27,50 €	m	335
1110	Gesimsabdeckung, Zn, Z=333mm	31,00 €	m	335
1120	Gesimsabdeckung, Cu, Z=200mm	37,50 €	m	335
1130	Gesimsabdeckung, Zn, Z=333mm	44,00 €	m	335
1200	Zulage Eckausbildung, Gesimsabdeckung, Z=200mm	26,00 €	St.	363
1210	Zulage Eckausbildung, Gesimsabdeckung, Z=333mm	30,50 €	St.	363
1220	Zulage Dehnungsausgleich, Gesimsabdeckung	33,00 €	St.	363
1230	Attikaabdeckung, Zn, Z=666mm	103,00 €	m	363
1240	Zulage Dehnungsausgleich, Attikablech, Z=666mm	42,50 €	St.	363
1250	Zulage Eckausbildung, Attikablech, Z=666mm	54,00 €	St.	363
1260	Zulage Gesimsabdeckung, rund	61,50 €	m	363
1300	Attikaabdeckung, Zn, Z=1000mm	134,00 €	m	363
1310	Attikaabdeckung, Cu, Z=666mm	145,00 €	m	363
1320	Attikaabdeckung, Cu, Z=1000mm	205,00 €	m	363
1330	Attikaabdeckung, Alu, Z=666mm	109,00 €	m	363
1340	Attikaabdeckung, Alu, Z=1000mm	149,00 €	m	363
1400	Zulage Dehnungsausgleich, Attikablech, Z=1000mm	57,50 €	St.	363
1410	Zulage Eckausbildung, Attikablech, Z=1000mm	83,00 €	St.	363
1420	Zulage Attikaabdeckung, rund	95,00 €	m	363

022.04	Außenfensterbänke			
0010	Außenfensterbank, Zn, T≤200mm	50,50 €	m	334
0020	Außenfensterbank, Zn, T≤260mm	58,50 €	m	334
0100	Außenfensterbank, Cu, T≤200mm	67,00 €	m	334
0110	Außenfensterbank, Cu, T≤260mm	77,50 €	m	334
0200	Außenfensterbank, Alu, T≤200mm	54,50 €	m	334
0210	Außenfensterbank, Alu, T≤260mm	63,00 €	m	334
0300	Außenfensterbank, Alu, Kunststoff-Endkappen, T≤200mm	61,00 €	m	334
0310	Außenfensterbank, Alu, Kunststoff-Endkappen, T≤260mm	71,00 €	m	334
0400	Zulage Dehnungsausgleich, geteilte Fensterbank	23,00 €	St.	334
0410	Zulage Außenfensterbank, rund	22,50 €	m	334
022.05	**Metalldächer, Wandbekleidungen**			
0010	Trennlage, strukturiert, diffussionsoffen	3,10 €	m²	335
0020	Trennlage, Glasvliesbitumendachbahn	5,10 €	m²	363
0100	Doppelstehfalzdeckung, Zn, 0,8mm	77,00 €	m²	363
0110	Doppelstehfalzdeckung, Cu, 0,6mm	145,00 €	m²	363
0120	Doppelstehfalzdeckung, Alu, 0,7mm	83,50 €	m²	363
0200	Winkelstehfalzdeckung, Zn, 0,8mm	75,00 €	m²	363
0210	Winkelstehfalzdeckung, Cu, 0,6mm	144,00 €	m²	363
0220	Winkelstehfalzdeckung, Alu, 0,7mm	80,50 €	m²	363
0300	Leistenfalzdeckung, dt. System, Zn, 0,8mm	101,00 €	m²	363
0310	Leistenfalzdeckung, dt. System, Cu, 0,6mm	169,00 €	m²	363
0320	Leistenfalzdeckung, dt. System, Alu, 0,7mm	105,00 €	m²	363
0330	Leistenfalzdeckung, Klick-System, Zn, 0,8mm	95,50 €	m²	363
0400	Zulage konische Schare	26,00 €	m²	363
0410	Zulage gewölbte Schare	38,00 €	m²	363
0420	Zulage Scharanpassung schräg	37,50 €	m	363
0430	Satteldachfirst mit Entlüftung	57,50 €	m	363
0440	Ortgang, Profilblende	35,50 €	m	363
0450	Traufstreifen, gekantet	41,00 €	m	363
0460	Gratausbildung mit Abdeckleiste	31,00 €	m	363
0470	Kehlausbildung, vertieft, B=500mm	46,00 €	m	363
0480	Kehlausbildung, Winkelblech, B=600mm	53,00 €	m	363
0490	Anschluss aufgehendes Bauteil, Verwahrung	54,50 €	m	363
0500	Durchdringung, Blechdach, <200cm²	48,50 €	St.	363
0510	Durchdringung, Blechdach, <500cm²	54,50 €	St.	363
0520	Zulage Durchdringung im Falzbereich	23,00 €	St.	363

0600	Einzellüfter, gewölbt, Zn, 0,8mm	154,00 €	St.	363
0610	Einzellüfter, gewölbt, Cu, 0,8mm	241,00 €	St.	363
0620	Einzellüfter, gewölbt, Alu, 0,8mm	161,00 €	St.	363
0700	Schneefangsystem, Stahlrohr, verzinkt	43,50 €	m	369
0710	Schneefangsystem, Kupferrohr	115,00 €	m	369
0720	Schneefangsystem, Alurohr	32,50 €	m	369
0800	Wandbekleidung, Winkelstehfalz, Zn, 0,8mm	94,00 €	m^2	335
0810	Wandbekleidung, Winkelstehfalz, Cu, 0,8mm	161,00 €	m^2	335
0820	Wandbekleidung, Winkelstehfalz, Alu, 0,7mm	99,00 €	m^2	335
0900	Wandbekleidung, Doppelstehfalz, Zn, 0,8mm	97,00 €	m^2	335
0910	Wandbekleidung, Doppelstehfalz, Cu, 0,8mm	164,00 €	m^2	335
0920	Wandbekleidung, Doppelstehfalz, Alu, 0,7mm	102,00 €	m^2	335
1000	Wandbekleidung, Quadratraute, Zn, 0,7mm	140,00 €	m^2	335
1010	Wandbekleidung, Quadratraute, Cu, 0,7mm	207,00 €	m^2	335
1020	Wandbekleidung, Quadratraute, Alu, 0,7mm	145,00 €	m^2	335
1100	unterer/oberer Fassadenabschluss, Stehfalz	23,00 €	m	335
1110	Fassadenabschluss, Rautenbekleidung	39,00 €	m	335
1120	Laibungsbekleidung	23,50 €	m	335
1130	Außenecke, Stehfalzbekleidung	17,00 €	m	335
1140	Innenecke, Stehfalzbekleidung	14,50 €	m	335
1150	Durchdringung, Wandbekleidung, <200cm^2	70,50 €	St.	335
1160	Durchdringung, Wandbekleidung, <500cm^2	77,00 €	St.	335
1170	Zulage Durchdringung im Falzbereich	41,50 €	St.	335
022.90	**Stundenlohnarbeiten**			
0010	Stundensatz: Fachwerker	49,50 €	h	399
0020	Stundensatz: Bauhelfer	44,00 €	h	399

Rohbau & Dach

069 Aufzüge

069	Aufzüge			
069.01	**Standardaufzüge**			
0010	Personenaufzug, 630kg, 1m/s, 5 Haltestellen	31.000,00 €	St.	461
0020	Personenaufzug, 800kg, 1m/s, 5 Haltestellen	32.500,00 €	St.	461
0030	Personenaufzug, 1000kg, 1m/s, 5 Haltestellen	34.500,00 €	St.	461
0100	zusätzliche Haltestelle für Standardaufzug	1.800,00 €	St.	461
0110	Zulage Schachtzugangstür Edelstahl	250,00 €	St.	461
0120	Zulage Kabinentür Edelstahl	110,00 €	St.	461
0130	Zulage Durchlader grundiert	1.650,00 €	St.	461
0140	Zulage Durchlader Edelstahl	1.950,00 €	St.	461
0150	Zulage verringerte Schachtgrubentiefe	500,00 €	St.	461
0160	Zulage verringerte Schachtkopfhöhe	1.500,00 €	St.	461
0170	Handlauf VA Kabinenseitenwand	240,00 €	St.	461
0180	Schachtentrauchungssystem für Aufzgsfahrschacht	3.300,00 €	St.	461
0190	Schallschutzlagerung, Motor EL3	2.300,00 €	St.	461
0200	Schallschutzlagerung, Fahrschienen EL3	650,00 €	St.	461
0210	Kabinen-Umzugsauskleidung	1.180,00 €	St.	461
0300	externer Kabinenstandanzeiger	155,00 €	St.	461
0310	barrierefreies Bedientableau	850,00 €	St.	461
0320	Vorrangsteuerung über Schlüsselschalter	75,00 €	St.	461
0330	Zulage Steuerung über RFID/Magnetkarte	120,00 €	St.	461
0340	Entleerungsfahrt mit Akku	3.900,00 €	St.	461
0350	GLT-Aufschaltung Aufzugssteuerung	145,00 €	St.	461
069.02	**Komfortaufzüge**			
0010	Personenaufzug, 630kg, 1m/s, 5 Haltestellen	42.000,00 €	St.	461
0020	Personenaufzug, 800kg, 1m/s, 5 Haltestellen	44.000,00 €	St.	461
0030	Personenaufzug, 1000kg, 1m/s, 5 Haltestellen	46.000,00 €	St.	461
0040	Personenaufzug, 1125kg, 1m/s, 5 Haltestellen	46.000,00 €	St.	461
0100	zusätzliche Haltestelle für Komfortaufzug	4.450,00 €	St.	461
0110	Zulage Durchlader Edelstahl	1.950,00 €	St.	461
0120	Zulage Sichtkabine für Verglasung	7.500,00 €	St.	461
0130	Zulage verringerte Schachtgrubentiefe	500,00 €	St.	461
0140	Zulage verringerte Schachtkopfhöhe	1.500,00 €	St.	461
0150	Schachtentrauchungssystem für Aufzgsfahrschacht	3.300,00 €	St.	461
0160	Schallschutz Antrieb EL3	2.300,00 €	St.	461
0170	Schallschutz Fahrschienen EL3	650,00 €	St.	461
0200	Zulage zentral öffnende Kabinentür	875,00 €	St.	461
0210	Zulage Kabinentür Sichtfenster	650,00 €	St.	461

0220	Zulage Fahrschachttür Sichtfenster	450,00 €	St.	461
0230	Zulage Kabinentür >85% verglast	1.950,00 €	St.	461
0240	Zulage Fahrschachttür 85% verglast	2.150,00 €	St.	461
0250	Zulage Kabinenfront verglast	3.500,00 €	St.	461
0260	Zulage Kabinenseite verglast	8.200,00 €	St.	461
0270	2. Handlauf VA-Kabinenseitenwand	240,00 €	St.	461
0280	Zulage VA-Kabinenfußboden	780,00 €	St.	461
0290	Rammschutzausstattung	675,00 €	St.	461
0300	Umzugsauskleidung	1.180,00 €	St.	461
0310	Bauauskleidung	2.800,00 €	St.	461
0320	LCD-Display 13", externe Einspeisung	1.950,00 €	St.	461
0400	Zulage 1,6m/s Fördergeschwindigkeit	1.870,00 €	psch.	461
0410	Zulage Gruppensteuerung für 3er Gruppe	2.350,00 €	St.	461
0420	Zulage Gruppensteuerung für 6er Gruppe	2.680,00 €	St.	461
0430	Zulage für Fahrtzielsteuerung	1.500,00 €	St.	461
0440	Zulage Tableau Fahrtzielsteuerung	2.650,00 €	St.	461
0450	externer Kabinenstandanzeiger	285,00 €	St.	461
0460	barrierefreies Bedientableau	1.220,00 €	St.	461
0470	Vorrangsteuerung über Schlüsselschalter	75,00 €	St.	461
0480	Zulage Steuerung über RFID/Magnetkarte	120,00 €	St.	461
0490	Entleerungsfahrt mit Akku	3.900,00 €	St.	461
0500	dynamische Brandfallsteuerung	540,00 €	St.	461
0510	GLT-Aufschaltung Aufzugssteuerung	145,00 €	St.	461
069.03	**Kleingüteraufzüge**			
0010	Kleingüteraufzug, 1-seitig, 300kg, 0,30m/s, 3 Haltestellen	15.000,00 €	St.	461
0020	Speisenaufzug, 1-seitig, 50kg, 0,30m/s, 3 Haltestellen	8.600,00 €	St.	461
0100	zusätzliche Haltestelle, Kleinaufzug, 300kg, 1-seitig	3.500,00 €	St.	461
0110	Zulage, 2-seitig, Aufzug, 300kg	1.500,00 €	St.	461
069.04	**Feuerwehraufzüge**			
0010	Feuerwehraufzug, 1000kg, 1,6m/s, 7 Haltestellen	110.000,00 €	St.	461
0020	Feuerwehrbettenaufzug, 2500kg, 1,6m/s, 7 Haltestellen	135.000,00 €	St.	461
0100	zusätzliche Haltestelle, 1-seitig	4.900,00 €	St.	461
0200	Feuerwehraufzug, VA, 1000kg, 1,6m/s, 7 Haltestellen	114.000,00 €	St.	461
0210	Feuerwehrbettenaufzug, VA, 2500kg, 1,6m/s, 7 Haltestellen	141.000,00 €	St.	461
0300	zusätzliche Haltestelle VA, 1-seitig	5.500,00 €	St.	461
0400	Schallschutz Antrieb EL3	2.300,00 €	St.	461
0410	Schallschutz Fahrschienen EL3	650,00 €	St.	461

0500	externer Kabinenstandanzeiger	285,00 €	St.	461
0510	barrierefreies Bedientableau	1.400,00 €	St.	461
0600	2. Handlauf VA-Kabinenseitenwand	475,00 €	St.	461
0610	Zulage VA-Kabinenfußboden	1.500,00 €	St.	461
0620	Rammschutzausstattung	1.050,00 €	St.	461
069.05	**Fahrtreppen**			
0010	Fahrtreppe, 30°, HxB = 4,00x1,00m, Glasbalustrade	52.000,00 €	St.	462
0100	Zulage, Fahrtreppe, Edelstahlverkleidung	2.100,00 €	St.	462
0110	Zulage, Fahrtreppe für bauseitige Sprinkler	850,00 €	St.	462
069.06	**Fahrsteige**			
0010	Fahrsteig, 11°, HxB = 4,00x1,00m, Glasbalustrade	87.000,00 €	St.	462
0100	Zulage, Fahrsteig, Edelstahlverkleidung	2.300,00 €	St.	462
0110	Zulage, Fahrsteig für bauseitige Sprinkler	1.250,00 €	St.	462
069.07	**Schachtgerüste und Montagegerüste**			
0010	Stahl-Glas-Schachtgerüst innen (5 Haltestellen)	85.000,00 €	St.	469
0020	zusätzliches Geschoss Stahl-Glas-Schachtgerüst innen	8.100,00 €	St.	469
0100	Stahl-Glas-Schachtgerüst außen (5 Haltestellen)	105.000,00 €	St.	469
0110	zusätzliches Geschoss Stahl-Glas-Schachtgerüst außen	11.200,00 €	St.	469
0200	Zulage Kabinenverkleidung seitlich, VA	3.700,00 €	St.	469
0210	Zulage Kabinenuntersicht, VA	1.870,00 €	St.	469
0220	Zulage Kabinendach aufgeräumt	2.150,00 €	St.	469
0230	Zulage Gegengewichte VA-umkleidet	950,00 €	St.	469
0240	Zulage Schachttürrahmen, VA-umkleidet	425,00 €	St.	469
069.08	**Montageplattformen**			
0010	Montageplattform, 1,60x1,80m; Ein- und Ausbau	2.050,00 €	St.	461
0020	Montageplattform, 1,60x2,50m; Ein- und Ausbau	2.350,00 €	St.	461
0030	Montageplattform, 1,70x1,90m; Ein- und Ausbau	2.280,00 €	St.	461
0040	Montageplattform, 1,70x2,50m; Ein- und Ausbau	2.550,00 €	St.	461
0050	Montageplattform, 1,60x1,80m, Ausbau + Entsorgung	230,00 €	St.	461
0060	Montageplattform, 1,60x2,50m, Ausbau + Entsorgung	250,00 €	St.	461
0070	Montageplattform, 1,70x1,90m, Ausbau + Entsorgung	240,00 €	St.	461
0080	Montageplattform, 1,70x2,50m, Ausbau + Entsorgung	265,00 €	St.	461

Ausbau & Fassade

014 Natur-/Betonwerksteinarbeiten

014	Natur-/Betonwerksteinarbeiten			
014.01	**Vorbereitende Arbeiten**			
0010	Messung, Estrichfeuchte	135,00 €	psch.	353
0020	Reinigung des Untergrundes	1,90 €	m²	353
0030	Untergrundvorbereitung, Kugelstrahlen	8,50 €	m²	353
0040	Untergrundvorbereitung, Fräsen	18,00 €	m²	353
0050	Calciumsulfatestrich anschleifen	4,30 €	m²	353
0060	Risse im Estrich schließen	10,50 €	m	353
0070	Haftgrund, nicht saugende Untergründe	2,40 €	m²	353
0080	Tiefgrund, saugende Untergründe	2,20 €	m²	353
0100	Nivellierausgleich, bis 5mm	9,10 €	m²	353
0110	Nivellierausgleich, 6-10mm	16,00 €	m²	353
0120	Nivellierausgleich, 11-20mm	22,00 €	m²	353
0200	Verbundestrich, 5kN, 50mm	15,50 €	m²	353
0300	Estrich auf Trennschicht, 5kN, 60mm, F5	18,00 €	m²	353
0400	Gefällespachtel, außen, >1,5%, geschliffen	24,00 €	m²	353
0410	Gefällespachtel, außen, >2-3%, rau	42,50 €	m²	353
0500	Entkopplungsmatte	18,00 €	m²	353
0600	Boden-/Wandabdichtung, A/W2-I, innen, Dichtschlämme	19,00 €	m²	353
0610	Boden-/Wandabdichtung, B/W2-B, innen, Dichtschlämme	24,00 €	h	353
0620	Boden-/Wandabdichtung, C/W3-I, innen, Reaktionsharz	31,50 €	m²	353
0700	Bodenablauf, DN50, eindichten	29,50 €	St.	353
0800	Bodenrinne eindichten	37,00 €	m	353
0900	Rohrdurchgänge, bis DN32, eindichten	9,20 €	St.	353
0910	Rohrdurchgänge, DN100, eindichten	7,90 €	St.	353
1000	Entkopplungsmatte	18,00 €	m²	353
014.02	**Bodenbeläge im Innenbereich**			
0010	Boden, Nero Assoluto, Dünnbett, 30x30x3cm, R9	205,00 €	m²	353
0020	Boden, Nero Assoluto, Dünnbett, 40x40x3cm, R9	211,00 €	m²	353
0030	Boden, Nero Assoluto, Dünnbett, 60x60x3cm, R9	221,00 €	m²	353
0040	Boden, Nero Assoluto, Dünnbett, 40x60x3cm, R9	215,00 €	m²	353
0050	Boden, Nero Assoluto, Dünnbett, Bahn, 10-30cm, R9	248,00 €	m²	353
0100	Sockel, Nero Assoluto, H=8cm, d=15mm	31,50 €	m	353
0200	Podest, Nero Assoluto, Dünnbett, 30x30x3cm, R9	205,00 €	m²	353
0210	Podest, Nero Assoluto, Dünnbett, 40x40x3cm, R9	216,00 €	m²	353
0220	Podest, Nero Assoluto, Dünnbett, 60x60x3cm, R9	226,00 €	m²	353

0230	Podest, Nero Assoluto, Dünnbett, 40x60x3cm, R9	220,00 €	m^2	353
0300	Podestrand, Nero Assoluto, d=3cm	122,00 €	m	353
0310	Tritt-/Setzstufe, Nero Assoluto, d=3cm, R9	186,00 €	m	353
0320	Stufensockel, Nero Assoluto, H=8cm, d=15mm	36,00 €	m	353
0330	Bischofsmütze, Nero Assoluto, H=8cm, d=15mm	57,50 €	St.	353
0340	Winkelstufe, gerade, Nero Assoluto, d=3cm	243,00 €	St.	353
0400	Boden, Padang Black, Dünnbett, 30x30x3cm, R9	118,00 €	m^2	353
0410	Boden, Padang Black, Dünnbett, 40x40x3cm, R9	130,00 €	m^2	353
0420	Boden, Padang Black,Dünnbett, 60x60x3cm, R9	143,00 €	m^2	353
0430	Boden, Padang Black, Dünnbett, 40x60x3cm, R9	134,00 €	m^2	353
0440	Boden, Padang Black, Dünnbett, Bahn, 10-30cm, R9	172,00 €	m^2	353
0500	Sockel, Padang Black, H=8cm, d=15mm	24,00 €	m	353
0600	Podest, Padang Black, Dünnbett, 30x30x3cm, R9	123,00 €	m^2	353
0610	Podest, Padang Black, Dünnbett, 40x40x3cm, R9	135,00 €	m^2	353
0620	Podest, Padang Black, Dünnbett, 60x60x3cm, R9	148,00 €	m^2	353
0630	Podest, Padang Black, Dünnbett, 40x60x3cm, R9	139,00 €	m^2	353
0700	Podestrand, Padang Black, d=3cm	84,50 €	m	353
0710	Tritt-/Setzstufe, Padang Black, d=3cm, R9	130,00 €	m	353
0720	Stufensockel, Padang Black, H=8cm, d=15mm	27,50 €	m	353
0730	Bischofsmütze, Padang Black, H=8cm, d=15mm	52,50 €	St.	353
0740	Winkelstufe, gerade, Padang Black, d=3cm	181,00 €	St.	353
0800	Boden, Bianco Sardo, Dünnbett, 30x30x3cm, R9	127,00 €	m^2	353
0810	Boden, Bianco Sardo, Dünnbett, 40x40x3cm, R9	139,00 €	m^2	353
0820	Boden, Bianco Sardo, Dünnbett, 60x60x3cm, R9	144,00 €	m^2	353
0830	Boden, Bianco Sardo, Dünnbett, 40x60x3cm, R9	139,00 €	m^2	353
0840	Boden, Bianco Sardo, Dünnbett, Bahn, 10-30cm, R9	170,00 €	m^2	353
0900	Sockel, Bianco Sardo, H=8cm, d=15mm	22,50 €	m	353
1000	Podest, Bianco Sardo, Dünnbett, 30x30x3cm, R9	132,00 €	m^2	353
1010	Podest, Bianco Sardo, Dünnbett, 40x40x3cm, R9	144,00 €	m^2	353
1020	Podest, Bianco Sardo, Dünnbett, 60x60x3cm, R9	149,00 €	m^2	353
1030	Podest, Bianco Sardo, Dünnbett, 40x60x3cm, R9	144,00 €	m^2	353
1100	Podestrand, Bianco Sardo, d=3cm	84,50 €	m	353
1110	Tritt-/Setzstufe, Bianco Sardo, d=3cm, R9	144,00 €	m	353
1120	Stufensockel, Bianco Sardo, H=8cm, d=15mm	24,00 €	m	353
1130	Bischofsmütze, Bianco Sardo, H=8cm, d=15mm	45,50 €	St.	353
1140	Winkelstufe, gerade, Bianco Sardo, d=3cm	181,00 €	St.	353
1200	Boden, Marmor, weiß, Dünnbett, 30x30x3cm, R9	147,00 €	m^2	353
1210	Boden, Marmor, weiß, Dünnbett, 40x40x3cm, R9	161,00 €	m^2	353

1220	Boden, Marmor, weiß, Dünnbett, 60x60x3cm, R9	169,00 €	m^2	353
1230	Boden, Marmor, weiß, Dünnbett, 40x60x3cm, R9	161,00 €	m^2	353
1240	Boden, Marmor, weiß, Dünnbett, Bahn, 10-30cm, R9	190,00 €	m^2	353
1300	Sockel, Marmor, weiß, H=8cm, d=15mm	32,50 €	m	353
1400	Podest, Marmor, weiß, Dünnbett, 30x30x3cm, R9	151,00 €	m^2	353
1410	Podest, Marmor, weiß, Dünnbett, 40x40x3cm, R9	166,00 €	m^2	353
1420	Podest, Marmor, weiß, Dünnbett, 60x60x3cm, R9	171,00 €	m^2	353
1430	Podest, Marmor, weiß, Dünnbett, 40x60x3cm, R9	161,00 €	m^2	353
1500	Podestrand, Marmor, weiß, d=3cm	93,00 €	m	353
1510	Tritt-/Setzstufe, Marmor, weiß, d=3cm, R9	204,00 €	m	353
1520	Stufensockel, Marmor, weiß, H=8cm, d=15mm	32,00 €	m	353
1530	Bischofsmütze, Marmor, weiß, H=8cm, d=15mm	55,00 €	St.	353
1540	Winkelstufe, gerade, Marmor weiß, d=3cm	137,00 €	St.	353
1600	Boden, Oberkirchner Sandstein, Dünnbett, 30x30x3cm, R9	144,00 €	m^2	353
1610	Boden, Oberkirchner Sandstein, Dünnbett, 40x40x3cm, R9	156,00 €	m^2	353
1620	Boden, Oberkirchner Sandstein, Dünnbett, 60x60x3cm, R9	156,00 €	m^2	353
1630	Boden, Oberkirchner Sandstein, Dünnbett, 40x60x3cm, R9	156,00 €	m^2	353
1640	Boden, Oberkirchner Sandstein, Dünnbett, Bahn, 10-30cm, R9	186,00 €	m^2	353
1700	Sockel, Oberkirchner Sandstein, H=8cm, d=15mm	29,00 €	m	353
1800	Podest, Oberkirchener Sandstein, Dünnbett, 30x30x3cm, R9	149,00 €	m^2	353
1810	Podest, Oberkirchener Sandstein, Dünnbett, 40x40x3cm, R9	161,00 €	m^2	353
1820	Podest, Oberkirchener Sandstein, Dünnbett, 60x60x3cm, R9	169,00 €	m^2	353
1830	Podest, Oberkirchener Sandstein, Dünnbett, 40x60x3cm, R9	159,00 €	m^2	353
1900	Podestrand, Oberkirchner Sandstein, d=3cm	89,50 €	m	353
1910	Tritt-/Setzstufe, Oberkirchener Sandstein, d=3cm, R9	154,00 €	m	353
1920	Stufensockel, Oberkirchener Sandstein, H=8cm, d=15mm	32,00 €	m	353
1930	Bischofsmütze, Oberkirchener Sandstein, H=8cm, d=15mm	53,00 €	St.	353
1940	Winkelstufe, gerade, Oberkirchener Sandstein, d=3cm	206,00 €	St.	353
2000	Boden, Travertin, Dünnbett, 30x30x3cm, R9	118,00 €	m^2	353
2010	Boden, Travertin, Dünnbett, 40x40x3cm, R9	130,00 €	m^2	353
2020	Boden, Travertin, Dünnbett, 60x60x3cm, R9	135,00 €	m^2	353
2030	Boden, Travertin, Dünnbett, 40x60x3cm, R9	130,00 €	m^2	353

2040	Boden, Travertin, Dünnbett, Bahn, 10-30cm, R9	168,00 €	m^2	353
2100	Sockel, Travertin, H=8cm, d=15mm	28,50 €	m	353
2200	Podest, Travertin, Dünnbett, 30x30x3cm, R9	123,00 €	m^2	353
2210	Podest, Travertin, Dünnbett, 40x40x3cm, R9	135,00 €	m^2	353
2220	Podest, Travertin, Dünnbett, 60x60x3cm, R9	142,00 €	m^2	353
2230	Podest, Travertin, Dünnbett, 40x60x3cm, R9	135,00 €	m^2	353
2300	Podestrand, Travertin, d=3cm	79,50 €	m	353
2310	Tritt-/Setzstufe, Travertin, d=3cm, R9	127,00 €	m	353
2320	Stufensockel, Travertin, H=8cm, d=15mm	27,50 €	m	353
2330	Bischofsmütze, Travertin, H=8cm, d=15mm	59,00 €	St.	353
2340	Winkelstufe, gerade, Travertin, d=3cm	171,00 €	St.	353
2400	Boden, Theumaer Fruchtschiefer, Dünnbett, 30x30x3cm, R9	112,00 €	m^2	353
2410	Boden, Theumaer Fruchtschiefer, Dünnbett, 40x40x3cm, R9	127,00 €	m^2	353
2420	Boden, Theumaer Fruchtschiefer, Dünnbett, 60x60x3cm, R9	137,00 €	m^2	353
2430	Boden, Theumaer Fruchtschiefer, Dünnbett, 40x60x3cm, R9	127,00 €	m^2	353
2440	Boden, Theumaer Fruchtschiefer, Dünnbett, Bahn, 10-30cm, R9	161,00 €	m^2	353
2500	Sockel, Theumaer Fruchtschiefer, H=8cm, d=15mm	28,50 €	m	353
2600	Podest, Theumaer Fruchtschiefer, Dünnbett, 30x30x3cm, R9	112,00 €	m^2	353
2610	Podest, Theumaer Fruchtschiefer, Dünnbett, 40x40x3cm, R9	127,00 €	m^2	353
2620	Podest, Theumaer Fruchtschiefer, Dünnbett, 60x60x3cm, R9	142,00 €	m^2	353
2630	Podest, Theumaer Fruchtschiefer, Dünnbett, 40x60x3cm, R9	127,00 €	m^2	353
2700	Podestrand, Theumaer Fruchtschiefer, d=3cm	79,50 €	m	353
2710	Tritt-/Setzstufe, Theumaer Fruchtschiefer, d=3cm, R9	124,00 €	m	353
2720	Stufensockel, Theumaer Fruchtschiefer, H=8cm, d=15mm	28,50 €	m	353
2730	Bischofsmütze, Theumaer Fruchtschiefer, H=8cm, d=15mm	49,00 €	St.	353
2740	Winkelstufe, gerade, Theumaer Fruchtschiefer, d=3cm	119,00 €	St.	353
2800	Zulage Verlegung Mittelbett	10,00 €	m^2	353
2810	Zulage Verlegung Dickbett	21,50 €	m^2	353
2820	Zulage Diagonalverlegung	6,60 €	m^2	353
2830	Zulage Randfries orthogonal, Diagonalverlegung	9,00 €	m	353
2840	Zulage Gefälleschnitte, 1,00m^2	23,50 €	St.	353
2850	Zulage R10 anstelle R9	12,00 €	m^2	353

2860	Zulage Ebenheitstoleranzen, 50%	17,00 €	m²	353
2900	Sockelleiste, runde Wandflächen	10,50 €	m	353
2910	Sockelleiste, Rundstütze, Ø bis 60cm	45,50 €	St.	353
3000	Stufenvorderkante, gestockt	27,00 €	m	353
3010	Stufenvorderkante, Pilzprofile	16,50 €	m	353
3020	Stufenvorderkante, Edelstahlprofil	55,00 €	m	353
3100	Sockel, Edelstahl, Stütze, Ø=300mm, H=100mm	121,00 €	St.	353
014.03	**Bodenbeläge im Außenbereich**			
0010	Boden, Basalt schwarz, Splittbett, 30x30x4cm, R10	205,00 €	m²	353
0020	Boden, Basalt schwarz, Splittbett, 40x40x4cm, R10	205,00 €	m²	353
0100	Sockelleiste, Basalt schwarz, H=8cm	22,50 €	m	353
0200	Podestbelag, Basalt schwarz, Verbund, 30x30x4cm, R10	192,00 €	m²	353
0210	Podestbelag, Basalt schwarz, Verbund, 40x40x4cm, R10	199,00 €	m²	353
0220	Tritt-/Setzstufe, Basalt schwarz, Verbund, d=4cm, R10	168,00 €	m	353
0230	Stufensockel, Basalt schwarz, H=8cm, d=15mm	38,50 €	m	353
0240	Winkelstufe, gerade, Basalt schwarz, Verbund, d=3cm	181,00 €	St.	353
0250	Blockstufe, Basalt schwarz, Verbund, 30x18cm	147,00 €	St.	353
0300	Boden, Bianco Sardo, Splittbett, 30x30x4cm, R10	161,00 €	m²	353
0310	Boden, Bianco Sardo, Splittbett, 40x40x4cm, R10	161,00 €	m²	353
0400	Sockelleiste, Bianco Sardo, H=8cm	28,50 €	m	353
0500	Podestbelag, Bianco Sardo, Verbund, 30x30x4cm, R10	137,00 €	m²	353
0510	Podestbelag, Bianco Sardo, Verbund, 40x40x4cm, R10	149,00 €	m²	353
0520	Tritt-/Setzstufe, Bianco Sardo, Verb, d=4cm, R10	139,00 €	m	353
0530	Stufensockel, Bianco Sardo, H=8cm, d=15mm	27,50 €	m	353
0540	Winkelstufe, gerade, Bianco Sardo, Verbund, d=3cm	130,00 €	St.	353
0550	Blockstufe, Bianco Sardo, Verbund, 30x18cm	138,00 €	St.	353
0600	Boden, Granit schwarz, Splittbett, 30x30x4cm, R10	205,00 €	m²	353
0610	Boden, Granit schwarz, Splittbett, 40x40x4cm, R10	205,00 €	m²	353
0700	Sockelleiste, Granit schwarz, H=8cm	31,00 €	m	353
0800	Podestbelag, Granit schwarz, Verbund, 30x30x4cm, R10	205,00 €	m²	353
0810	Podestbelag, Granit schwarz, Verbund, 40x40x4cm, R10	205,00 €	m²	353
0820	Tritt-/Setzstufe, Granit schwarz, Verbund, d=4cm, R10	155,00 €	m	353
0830	Stufensockel, Granit schwarz, H=8cm, d=15mm	44,00 €	m	353
0840	Winkelstufe, qerade, Granit schwarz, Verbund, d=3cm	201,00 €	St.	353
0850	Blockstufe, Granit schwarz, Verbund, 30x18cm	168,00 €	St.	353
0900	Zulage Verlegung Mörtelsäcke	6,60 €	m²	353
0910	Zulage Verlegung Stelzlager	20,50 €	m²	353
1000	Dränmatte	13,00 €	m²	353

1100	Randanschnitt, gerade, anstelle Kiesstreifen	11,50 €	m	353
1200	Randanschnitt, schräg, anstelle Kiesstreifen	14,50 €	m	353
1300	Randanschnitt, rund, R≥2,00m, anstelle Kiesstreifen	23,00 €	m	353
1400	Aussparung, <0,10m², Naturwerksteinboden	34,50 €	St.	353
1410	Aussparung, >0,10m², Naturwerksteinboden	41,00 €	St.	353
014.04	**Wandbeläge im Innenbereich**			
0010	Wand, Nero Assoluto, Dünnbett, 40x60x1cm	155,00 €	m²	345
0020	Wand, Nero Assoluto, Dünnbett, Bahn, 30cm, d=1cm	164,00 €	m²	345
0030	Wand, Nero Assoluto, Dünnbett, Bahn, 10-30cm, d=1cm	199,00 €	m²	345
0100	Wand, Padang Black, Dünnbett, 40x60x1cm	112,00 €	m²	345
0110	Wand, Padang Black, Dünnbett, Bahn, 30cm, d=1cm	112,00 €	m²	345
0120	Wand, Padang Black, Dünnbett, Bahn, 10-30cm, d=1cm	130,00 €	m²	345
0200	Wand, Bianco Sardo, Dünnbett, 40x60x1cm	143,00 €	m²	345
0210	Wand, Bianco Sardo, Dünnbett, Bahn, 30cm, d=1cm	143,00 €	m²	345
0220	Wand, Bianco Sardo, Dünnbett, Bahn, 10-30cm, d=1cm	161,00 €	m²	345
0300	Wand, Marmor, weiß, Dünnbett, 40x60x1cm	149,00 €	m²	345
0310	Wand, Marmor, weiß, Dünnbett, Bahn, 30cm, d=1cm	149,00 €	m²	345
0320	Wand, Marmor, weiß, Dünnbett, Bahn, 10-30cm, d=1cm	168,00 €	m²	345
0400	Wand, Oberkirchener Sandstein, Dünnbett, 40x60x1cm	151,00 €	m²	345
0410	Wand, Oberkirchener Sandstein, Dünnbett, Bahn, 30cm, d=1cm	151,00 €	m²	345
0420	Wand, Oberkirchener Sandstein, Dünnbett, Bahn, 10-30cm, d=1cm	170,00 €	m²	345
0500	Wand, Travertin, Dünnbett, 40x60x1cm	122,00 €	m²	345
0510	Wand, Travertin, Dünnbett, Bahn, 30cm, d=1cm	122,00 €	m²	345
0520	Wand, Travertin, Dünnbett, Bahn, 10-30cm, d=1cm	140,00 €	m²	345
0600	Wand, Theumaer Fruchtschiefer, Dünnbett, 40x60x1cm	118,00 €	m²	345
0610	Wand, Theumaer Fruchtschiefer, Dünnbett, Bahn, 30cm, d=1cm	118,00 €	m²	345
0620	Wand, Theumaer Fruchtschiefer, Dünnbett, Bahn, 10-30cm, d=1cm	137,00 €	m²	345
0700	Zulage Verlegung Dickbett	8,00 €	m²	345
0800	Aufzugsportal, Laibung, d=40mm	422,00 €	St.	345
0810	Fensterbank, Naturstein, innen, d=40mm	72,00 €	m	345
014.05	**Fensterbank**			
0010	Fensterbank, Granit, außen, d=40mm	84,50 €	m	334
0020	Fensterbank, Sandstein, außen, d=40mm	83,00 €	m	334
0030	Fensterbank, Kalkstein, außen, d=40mm	84,50 €	m	334

014.06	**Anarbeitung, An-/Abschlüsse**			
0010	Aufzugsbelag, d=20mm	128,00 €	m^2	353
0020	Bodentank belegen, eckig, bis 600x600mm	61,50 €	St.	353
0030	Bodentank belegen, rund, bis 300mm	51,00 €	St.	353
0100	Anarbeitung an Rundstütze, Ø=40cm	26,00 €	St.	353
0110	Anarbeitung an Stütze, 25x25cm	44,00 €	St.	353
0120	Anarbeitung an Bodeneinlauf	37,00 €	St.	353
0130	Anarbeitung an Bodenablaufrinne	54,50 €	St.	353
0140	Anarbeitung Schrägen	18,00 €	m	353
0150	Anarbeitung Rundung, R=0,50m	19,00 €	m	353
0160	Anarbeitung Rundung, R≥2,00m	36,50 €	m	353
0170	Aussparung, eckig, >0,10m^2, 35x35cm	54,50 €	St.	353
0180	Aussparung, rund, >0,10m^2, Ø=35cm	45,00 €	St.	353
0200	Bohrung, Naturstein, Ø bis 20mm	12,50 €	St.	353
0300	Öffnung nachträglich, Ø bis 12cm	28,00 €	St.	353
0400	Aussparung, eckig, >0,50m^2, 75x75cm	52,00 €	St.	353
0410	Aussparung, rund, >0,50m^2, Ø=80cm	57,00 €	St.	353
0500	Ausschnitt, eckig, bis 600x400mm	298,00 €	St.	353
0600	Ausschnitt, rund, bis 150mm	27,00 €	St.	353
0700	Ausschnitt, rechteckig, bis 30x250mm	211,00 €	St.	353
0800	Bohrung, bis 40mm	24,00 €	St.	353
014.07	**Profile, Fugen**			
0010	Abschlussprofil, V2A, H=10mm	31,50 €	m	345
0100	Abschlussprofil, Messing, H=10mm	11,50 €	m	345
0200	Abschlussprofil, Alu, H=10mm	20,00 €	m	345
0300	Trennschiene/-winkel, V2A, H=40mm	31,00 €	m	353
0310	Trennschiene/-winkel, V2A, gebogen, H=40mm	42,00 €	m	353
0320	Trennschiene/-winkel, V2A, H=70mm	49,50 €	m	353
0330	Trennschiene/-winkel, V2A, gebogen, H=70mm	60,50 €	m	353
0400	Trennschiene/-winkel, Messing, H=40mm	36,00 €	m	353
0410	Trennschiene/-winkel, Messing, gebogen, H=40mm	47,00 €	m	353
0420	Trennschiene/-winkel, Messing, H=70mm	60,00 €	m	353
0430	Trennschiene/-winkel, Messing, gebogen, H=70mm	71,00 €	m	353
0500	L-Profil, V2A, 120x100x4mm	46,00 €	m	353
0510	L-Profil, V2A, 140x100x4mm	49,00 €	m	353
0600	L-Profil, brünierter Stahl, 120x100x4mm	42,00 €	m	353
0610	L-Profil, brünierter Stahl, 140x100x4mm	45,00 €	m	353
0700	Eckschutzprofil, V2A, 40x40mm	49,50 €	m	345

0800	Eckschutzprofil, Alu, 40x40mm	36,00 €	m	345
0900	Dehnungsfugenprofil, V2A, H=8mm	55,50 €	m	353
0910	Dehnungsfugenprofil, V2A, bis H=23mm	60,00 €	m	353
0920	Dehnungsfugenprofil, V2A, bis H=43mm	65,50 €	m	353
1000	Dehnungsfugenprofil, Messing, H=8mm	85,00 €	m	353
1010	Dehnungsfugenprofil, Messing, bis H=23mm	192,00 €	m	353
1020	Dehnungsfugenprofil, Messing, bis H=43mm	210,00 €	m	353
1100	Dehnungsfugenprofil, Alu, H=8mm	34,00 €	m	353
1110	Dehnungsfugenprofil, Alu, bis H=23mm	49,00 €	m	353
1120	Dehnungsfugenprofil, Alu, bis H=43mm	61,50 €	m	353
1200	Bauwerkstrennfuge, Profil, B=30mm, V2A	92,50 €	m	353
1210	Bauwerkstrennfuge, Profil, B=30mm, Messing	99,00 €	m	353
1300	dauerelastische Verfugung, Naturwerkstein	4,90 €	m	353
014.08	**Einbauteile**			
0010	Waschtisch, Giallo Veneziano, 60x4cm	553,00 €	m	381
0020	Waschtisch, Bianco Sardo, 60x4cm	517,00 €	m	381
0030	Waschtisch, Kunstmarmor, 60x4cm	489,00 €	m	381
0100	Waschtischanlage, Nero Assoluto, 147,50x55x4cm	1.142,00 €	St.	381
0110	Waschtischanlage, Nero Assoluto, 200x60x4cm	1.316,00 €	St.	381
0120	Waschtischanlage, Nero Assoluto, 150x60x4cm	1.216,00 €	St.	381
0130	Waschtischanlage, Nero Assoluto, 100x60x4cm	794,00 €	St.	381
0200	Waschtischanlage, Marmor, weiß, 147,5x55x4cm	1.018,00 €	St.	381
0210	Waschtischanlage, Marmor, weiß, 200x60x4cm	1.142,00 €	St.	381
0220	Waschtischanlage, Marmor, weiß, 150x60x4cm	1.092,00 €	St.	381
0230	Waschtischanlage, Marmor, weiß, 100x60x4cm	745,00 €	St.	381
0300	Waschtischanlage, Schiefer, 147,5x55x4cm	1.112,00 €	St.	381
0310	Waschtischanlage, Schiefer, 200x60x4cm	1.425,00 €	St.	381
0320	Waschtischanlage, Schiefer, 150x60x4cm	1.274,00 €	St.	381
0330	Waschtischanlage, Schiefer, 100x60x4cm	896,00 €	St.	381
0400	Waschtischanlage, Kunstmarmor, 147,50x55x4cm	890,00 €	St.	381
0410	Waschtischanlage, Kunstmarmor, 200x60x4cm	1.171,00 €	St.	381
0420	Waschtischanlage, Kunstmarmor, 150x60x4cm	955,00 €	St.	381
0430	Waschtischanlage, Kunstmarmor, 100x60x4cm	847,00 €	St.	381
0500	Küchenarbeitsplatte, Nero Assoluto, 250x60x3cm	890,00 €	St.	381
0510	Küchenarbeitsplatte, Marmor, weiß, 250x60x3cm	730,00 €	St.	381
0520	Küchenarbeitsplatte, Schiefer, 250x60x3cm	842,00 €	St.	381
0700	Sauberlaufzone, Edelstahl, 40x60cm, Ripsprofil	620,00 €	St.	353
0710	Sauberlaufzone, Edelstahl, 60x80cm, Ripsprofil	807,00 €	St.	353

0720	Sauberlaufzone, Edelstahl, 100x150cm, Ripsprofil	1.005,00 €	St.	353
0730	Sauberlaufzone, Edelstahl, 150x200cm, Ripsprofil	1.713,00 €	St.	353
0740	Sauberlaufzone, Edelstahl, 200x300cm, Ripsprofil	3.600,00 €	St.	353
0800	Sauberlaufzone, Edelstahl, 40x60cm, Gummiprofil	757,00 €	St.	353
0810	Sauberlaufzone, Edelstahl, 60x80cm, Gummiprofil	931,00 €	St.	353
0820	Sauberlaufzone, Edelstahl, 100x150cm, Gummiprofil	1.154,00 €	St.	353
0830	Sauberlaufzone, Edelstahl, 150x200cm, Gummiprofil	1.874,00 €	St.	353
0840	Sauberlaufzone, Edelstahl, 200x300cm, Gummiprofil	3.848,00 €	St.	353
0900	Sauberlaufzone, Edelstahl, 40x60cm, Bürstenprofil	894,00 €	St.	353
0910	Sauberlaufzone, Edelstahl, 60x80cm, Bürstenprofil	1.117,00 €	St.	353
0920	Sauberlaufzone, Edelstahl, 100x150cm, Bürstenprofil	1.489,00 €	St.	353
0930	Sauberlaufzone, Edelstahl, 150x200cm, Bürstenprofil	2.234,00 €	St.	353
0940	Sauberlaufzone, Edelstahl, 200x300cm, Bürstenprofil	4.530,00 €	St.	353
014.09	**Instandsetzungsarbeiten**			
0010	Spachtelmasse vollständig entfernen	37,50 €	m²	353
0020	Bodenbelag, Naturwerkstein, reinigen, Bestand	7,50 €	m²	353
0030	Podestbelag, Naturwerkstein, reinigen, Bestand	7,50 €	m²	353
0040	Tritt-/Setzstufe, Naturwerkstein, reinigen, Bestand	211,00 €	m	353
0050	Bodenbelag, Naturwerkstein, Löcher ausbessern, <15mm	5,40 €	St.	353
0060	Bodenbelag, Naturwerkstein, schleifen C220	15,00 €	St.	353
0070	Bodenbelag, Naturwerkstein, polieren	8,90 €	St.	353
0100	Vierung, Naturwerkstein, bis 5x5cm	53,50 €	St.	353
0110	Vierung, Naturwerkstein, bis 10x10cm	59,00 €	St.	353
0120	Vierung, Naturwerkstein, bis 15x10cm	69,00 €	St.	353
0200	Einzelplatten, Naturwerkstein, erneuern	123,00 €	St.	353
0300	Sockelplatten, Naturwerkstein, reinigen	13,00 €	m	353
0310	Sockelplatten, Naturwerkstein, erneuern	33,00 €	St.	353
0400	Wandbelag, Naturwerkstein, reinigen, Bestand	11,00 €	m²	345
0410	Wandbelag, Naturwerkstein, Löcher ausbessern, <15mm	6,00 €	St.	345
0420	Wandbelag, Naturwerkstein, schleifen C220	20,50 €	St.	345
0430	Wandbelag, Naturwerkstein, polieren	11,50 €	St.	345
0500	Vierung, Naturwerkstein, bis 5x5cm	53,50 €	St.	345
0510	Vierung, Naturwerkstein, bis 10x10cm	59,00 €	St.	345
0520	Vierung, Naturwerkstein, bis 15x10cm	69,00 €	St.	345
0600	Einzelplatten, Naturstein, erneuern	113,00 €	St.	345
0700	Fensterbank, Kalkstein aufarbeiten	79,50 €	m	345
0710	dauerelastische Verfugung erneuern, Naturwerkstein	11,00 €	m	345

014.10	Oberflächenbehandlung			
0010	Imprägnierung, Boden, Naturwerkstein	9,90 €	m²	353
0020	Imprägnierung, farbtonvertiefend, Boden, Naturwerkstein	12,00 €	m²	353
0030	Glanzversiegelung, Boden, Naturwerkstein	13,00 €	m²	353
0040	Fluatierung, Boden, Naturwerkstein	10,50 €	m²	353
0050	nachpolieren, Boden, Naturwerkstein	11,50 €	m²	353
0060	Schleifen + Polieren, Naturwerkstein	24,00 €	m²	353
0100	Imprägnierung, Wand, Naturwerkstein	11,50 €	m²	345
0110	„Anti-Graffiti"-Oberflächenimprägnierung	6,00 €	m²	345
014.11	**Schutzabdeckungen**			
0010	Schutzabdeckung, Boden, Vlies + OSB	31,00 €	m²	393
0020	Schutzabdeckung, Boden, Alukarton	3,00 €	m²	393
0110	Schutzabdeckung, Tritt-/Setzstufen, Vlies + OSB	40,00 €	m²	393
0120	Schutzabdeckung, Trittstufen, Karton	12,00 €	m	393
014.50	**Betonwerkstein Bodenbeläge im Innenbereich**			
0010	Boden, Betonwerkstein, Dünnbett, 30x30x3cm, R9	89,50 €	m²	353
0020	Boden, Betonwerkstein, Dünnbett, 40x40x3cm, R9	92,00 €	m²	353
0030	Boden, Betonwerkstein, Dünnbett, 50x50x3cm, R9	94,50 €	m²	353
0040	Boden, Betonwerkstein, Dünnbett, 40x60x3cm, R9	99,00 €	m²	353
0100	Sockel, Betonwerkstein, H=8cm, d=15mm	20,50 €	m	353
0200	Podest, Betonwerkstein, Dünnbett, 30x30x3cm, R9	108,00 €	m²	353
0210	Podest, Betonwerkstein, Dünnbett, 40x40x3cm, R9	111,00 €	m²	353
0220	Podest, Betonwerkstein, Dünnbett, 50x50x3cm, R9	113,00 €	m²	353
0230	Podest, Betonwerkstein, Dünnbett, 40x60x3cm, R9	117,00 €	m²	353
0300	Podestrand, Betonwerkstein, d=30mm	84,50 €	m	353
0310	Tritt-/Setzstufe, Betonwerkstein, d=30mm, R9	122,00 €	m	353
0320	Stufensockel, Betonwerkstein, H=8cm, d=15mm	24,00 €	m	353
0330	Bischofsmütze, Betonwerkstein, H=8cm, d15mm	45,50 €	St.	353
0340	Winkelstufe, gerade, Betonwerkstein, d=3cm	156,00 €	St.	353
0400	Zulage Verlegung Mittelbett	10,50 €	m²	353
0410	Zulage Verlegung Dickbett	21,50 €	m²	353
0420	Zulage Diagonalverlegung	6,60 €	m²	353
0430	Zulage Randfries orthogonal, bei Diagonalverlegung	9,00 €	m	353
0440	Zulage Gefälleschnitte, 1,00m²	23,50 €	St.	353
0450	Zulage R10 anstelle R9	12,00 €	m²	353
0460	Zulage Ebenheitstoleranzen, 50%	17,00 €	m²	353
0500	Sockelleiste, runde Wandflächen	10,50 €	m	353

014 023 024 025 026 027 028 029 030 031 032 033 034 036 037 038 039 271 Ausbau & Fassade

0510	Sockelleiste, Rundstütze, Ø bis 60cm	15,00 €	St.	353
0600	Stufenvorderkante, gestockt	27,00 €	m	353
0610	Stufenvorderkante, Pilzprofile	16,50 €	m	353
0620	Stufenvorderkante, Edelstahlprofil	55,00 €	m	353
0700	Sockel, Edelstahl, Stütze, Ø=300mm, H=10cm	121,00 €	St.	353
014.51	**Betonwerkstein Wandbeläge im Innenbereich**			
0010	Wand, Betonwerkstein, Dünnbett, 40x60x1cm	114,00 €	m^2	345
0020	Wand, Betonwerkstein, Dünnbett, Bahn, 30cm, d=1cm	114,00 €	m^2	345
0030	Wand, Betonwerkstein, Dünnbett, Bahn, 10-30cm, d=1cm	133,00 €	m^2	345
0100	Zulage Verlegung Dickbett	8,00 €	m^2	345
0200	Aufzugsportal, Laibung, d=40mm	422,00 €	St.	345
0210	Fensterbank, Betonwerkstein, innen, d=40mm	81,00 €	m	345
014.52	**Betonwerkstein Fensterbank**			
0010	Fensterbank, Betonwerkstein, außen, d=40mm	81,00 €	m	335
014.53	**Betonwerkstein Bodenbeläge im Außenbereich**			
0100	Betonwerkstein, Splittbett, 30x30cm, d=40mm, R10	81,00 €	m^2	353
0110	Betonwerkstein, Splittbett, 40x40cm, d=40mm, R10	84,50 €	m^2	353
0200	Betonwerkstein, vergütet, Splittbett, 30x30cm, d=40mm, R10	89,50 €	m^2	353
0210	Betonwerkstein, vergütet, Splittbett, 40x40cm, d=40mm, R10	93,50 €	m^2	353
0300	Betonwerkstein, kalibriert, Verbund, 30x30xcm, R10	97,50 €	m^2	353
0310	Betonwerkstein, kalibriert, Verbund, 40x40x4,5cm, R10	101,00 €	m^2	353
0400	Podest, Betonwerkstein, Verbund, 30x30x4cm, R10	118,00 €	m^2	353
0410	Podest, Betonwerkstein, Verbund, 40x40x4,5cm, R10	122,00 €	m^2	353
0500	Podest, Betonwerkstein, kalibriert, Verbund, 40x40x4,5, R10	136,00 €	m^2	353
0510	Podest, Betonwerkstein, kalibriert, Verbund, 30x30x4cm, R10	140,00 €	m^2	353
0600	Tritt/Setzstufe, Betonwerkstein, Verbund, d=40mm, R10	122,00 €	m	353
0610	Blockstufe, Betonwerkstein, Verbund, 30x18cm	127,00 €	m	353
0700	Waschbetonplatten, Splittbett, 50x50, d=40mm	81,00 €	m^2	353
0710	Waschbetonplatten, Splittbett, 40x40, d=40mm	77,00 €	m^2	353
0800	Podest, Waschbetonplatten, Verbund, 40x40x4cm, R10	114,00 €	m^2	353
0810	Podest, Waschbetonplatten, Verbund, 50x50x4cm, R10	118,00 €	m^2	353
0900	Tritt-/Setzstufe, Waschbeton, Verbund, d=40mm, R10	118,00 €	m	353
0910	Blockstufe, Waschbeton, Verbund, 30x18cm	151,00 €	m	353
1000	Zulage Verlegung Stelzlager	20,50 €	m^2	353

1010	Zulage Verlegung Mörtelsäcke	6,60 €	m^2	353
1100	Dränmatte	15,50 €	m^2	353
1200	Randanschnitt, gerade anstelle Kiesstreifen	11,50 €	m	353
1210	Randanschnitt, schräg anstelle Kiesstreifen	14,50 €	m	353
1220	Randanschnitt, rund, R≥2,00m, anstelle Kiesstreifen	22,50 €	m	353
1300	Aussparung, <0,10m^2, Betonwerksteinboden	34,50 €	St.	353
1310	Aussparung, >0,10m^2, Betonwerksteinboden	40,50 €	St.	353
014.54	**Betonwerkstein Betonpflaster**			
0010	Pflasterflächen, Granit-Kleinpflaster	144,00 €	m^2	324
0020	Betonverbundpflaster, 100x200x80mm	27,50 €	m^2	324
0030	Betonpflaster, Sand/Splitt, 20x10-20x7,7cm	59,00 €	m^2	324
0040	Wabensteinpflaster, 6-Eck	27,00 €	m^2	324
0050	Wabensteine, Kunststoff, 38x56x5cm	28,50 €	m^2	324
0100	Betonpflasterplatten, 60x40x8cm, grau	31,00 €	m^2	324
0110	Betonpflasterplatten, 60x40x8cm, anthrazit	33,50 €	m^2	324
0120	Betonpflasterplatten, 20x20x8cm	59,00 €	m^2	324
0130	Betonpflasterplattenstreifen, 20x30x8cm	19,50 €	m	324
0200	Zulage Verlegung im Mörtelbett	27,50 €	m	324
0210	Zulage zementgeschlämmte Fugen	36,00 €	m^2	324
0220	Zulage halbrunde Verlegung	12,50 €	m^2	324
0230	Zulage Randausbildung rund	11,50 €	m	324
0300	Verbundsteinpflaster wieder einbauen	17,00 €	m^2	324
0400	Zulage Pflastarbeiten im Gebäude	9,60 €	m^2	324
014.55	**Betonwerkstein Anarbeiten, An-/Abschlüsse**			
0010	Aufzugsbelag, d=20mm	128,00 €	m^2	353
0020	Bodentank belegen, eckig, 600x600mm	61,50 €	St.	353
0030	Bodentank belegen, rund, bis 300mm	51,00 €	St.	353
0100	Anarbeitung an Rundstütze, >0,10m^2, Ø=40cm	26,00 €	St.	353
0110	Anarbeitung an Stütze, >0,10m^2, 35x35cm	44,00 €	St.	353
0120	Anarbeitung an Bodeneinlauf	37,00 €	St.	353
0130	Anarbeitung an Bodenablaufrinne	54,50 €	St.	353
0140	Anarbeitung Schrägen	18,00 €	m	353
0150	Anarbeitung Rundung, R=0,50m	19,00 €	m	353
0160	Anarbeitung Rundung, R≥2,00m	36,50 €	m	353
0170	Aussparung, eckig, >0,10m^2, 35x35cm	54,50 €	St.	353
0180	Aussparung, rund, >0,10m^2, Ø=35cm	45,00 €	St.	353
0200	Bohrung, Betonwerkstein, Ø bis 20mm	12,50 €	St.	353
0210	Öffnung nachträglich, Ø bis 12cm	28,00 €	St.	353

014.56	Betonwerkstein Einbauteile			
0010	Sauberlaufzone, Edelstahl, 40x60cm, Ripsprofil	620,00 €	St.	353
0020	Sauberlaufzone, Edelstahl, 60x80cm, Ripsprofil	806,00 €	St.	353
0030	Sauberlaufzone, Edelstahl, 100x150cm, Ripsprofil	1.004,00 €	St.	353
0040	Sauberlaufzone, Edelstahl, 150x200cm, Ripsprofil	1.711,00 €	St.	353
0050	Sauberlaufzone, Edelstahl, 200x300cm, Ripsprofil	3.596,00 €	St.	353
0100	Sauberlaufzone, Edelstahl, 40x60cm, Gummiprofil	756,00 €	St.	353
0110	Sauberlaufzone, Edelstahl, 60x80cm, Gummiprofil	930,00 €	St.	353
0120	Sauberlaufzone, Edelstahl, 100x150cm, Gummiprofil	1.153,00 €	St.	353
0130	Sauberlaufzone, Edelstahl, 150x200cm, Gummiprofil	1.872,00 €	St.	353
0140	Sauberlaufzone, Edelstahl, 200x300cm, Gummiprofil	3.844,00 €	St.	353
0200	Sauberlaufzone, Edelstahl, 40x60cm, Bürstenprofil	893,00 €	St.	353
0210	Sauberlaufzone, Edelstahl, 60x80cm, Bürstenprofil	1.116,00 €	St.	353
0220	Sauberlaufzone, Edelstahl, 100x150cm, Bürstenprofil	1.488,00 €	St.	353
0230	Sauberlaufzone, Edelstahl, 150x200cm, Bürstenprofil	2.232,00 €	St.	353
0240	Sauberlaufzone, Edelstahl, 200x300cm, Bürstenprofil	4.526,00 €	St.	353
014.57	**Betonwerkstein Profile, Fugen**			
0010	Abschlussprofil, V2A, H=10mm	31,50 €	m	345
0100	Abschlussprofil, Messing, H=10mm	11,50 €	m	345
0200	Abschlussprofil, Alu, H=10mm	20,00 €	m	345
0300	Trennschiene/-winkel, V2A, H=40mm	31,00 €	m	353
0310	Trennschiene/-winkel, V2A, gebogen, H=40mm	42,00 €	m	353
0320	Trennschiene/-winkel, V2A, H=70mm	49,50 €	m	353
0330	Trennschiene/-winkel, V2A, gebogen, H=70mm	60,50 €	m	353
0400	Trennschiene/-winkel, Messing, H=40mm	36,00 €	m	353
0410	Trennschiene/-winkel, Messing, gebogen, H=40mm	47,00 €	m	353
0420	Trennschiene/-winkel, Messing, H=70mm	60,00 €	m	353
0430	Trennschiene/-winkel, Messing, gebogen, H=70mm	71,00 €	m	353
0500	L-Profil, V2A, 120x100x4mm	46,00 €	m	353
0510	L-Profil, V2A, 140x100x4mm	49,00 €	m	353
0600	L-Profil, brünierter Stahl, 120x100x4mm	41,50 €	m	353
0610	L-Profil, brünierter Stahl, 140x100x4mm	45,00 €	m	353
0700	Eckschutzprofil, V2A, 40x40mm	49,50 €	m	345
0800	Eckschutzprofil, Alu, 40x40mm	36,00 €	m	345
0900	Dehnungsfugenprofil, V2A, H=8mm	55,50 €	m	353
0910	Dehnungsfugenprofil, V2A, bis H=23mm	60,00 €	m	353
0920	Dehnungsfugenprofil, V2A, bis H=43mm	65,50 €	m	353
1000	Dehnungsfugenprofil, Messing, H=8mm	85,00 €	m	353

1010	Dehnungsfugenprofil, Messing, bis H=23mm	192,00 €	m	353
1020	Dehnungsfugenprofil, Messing, bis H=43mm	210,00 €	m	353
1100	Dehnungsfugenprofil, Alu, H=8mm	34,00 €	m	353
1110	Dehnungsfugenprofil, Alu, bis H=23mm	48,50 €	m	353
1120	Dehnungsfugenprofil, Alu, bis H=43mm	61,00 €	m	353
1200	Bauwerkstrennfuge, Profil, B=30mm, V2A	92,50 €	m	353
1210	Bauwerkstrennfuge, Profil, B=30mm, Messing	99,00 €	m	353
1300	dauerelastische Verfugung, Naturwerkstein	4,90 €	m	353
014.58	**Betonwerkstein Oberflächenbehandlung**			
0010	Imprägnierung, Boden, Betonwerkstein	6,50 €	m²	353
0020	Imprägnierung, farbtonvertiefend, Boden, Betonwerkstein	12,00 €	m²	353
0030	Glanzversiegelung, Boden, Betonwerkstein	13,00 €	m²	353
0040	Fluatierung, Boden, Betonwerkstein	10,50 €	m²	353
0050	nNachpolieren, Boden, Betonwerkstein	11,50 €	m²	353
0100	Imprägnierung, Wand, Betonwerkstein	10,50 €	m²	345
0110	„Anti-Graffiti"-Oberflächenimprägnierung	6,00 €	m²	339
014.59	**Betonwerkstein Schutzabdeckungen**			
0010	Schutzabdeckung, Boden, Vlies + OSB	31,00 €	m²	393
0020	Schutzabdeckung, Boden, Alukarton	3,00 €	m²	393
0110	Schutzabdeckung, Tritt-/Setzstufen, Vlies + OSB	40,00 €	m²	393
0120	Schutzabdeckung, Trittstufen, Karton	12,00 €	m	393
014.60	**Betonwerkstein Instandsetzungsarbeiten**			
0010	Betonwerksteinboden ausbauen, lagern	81,00 €	m²	395
0100	Spachtelmasse vollständig entfernen	37,50 €	m²	395
0110	Bodenbelag, Betonwerkstein, reinigen, ausbessern	7,40 €	m²	395
0120	Podestbelag, Betonwerkstein, reinigen, Bestand	7,40 €	m²	395
0130	Tritt-/Setzstufe, Betonwerkstein, reinigen, Bestand	211,00 €	m	353
0140	Einzelplatten, Betonwerkstein, erneuern	123,00 €	m²	395
0150	Bodenbelag, Betonwerkstein, polieren	8,80 €	St.	395
0200	Sockelplatten, Betonwerkstein, erneuern	30,50 €	St.	395
0210	Sockelplatten, Naturwerkstein, reinigen	13,00 €	m	395
0300	dauerelastische Verfugung erneuern, Betonwerkstein	11,00 €	m	395
014.90	**Stundenlohnarbeiten**			
0010	Stundensatz: Fachwerker	48,50 €	h	399
0020	Stundensatz: Bauhelfer	37,50 €	h	399

014 023 024 025 026 027 028 029 030 031 032 033 034 036 037 038 039 271
Ausbau & Fassade

Ausbau & Fassade

023 Putz-/Stuckarbeiten, WDVS

023	Putz-/Stuckarbeiten, WDVS			
023.01	**Vorbereitende Arbeiten**			
0010	Grundierung, stark saugend	2,20 €	m^2	345
0020	Haftgrundbeschichtung Beton	2,70 €	m^2	345
0030	Spritzbewurf, nicht voll deckend	5,90 €	m^2	345
0040	Unterputz, je 10mm	5,40 €	m^2	345
0050	Vorputz, Laibungen bis 25cm	4,70 €	m	345
023.02	**Innenputz**			
0010	Wandputz, PII, Q2	16,50 €	m^2	345
0020	Wandputz, PIII, Q2	14,50 €	m^2	345
0030	Wandputz, PIV, Q2	12,50 €	m^2	345
0050	Wandputz, PII, Q2 mit Untergrundvorbehandlung	18,50 €	m^2	345
0060	Wandputz, PIII, Q2 mit Untergrundvorbehandlung	18,00 €	m^2	345
0070	Wandputz, PIV, Q2 mit Untergrundvorbehandlung	14,50 €	m^2	345
0100	Dünnlagenputz, Wand, PII, Q2	13,00 €	m^2	345
0110	Dünnlagenputz, Wand, PIV, Q2	12,50 €	m^2	345
0200	Wischputz/Rapputz bis 10mm, PII	10,00 €	m^2	345
0300	Laibungsputz, bis 25cm	11,00 €	m	345
0310	Laibungsputz, bis 40cm	11,50 €	m	345
0400	Laibungen, Dünnlagenputz, bis 25cm	10,50 €	m	345
0410	Laibungen, Dünnlagenputz, bis 40cm	11,00 €	m	345
0510	Putz, Stb.-Stützen, eckig, PII, Q2	21,50 €	m^2	345
0520	Putz, Stb.-Stützen, eckig, PIII, Q2	23,50 €	m^2	345
0530	Putz, Stb.-Stützen, eckig, PIV, Q2	20,50 €	m^2	345
0600	Putz, Stb.-Stützen, rund, PII, Q2	28,50 €	m^2	345
0610	Putz, Stb.-Stützen, rund, PIV, Q2	27,50 €	m^2	345
0700	Dünnlagenputz, Stb.-Stützen, eckig, PII, Q2	19,50 €	m^2	343
0710	Dünnlagenputz, Stb.-Stützen, eckig, PIV, Q2	16,00 €	m^2	343
0720	Dünnlagenputz, Stb.-Stützen, rund, PII, Q2	18,00 €	m^2	343
0730	Dünnlagenputz, Stb.-Stützen, rund, PIV, Q2	14,50 €	m^2	343
0810	Deckenputz, PII, Q2	19,50 €	m^2	354
0820	Deckenputz, PII, Q3, Kühldecke	22,50 €	m^2	354
0830	Deckenputz, PIV, Q2	14,00 €	m^2	354
0850	Deckenputz, PII, Q2 mit Untergrundvorbehandlung	22,00 €	m^2	354
0860	Deckenputz, PIII, Q2, mit Untergrundvorbehandlung	25,00 €	m^2	354
0870	Deckenputz, PIV, Q2 mit Untergrundvorbehandlung	16,50 €	m^2	354
0900	Dünnlagenputz, Stb.-Decken, PII, Q2	13,00 €	m^2	354

0910	Dünnlagenputz, Stb.-Decken, PIV, Q2	11,50 €	m^2	354
1000	Deckenputz Unterzüge, PII, Q2	33,50 €	m^2	354
1010	Deckenputz Unterzüge, PIV, Q2	29,00 €	m^2	354
1100	Dünnlagenputz, Stb.-Unterzüge, PII, Q2	17,50 €	m^2	354
1110	Dünnlagenputz, Stb.-Unterzüge, PIV, Q2	16,50 €	m^2	354
1200	schallabsorbierender Deckenputz	37,50 €	m^2	354
1300	Putz, PII, Treppenuntersichten/-wangen	22,00 €	m^2	354
1310	Putz, PIV, Treppenuntersichten/-wangen	25,50 €	m^2	354
1400	Dünnlagenputz, PII, Treppenuntersichten	20,50 €	m^2	354
1410	Dünnlagenputz, PIV, Treppenuntersichten	16,50 €	m^2	354
1500	Treppenanschlussfuge	12,50 €	m	354
1510	Wandanschlussfuge Treppenlauf-Wand	29,50 €	m	345
1600	Schlitze schließen, Normalmörtel, <25cm^2	14,50 €	m	345
1610	Schlitze schließen, Normalmörtel, <100cm^2	17,50 €	m	345
1620	Schlitze schließen, Normalmörtel, <200cm^2	10,00 €	m	345
1700	Schlitze schließen, Dämmmörtel, <25cm^2	7,90 €	m	345
1710	Schlitze schließen, Dämmmörtel, <100cm^2	8,60 €	m	345
1720	Schlitze schließen, Dämmmörtel, <200cm^2	10,50 €	m	345
1800	HK-Wandanbindung schließen, Normalmörtel	18,50 €	m	345
1810	HK-Wandanbindung schließen, Dämmmörtel	13,00 €	m	345
1900	Schlitze nachträglich, Normalmörtel, <25cm^2	15,50 €	m	345
1910	Schlitze nachträglich, Normalmörtel, <100cm^2	20,00 €	m	345
1920	Schlitze nachträglich, Normalmörtel, <200cm^2	12,50 €	m	345
2000	Schlitze nachträglich, Dämmmörtel, <25cm^2	8,90 €	m	345
2010	Schlitze nachträglich, Dämmmörtel, <100cm^2	9,70 €	m	345
2020	Schlitze nachträglich, Dämmmörtel, <200cm^2	9,20 €	m	345
2100	HK-Wandanbindung nachträglich, Normalmörtel	13,50 €	m	345
2110	HK-Wandanbindung nachträglich, Dämmmörtel	14,50 €	m	345
2150	Beiputz Kleinflächen nachträglich, Normalmörtel, <400cm^2	18,00 €	St.	345
2160	Beiputz Kleinflächen nachträglich, Normalmörtel, <1000cm^2	22,50 €	St.	345
2170	Beiputz Kleinflächen nachträglich, Normalmörtel, <1,00m^2	44,00 €	St.	345
2200	Eckschutzprofil, d=15mm	3,90 €	m	345
2210	Eckschutzprofil, Dünnlagenputz, 3-5mm	4,40 €	m	345
2300	Schattenfugenprofil	5,90 €	m	345
2310	Putzabschlussprofil	3,30 €	m	345
2320	Putzabschlussprofil mit Dichtlippe	5,00 €	m	345

2330	Dehnfugenprofil	15,50 €	m	345
2400	Zulage Wand, gekrümmt	7,90 €	m²	345
2410	Zulage Lehrenputz für Fliesenbeläge	6,40 €	m²	345
2420	Fensterbank einputzen, innen	14,00 €	m	345
2430	Unterschnitt, Wandputz	13,50 €	m	345
2500	Zulage Putz PII/III, Q3 statt Q2	2,70 €	m²	345
2510	Zulage Putz PII/III, Q4 statt Q2	10,50 €	m²	345
2520	Zulage Putz PIV, Q3 statt Q2	2,50 €	m²	345
2530	Zulage Putz PIV, Q4 statt Q2	9,80 €	m²	345
2600	Mehr-/Minderstärke, PII, 10mm	5,10 €	m²	345
2610	Mehr-/Minderstärke, PIII, 10mm	5,00 €	m²	345
2620	Mehr-/Minderstärke, PIV, 10mm	4,80 €	m²	345
2700	Überspannung Glasfasergewebe	7,70 €	m²	345
2710	Streckmetallgewebe, verzinkt	11,00 €	m²	345
2720	Diagonalbewehrung Fensteröffnung	5,20 €	St.	345
2760	dauerelastische Verfugung	1,80 €	m	345
023.03	**Außenputz**			
0010	Sperranstrich + Sockelputz, PIII, 2-lg.	52,50 €	m²	335
0020	Mehr-/Minderstärke, PIII, 10mm	6,60 €	m²	345
0100	Außenwandputz, PII, 2-lg.	32,00 €	m²	335
0110	Außenwandputz, PII + Kunstharz, 2-lg.	37,50 €	m²	335
0120	Zulage Sonderfarbton Außenputz	3,00 €	m²	335
0130	Egalisierungsanstrich	6,60 €	m²	335
0140	Mehr-/Minderstärke, PII, 10mm	5,10 €	m²	345
0150	Außenwandsockelputz, PIII, 2-lg.	31,00 €	m²	335
0160	Laibungsputz, Profile, bis 25cm	13,50 €	m	335
0170	Laibungsputz, Profile, bis 55cm	21,00 €	m	335
0180	Faschenputz	17,50 €	m	335
0190	Anti-Graffiti-Oberfläche	20,50 €	m²	335
0200	Fensterabwässerungen	12,00 €	m	335
0210	Diagonalbewehrung Fensteröffnung	5,20 €	St.	355
0300	Außendeckenputz, PII, 2-lg.	36,00 €	m²	354
0310	Mehr-/Minderstärke, PII, 10mm	5,10 €	m²	345
0400	Eckschutzprofil, d=20mm	6,70 €	m	335
0410	Putzabschlussprofil	9,50 €	m	345
0420	Putzabschlussprofil mit Dichtlippe	5,90 €	m	345
0430	Dehnfugenprofil	22,50 €	m	345

023.04	Innendämmung			
0010	Wanddämmung, Mineralschaum, A1, d=60mm, Putz	51,00 €	m²	336
0020	Wanddämmung, Mineralschaum, A1, d=80mm, Putz	54,50 €	m²	336
0030	Wanddämmung, Mineralschaum, A1, d=100mm, Putz	58,50 €	m²	336
0040	Wanddämmung, Mineralschaum, A1, d=120mm, Putz	61,50 €	m²	336
0100	Laibungen, Mineralschaum, 50mm, bis 25cm	31,50 €	m	335
0110	Laibungen, Mineralschaum, 50mm, bis 40cm	43,50 €	m	335
0200	Wanddämmung, HWL, A2, d=50mm	51,50 €	m²	336
0210	Wanddämmung, HWL, A2, d=60mm	56,00 €	m²	336
0220	Wanddämmung, HWL, A2, d=100mm	69,50 €	m²	336
0300	Wandputz, armiert, auf HWL-Dämmplatten	16,00 €	m²	336
0400	Wanddämmung, Schaumglas, A1, d=60mm, Putz	83,00 €	m²	336
0410	Wanddämmung, Schaumglas, A1, d=80mm, Putz	95,00 €	m²	336
0420	Wanddämmung, Schaumglas, A1, d=100mm, Putz	107,00 €	m²	336
0430	Wanddämmung, Schaumglas, A1, d=120mm, Putz	118,00 €	m²	336
0440	Wanddämmung, Schaumglas, A1, d=140mm, Putz	130,00 €	m²	336
0450	Wanddämmung, Schaumglas, A1, d=160mm, Putz	145,00 €	m²	336
0500	Wanddämmung, MiWo, A1, d=60mm, Putz	46,00 €	m²	336
0510	Wanddämmung, MiWo, A1, d=80mm, Putz	48,50 €	m²	336
0520	Wanddämmung, MiWo, A1, d=100mm, Putz	50,50 €	m²	336
0530	Wanddämmung, MiWo, A1, d=120mm, Putz	53,50 €	m²	336
0600	Wanddämmung, Hartschaum (XPS), d=100mm	49,00 €	m²	345
0610	Wanddämmung, Hartschaum (XPS), d=200mm	82,00 €	m²	345
0700	Deckendämmung, Mineralschaum, A1, d=60mm, Putz	55,00 €	m²	354
0710	Deckendämmung, Mineralschaum, A1, d=80mm, Putz	60,00 €	m²	354
0720	Deckendämmung, Mineralschaum, A1, d=100mm, Putz	65,00 €	m²	354
0730	Deckendämmung, Mineralschaum, A1, d=120mm, Putz	68,50 €	m²	354
0800	Deckendämmung, HWL, A2, d=50mm	53,50 €	m²	354
0810	Deckendämmung, HWL, A2, d=60mm	58,50 €	m²	354
0820	Deckendämmung, HWL, A2, d=100mm	71,00 €	m²	354
0900	Deckenputz, armiert, auf HWL-Dämmplatten	20,50 €	m²	354
1000	Deckendämmung, Schaumglas, A1, d=60mm, Putz	86,00 €	m²	354
1010	Deckendämmung, Schaumglas, A1, d=80mm, Putz	98,50 €	m²	354
1020	Deckendämmung, Schaumglas, A1, d=100mm, Putz	110,00 €	m²	354
1030	Deckendämmung, Schaumglas, A1, d=120mm, Putz	122,00 €	m²	354
1040	Deckendämmung, Schaumglas, A1, d=140mm, Putz	134,00 €	m²	354
1050	Deckendämmung, Schaumglas, A1, d=160mm, Putz	147,00 €	m²	354
1100	Deckendämmung, MiWo, A1, d=60mm, Putz	55,00 €	m²	354

1110	Deckendämmung, MiWo, A1, d=80mm, Putz	58,00 €	m²	354
1120	Deckendämmung, MiWo, A1, d=100mm, Putz	61,00 €	m²	354
1130	Deckendämmung, MiWo, A1, d=120mm, Putz	66,00 €	m²	354
1200	Dämmung UZ, Mineralschaum, A1, d=60mm, Putz	60,00 €	m²	354
1210	Dämmung UZ, Mineralschaum, A1, d=80mm, Putz	65,00 €	m²	354
1220	Dämmung UZ, Mineralschaum, A1, d=100mm, Putz	70,00 €	m²	354
1230	Dämmung UZ, Mineralschaum, A1, d=120mm, Putz	73,50 €	m²	354
1300	Dämmung, Unterzüge, HWL, A2, d=50mm	53,50 €	m²	354
1310	Dämmung, Unterzüge, HWL, A2, d=60mm	59,50 €	m²	354
1320	Dämmung, Unterzüge, HWL, A2, d=100mm	73,00 €	m²	354
1400	Putz auf UZ, armiert, auf HWL-Dämmplatten	19,50 €	m²	354
1500	Dämmung UZ, Schaumglas, A1, d=60mm, Putz	90,00 €	m²	354
1510	Dämmung UZ, Schaumglas, A1, d=80mm, Putz	102,00 €	m²	354
1520	Dämmung UZ, Schaumglas, A1, d=100mm, Putz	114,00 €	m²	354
1530	Dämmung UZ, Schaumglas, A1, d=120mm, Putz	126,00 €	m²	354
1540	Dämmung UZ, Schaumglas, A1, d=140mm, Putz	139,00 €	m²	354
1550	Dämmung UZ, Schaumglas, A1, d=160mm, Putz	151,00 €	m²	354
1600	Dämmung UZ, MiWo, A1, d=60mm, Putz	59,00 €	m²	354
1610	Dämmung UZ, MiWo, A1, d=80mm, Putz	63,50 €	m²	354
1620	Dämmung UZ, MiWo, A1, d=100mm, Putz	67,50 €	m²	354
1630	Dämmung UZ, MiWo, A1, d=120mm, Putz	72,00 €	m²	354
1700	Kantenschutz, Gewebewinkel	7,00 €	m	336
1710	Kantenschutz, verzinktes Stahlblech, H=50mm	11,50 €	m	336
1720	Kantenschutz, verzinktes Stahlblech, H=60mm	12,50 €	m	336
1730	Kantenschutz, verzinktes Stahlblech, H=100mm	13,00 €	m	336
1740	Kantenschutz, verzinktes Stahlblech, H=120mm	14,50 €	m	336
023.05	**WDVS**			
0010	Dübelstatik, Werkstatt-/Montageplanung	547,00 €	psch.	336
0100	WDVS, Wand, MiWo, A2, d=60mm	79,50 €	m²	335
0110	WDVS, Wand, MiWo, A2, d=100mm	86,50 €	m²	335
0120	WDVS, Wand, MiWo, A2, d=120mm	92,50 €	m²	335
0130	WDVS, Wand, MiWo, A2, d=140mm	100,00 €	m²	335
0140	WDVS, Wand, MiWo, A2, d=180mm	109,00 €	m²	335
0150	WDVS, Decke, MiWo, A2, d=100mm	90,00 €	m²	335
0160	WDVS, Decke, MiWo, A2, d=140mm	105,00 €	m²	335
0200	WDVS, Wand, EPS, B1, d=60mm	74,00 €	m²	335
0210	WDVS, Wand, EPS, B1, d=100mm	82,50 €	m²	335
0220	WDVS, Wand, EPS, B1, d=120mm	89,00 €	m²	335

0230	WDVS, Wand, EPS, B1, d=140mm	98,00 €	m²	335
0240	WDVS, Wand, EPS, B1, d=180mm	106,00 €	m²	335
0300	Zulage A1-System, Streifen, B=1,00m	17,50 €	m²	335
0310	Zulage Brandriegel, A1, horizontal	20,00 €	m	335
0320	Zulage Verdübelung, B2-System	12,00 €	m²	335
0600	Zulage WDVS im Grundriss gerundet	18,00 €	m²	335
0610	Zulage farbige Putzoberfläche	4,20 €	m²	335
0620	Außenecke Gewebeeckwinkel	7,40 €	m	335
0630	Kantenschutzprofil, Edelstahl, 50x50x1,5mm	23,00 €	m	335
0640	Gebäudebewegungsfugen, WDVS	27,50 €	m	335
0650	Zulage Putzträgerplatte	33,00 €	m	335
0660	Zulage stoßfeste Oberfläche	20,00 €	m²	335
0670	Anti-Graffiti-Oberfläche	42,50 €	m²	335
0680	Aussparung WDVS, <0,50m²	17,00 €	St.	335
0690	Dauergerüstanker, Edelstahl, WDVS	61,00 €	St.	335
0710	Laibungen, WDVS, Profile, bis 15cm	39,50 €	m	335
0720	Laibungen, WDVS, Profile, Fasche, bis 15cm	44,00 €	m	335
0730	Laibungen, WDVS, Profile, bis 25cm	49,50 €	m	335
0740	Laibungen, WDVS, Profile, Fasche, bis 25cm	54,00 €	m	335
0750	Sohlbankdämmung, B=200mm	15,50 €	m	335
0760	Anschluss Fensterelemente	7,00 €	m	335
0770	Diagonalbewehrung Fensteröffnung	7,40 €	St.	335
0780	WDVS, Sockel, XPS, B1, d=100mm	63,50 €	m²	335
0790	WDVS, Sockel, CG, A1, d=100mm	95,50 €	m²	335
023.06	**WDVS mit Klinkerriemchen**			
0010	WDVS, EPS, 035, 160mm, Klinkerriemchen, Normalformat	201,00 €	m²	335
0020	WDVS, EPS, 035, 160mm, Klinkerriemchen, Dünnformat	207,00 €	m²	335
0030	WDVS, EPS, 035, 180mm, Klinkerriemchen, Normalformat	211,00 €	m²	335
0040	WDVS, EPS, 035, 180mm, Klinkerriemchen, Dünnformat	217,00 €	m²	335
0100	Zulage Sockel, XPS, 035, 160mm, Klinkerriemchen	9,80 €	m²	335
0110	Zulage Eckausbildung, 90°, Klinkerriemchen	20,00 €	m	335
0120	Zulage Brandriegel umlaufend, H=20cm	20,00 €	m	335
0200	Laibungen, WDVS, Klinkerriemchen, Eckformteile	79,00 €	m	335
0210	Laibungen, WDVS, Klinkerriemchen, Gehrung	60,50 €	m	335
0220	Laibungen, WDVS, Klinkerriemchen, Alublech	41,00 €	m	335
0300	Bewegungsfuge, dauerelastisch	18,00 €	m	335
0310	Bewegungsfuge, dauerelastisch, besandet	24,00 €	m	335

0400	Mäanderfuge, dauerelastisch, besandet	31,50 €	m	335
0500	Anti-Graffiti-Oberfläche	24,00 €	m^2	335
023.07	**Instandsetzung, Abbruch**			
0010	Innenwandputz abschlagen, Kleinflächen	9,90 €	m^2	395
0020	Innenwandputz abschlagen, großflächig	7,00 €	m^2	394
0030	Putzausbesserung innen, Wände, Q2, $<250cm^2$	24,00 €	m^2	395
0040	Putzausbesserung innen, Wände, Q2, $<2500cm^2$	21,00 €	m^2	395
0050	Putzstreifen ausbessern, Wände, Q2, $<1{,}00m$	19,00 €	m	395
0060	Putzuntergrund, XPS-Platte, 20mm	33,50 €	m^2	395
0070	Wandputz, nachträglich, Kleinflächen, $<250cm^2$	34,00 €	m^2	395
0080	Wandputz, nachträglich, Kleinflächen, $<2500cm^2$	30,00 €	m^2	395
0090	Wandputz, nachträglich, Kleinflächen, $<3{,}00m^2$	24,00 €	m^2	395
0100	Sanierputz, 2-lg., hohe Salzbelastung, d≥25mm	49,50 €	m^2	395
0110	Sanierputz, 1-lg., geringe Salzbelastung, d≥20mm	45,00 €	m^2	395
0120	Altputzwandflächen spachteln	17,00 €	m^2	395
0200	Innendeckenputz abschlagen, Kleinflächen	12,50 €	m^2	395
0210	Innendeckenputz abschlagen, großflächig	8,00 €	m^2	395
0220	Deckenputz erneuern, Kleinflächen $<250cm^2$	54,50 €	m^2	395
0230	Deckenputz erneuern, Kleinflächen $<2500cm^2$	47,00 €	m^2	395
0240	Deckenputz erneuern, Kleinflächen $<3{,}00m^2$	41,00 €	m^2	395
0250	Deckenschlitz schließen, $<25cm^2$	10,50 €	m^2	395
0260	Deckenputz, Gewölbedecke, PII, Q2	35,00 €	m^2	395
0270	Putzträgerdecke ausbessern, Q2, $<1{,}00m^2$	45,50 €	m^2	395
0280	Altputzdeckenflächen spachteln	18,50 €	m^2	395
0300	Stahlumfassungszarge nachträglich einputzen	16,50 €	m	395
0310	Stahleckzarge nachträglich einputzen	61,50 €	St.	395
0320	Stahlrahmentüren nachträglich einputzen	15,50 €	m	395
0330	Laibungsputz, nachträglich bis 25cm	11,00 €	m	395
0340	Laibungsputz, nachträglich bis 45cm	14,50 €	m	395
0350	Fenster nachträglich einputzen, innen	17,00 €	m	395
0360	Fensterbank nachträglich einputzen, innen	14,00 €	m	395
0370	Unterschnitt, Wandputz für Abdichtung	13,50 €	m	345
0380	Unterschnitt, Wandputz für Sockelleiste	11,00 €	m	345
0400	Ummantelung Stahlträger, 3-seitig, F90, H≤250mm	54,50 €	m	395
0410	Ummantelung Stahlträger, 3-seitig, F90, H≤400mm	74,50 €	m	395
0420	Putz, Hohlziegeldecke, F90-Ertüchtigung	34,00 €	m^2	395
0430	Putz, Hohlsteindecke, F90-Ertüchtigung	36,50 €	m^2	395
0440	Brandschutzsanierung Stb.-Decken, F90	45,00 €	m^2	395

014
023
024
025
026
027
028
029
030
031
032
033
034
036
037
038
039
271
Ausbau & Fassade

0450	Brandschutzsanierung Stb.-Unterzüge, F90	56,50 €	m²	395
0460	Zulage Mehrstärke Brandschutzputz, je 5mm	5,50 €	m²	395
0470	Abdichtung Rissverfüllung, Polyurethanharz	106,00 €	m	395
0500	Außenputz abschlagen, Wand	13,00 €	m²	394
0510	Außenputz, PII, kleinflächig, Bestandswände	41,00 €	m²	395
0520	Außenputz, PII, großflächig, Bestandswände	36,00 €	m²	395
023.90	**Stundenlohnarbeiten**			
0010	Stundensatz: Fachwerker	40,00 €	h	399
0020	Stundensatz: Bauhelfer	34,50 €	h	399

Ausbau & Fassade
014 023 024 025 026 027 028 029 030 031 032 033 034 036 037 038 039 271

024 Fliesen-/Plattenarbeiten

024	Fliesen-/Plattenarbeiten			
024.01	**Vorbereitende Arbeiten**			
0010	Messung, Estrichfeuchte	136,00 €	psch.	353
0020	Reinigung des Untergrundes	1,80 €	m^2	353
0030	Untergrundvorbereitung, Kugelstrahlen	8,60 €	m^2	353
0040	Untergrundvorbereitung, Fräsen	18,00 €	m^2	353
0050	Calciumsulfatestrich anschleifen	4,50 €	m^2	353
0060	Haftgrund, nicht saugende Untergründe	11,00 €	m^2	345
0070	Tiefgrund, saugende Untergründe	2,50 €	m^2	345
0080	Risse im Estrich schließen	11,00 €	m	353
0100	Nivellierausgleich, bis 5mm	14,00 €	m^2	353
0110	Nivellierausgleich, 6-10mm	24,00 €	m^2	353
0120	Nivellierausgleich, 11-20mm	36,00 €	m^2	353
0200	Verbundestrich, 5kN, 50mm	16,00 €	m^2	353
0300	Estrich auf Trennschicht, 5kN, 60mm, F5	18,50 €	m^2	353
0400	Gefällespachtel, außen, >1,5%, geschliffen	24,00 €	m^2	353
0410	Gefällespachtel, außen, >2-3%, rau	43,00 €	m^2	353
0500	Boden-/Wandabdichtung, A/W2-I, innen, Dichtschlämme	23,50 €	m^2	353
0510	Boden-/Wandabdichtung, B/W2-B, innen, Dichtschlämme	33,00 €	m^2	353
0520	Boden-/Wandabdichtung, C/W3-I, innen, Reaktionsharz	47,00 €	m^2	353
0600	Bodenablauf, DN50, eindichten	26,00 €	St.	353
0610	Bodenrinne eindichten	37,50 €	m	353
0620	Rohrdurchgänge, bis DN32, eindichten	5,80 €	St.	353
0630	Rohrdurchgänge, DN100, eindichten	10,50 €	St.	353
0700	Entkopplungsmatte	18,50 €	m^2	353
024.02	**Bodenfliesen im Innenbereich**			
0010	Bodenfliesen, 10x10cm, nicht kalibriert	54,50 €	m^2	353
0020	Bodenfliesen, 15x15cm, nicht kalibriert	44,50 €	m^2	353
0100	Bodenfliesen, 15x15cm, kalibriert, R12/V4	61,00 €	m^2	353
0200	Bodenfliesen, 20x20cm, nicht kalibriert	52,50 €	m^2	353
0210	Bodenfliesen, 30x30cm, nicht kalibriert	54,50 €	m^2	353
0220	Bodenfliesen, 30x60cm, nicht kalibriert	65,50 €	m^2	353
0300	Bodenfliesen, 20x20cm, kalibriert	60,50 €	m^2	353
0310	Bodenfliesen, 30x30cm, kalibriert	64,00 €	m^2	353
0320	Bodenfliesen, 30x60cm, kalibriert	73,50 €	m^2	353
0400	Sockelleiste, Fliesen, H=10cm	16,00 €	m	353
0500	Spaltplatten, 10x20cm, nicht kalibiert	82,00 €	m^2	345

0510	Spaltplatten, 6-eckig, L=100mm, nicht kalibriert	95,50 €	m^2	345
0600	Keramikmosaik, 2x2cm, nicht kalibriert	83,00 €	m^2	345
0610	Keramikmosaik, 2,5x2,5cm, nicht kalibriert	78,50 €	m^2	345
0620	Keramikmosaik, 5x5cm, nicht kalibriert	73,50 €	m^2	345
0700	Mosaikfliese, Metalloptik, 2x2cm, nicht kalibriert	117,00 €	m^2	345
0710	Mosaikfliese, Metalloptik, 2,5x2,5cm, nicht kalibriert	111,00 €	m^2	345
0800	Terracottafliesen, 10x20cm, nicht kalibriert	70,50 €	m^2	353
0810	Terracottafliesen, 20x20cm, nicht kalibriert	77,00 €	m^2	353
0820	Terracottafliesen, 30x30cm, nicht kalibriert	82,50 €	m^2	353
0900	Sockelleiste, Terracotta, H=10cm	24,00 €	m	353
1000	Rüttelboden, 300x300x15mm, Verbund, Beanspruchung II	55,50 €	m^2	353
1010	Rüttelboden, 300x300x15mm, Verbund, Beanspruchung I	64,50 €	m^2	353
1020	Rüttelboden, 300x300x14mm, Trennlage, Beanspruchung III	54,00 €	m^2	353
1030	Rüttelboden, 300x300x15mm, Trennlage, Beanspruchung II	59,50 €	m^2	353
1040	Rüttelboden, 300x300x15mm, Trennlage, Beanspruchung I	68,50 €	m^2	353
1050	Rüttelboden, 300x300x14mm, Wärmedämmung, Beanspruchung III	61,50 €	m^2	353
1100	Zulage Rüttelboden, Baustahlgitter	5,80 €	m^2	353
1110	Zulage Rüttelboden, Kunststofffaserbewehrung	3,40 €	m^2	353
1200	Sockelleiste, Fliesen, H=10cm	18,50 €	m	353
1300	Stahlblechplatten, verzinkt, 2-reihig, 300x300x3mm	188,00 €	m	353
1310	Stahlblechplatten, V2A, 1-reihig, 300x300x3mm	200,00 €	m	353
1400	Zulage R11 anstelle R10	197,00 €	m	353
1500	Tritt-/Setzstufen, R10/B, V2A-Schiene	88,00 €	m	353
1510	Tritt-/Setzstufen, R10/B, V2A-Schiene, Rille	93,50 €	m	353
1520	Trittstufen, R10/B, V2A-Schiene, Rille	60,50 €	m	353
1530	Sockelfliesen, H=7cm, Treppenstufen	23,50 €	m	353
1600	Formstückfliese, H=10-20mm	29,50 €	m	353
1610	Hohlkehlsockel, H=10cm, 10x10cm	22,50 €	m	353
1620	Hohlkehlsockel, H=10cm, 10x15cm	25,00 €	m	353
1630	Hohlkehlsockel, H=10cm, 10x20cm	27,00 €	m	353
1640	Hohlkehlsockel Innen-/Außenecke	12,00 €	St.	353
1700	Zulage Verlegung Dickbett	19,50 €	m^2	353
1710	Zulage Verlegung Dickbett, Trennschicht	21,50 €	m^2	353
1720	Zulage Verlegung Dickbett, Dämmschicht	11,50 €	m^2	353

Ausbau & Fassade
014
023
024
025
026
027
028
029
030
031
032
033
034
036
037
038
039
271

1730	Zulage Diagonalverlegung	5,50 €	m^2	353
1740	Zulage Verlegung Gefälle, 1-seitig	15,00 €	m^2	353
1750	Zulage Verlegung Gefälle, 2-seitig	21,50 €	m^2	353
1760	Zulage Gefälleschnitte, 1,00m^2	32,00 €	St.	353
1770	Zulage Mehrstärke Mörtelbett, 1cm	4,00 €	m^2	353
1780	Zulage Epoxiharzverf, öl-, säure-, fettbeständig	25,00 €	m^2	345
1790	Zulage Epoxiharzverfugung, chemikalienbeständig	32,00 €	m^2	345
1800	Zulage Ebenheitstoleranzen, 50%	16,50 €	m^2	353
024.03	**Bodenfliesen im Außenbereich**			
0010	Bodenfliesen, außen, 20x20cm, R10	60,50 €	m^2	353
0020	Bodenfliesen, außen, 30x30cm, R10	57,00 €	m^2	353
0030	Bodenfliesen, außen, 40x40cm, R10	66,00 €	m^2	353
0040	Sockelleiste, Fliesen, H=10cm	18,50 €	m	353
0100	Tritt-/Setzstufen, R11/B, Rille	160,00 €	m	353
0200	Zulage Verlegung Dickbett, Trennschicht	21,50 €	m^2	353
0210	Zulage Verlegung Dickbett, Dämmschicht	7,00 €	m^2	353
024.04	**Wandfliesen im Innenbereich**			
0010	Wandfliesen, 10x10cm, nicht kalibriert	52,00 €	m^2	345
0020	Wandfliesen, 15x15cm, nicht kalibriert	45,00 €	m^2	345
0030	Wandfliesen, 20x20cm, nicht kalibriert	42,00 €	m^2	345
0040	Wandfliesen, 30x30cm, nicht kalibriert	49,00 €	m^2	345
0100	Wandfliesen, 20x20cm, kalibriert	56,00 €	m^2	345
0110	Wandfliesen, 30x30cm, kalibriert	61,50 €	m^2	345
0120	Wandfliesen, 30x60cm, kalibriert	70,50 €	m^2	345
0200	Spaltplatte, 12x25cm, nicht kalibiert	89,00 €	m^2	345
0300	Keramikmosaik, 2x2cm, nicht kalibriert	95,50 €	m^2	345
0310	Keramikmosaik, 2,5x2,5cm, nicht kalibriert	92,00 €	m^2	345
0320	Keramikmosaik, 5x5cm, nicht kalibriert	73,50 €	m^2	345
0400	Glasmosaik, 2x2cm, nicht kalibriert	114,00 €	m^2	345
0410	Glasmosaik, 2,5x2,5cm, nicht kalibriert	120,00 €	m^2	345
0500	Mosaikfliese, Metalloptik, 2x2cm, nicht kalibriert	122,00 €	m^2	345
0510	Mosaikfliese, Metalloptik, 2,5x2,5cm, nicht kalibriert	115,00 €	m^2	345
0600	Zulage Verlegung Dickbett	19,50 €	m^2	345
0700	Zulage Bordüre, H=3cm	7,70 €	m	345
0710	Zulage Bordüre, H=6cm	10,00 €	m	345
0720	Zulage Bordüre, H=10cm	12,00 €	m	345
0800	Fensterlaibung, T=15cm	12,00 €	m	336
0810	Fensterlaibung, T=30cm	22,00 €	m	336

014 023 024 025 026 027 028 029 030 031 032 033 034 036 037 038 039 271 Ausbau & Fassade

024.05	Schwimmbecken			
0010	Ausgleichsspachtel Becken	29,50 €	m²	382
0020	Zementverbundestrich, Schwimmbecken, 20-40mm	19,00 €	m²	382
0030	Abdichtung, Schwimmbecken, B, Reaktionsharz	31,50 €	m²	382
0040	Beckenfliesen, Boden, R10/A, 25x12,5cm, nicht kalibriert	153,00 €	m²	382
0050	Beckenfliesen, Boden, R10/B, 25x12,5cm, nicht kalibriert	160,00 €	m²	382
0060	Beckenfliesen, Wand, 25x12,5cm, nicht kalibriert	153,00 €	m²	382
0070	Tritt-/Setzstufe, Beckenfliese, R11/C	131,00 €	m	353
0080	Mosaikfliesen, Boden, R10/A, 2,5x2,5cm, nicht kalibriert	206,00 €	m²	382
0090	Mosaikfliesen, Boden, R10/B, 2,5x2,5cm, nicht kalibriert	216,00 €	m²	382
0100	Mosaikfliesen, Wand, 2,5x2,5cm, nicht kalibriert	206,00 €	m²	382
0110	Tritt-/Setzstufe, Mosaikfliesen, R11/C	185,00 €	m	353
0120	Glasmosaikfliesen, Boden, R10/A, 2,5x2,5cm, nicht kalibriert	133,00 €	m²	382
0130	Glasmosaikfliesen, Boden, R10/B, 2,5x2,5cm, nicht kalibriert	143,00 €	m²	382
0140	Glasmosaikfliesen, Wand, 2,5x2,5cm, nicht kalibriert	133,00 €	m²	382
0150	Tritt-/Setzstufe, Glasmosaikfliesen, R11/C	131,00 €	m	353
0160	Zulage Ebenheitstoleranzen, 50%	6,50 €	m²	353
0170	Markierungssteine, linienförmig	19,00 €	m	382
0180	Markierungssteine, Einzelsteine	1,80 €	St.	382
0190	Beckenraststufe, bis 15cm	30,00 €	m	382
0200	Rillenplatten, Trittstufen	93,00 €	m	382
0210	Beckenkopf, Finnland, B=75cm	475,00 €	m	382
0220	Rinnenschale mit Ablauf, Finnland	47,50 €	St.	382
0230	Beckenkopf, Finnland, Innen-/Außenecke	121,00 €	St.	382
0240	Zulage Beckenkopf, Finnland, rund	74,00 €	m	382
0250	Beckenkopf, Wiesbaden hochliegend, B=30cm	450,00 €	m	382
0260	Rinnenschale mit Ablauföffnung, Wiesbaden hochliegend	111,00 €	St.	382
0270	Beckenkopf, Wiesbaden hochliegend, Innen-/ Außenecke	352,00 €	St.	382
0280	Zulage Beckenkopf, Wiesbaden hochliegend, rund	65,00 €	m	382
0290	Beckenkopf, Wiesbaden tiefliegend	657,00 €	m	382
0300	Rinnenschale mit Ablauföffnung, Wiesbaden tiefliegend	88,00 €	St.	382
0310	Beckenkopf, Wiesbaden tiefliegend, Innen-/Außenecke	150,00 €	St.	382
0320	Zulage Beckenkopf, Wiesbaden tiefliegend, rund	74,00 €	m	382
0330	Beckenfliesen, runde Wandflächen	37,50 €	m	382

0340	Durchdringungen, bis DN32, eindichten	10,50 €	St.	382
0350	Anarbeitung Schrägen	18,00 €	m	382
0360	Anarbeitung Rundung, R≥2,00m	22,50 €	m	382
024.06	**Anarbeitung, An-/Abschlüsse**			
0010	Aufzugsbelag, Fliesen	126,00 €	m^2	353
0020	Bodentank belegen, eckig, 600x600mm	72,00 €	St.	353
0030	Bodentank belegen, rund, bis 300mm	129,00 €	St.	353
0100	Anarbeitung an Rundstütze, >0,10m², Ø=40cm	25,00 €	St.	353
0110	Anarbeitung an Stütze, >0,10m², 35x35cm	44,00 €	St.	353
0120	Anarbeitung an Bodeneinlauf	38,50 €	St.	353
0130	Anarbeitung an Bodeneinlauf, Dickbett	37,00 €	St.	353
0140	Anarbeitung an Bodenablaufrinne	48,50 €	m	353
0150	Anarbeitung Schrägen	19,00 €	m	353
0160	Anarbeitung Rundung, R≥2,00m	17,00 €	m	353
0170	Aussparung, eckig, >0,10m², 35x35cm	24,50 €	St.	353
0180	Aussparung, rund, >0,10m², Ø=35cm	45,50 €	St.	353
0190	Bohrung, Fliesen, Ø bis 20mm	4,50 €	St.	353
0200	Öffnung nachträglich, Ø bis 12cm	28,50 €	St.	353
0210	Fliesen, Löcher herstellen	4,40 €	St.	345
0220	Gehrungsschnitt, Außenecke	5,20 €	m	345
024.07	**Profile, Fugen**			
0010	Abschlussprofil, V2A, H=6-10mm	25,00 €	m	345
0020	Abschlussprofil, Messing, H=6-10mm	49,50 €	m	345
0030	Abschlussprofil, Alu, H=6-10mm	20,00 €	m	345
0100	Trennschiene/-winkel, V2A, H=6-10mm	31,00 €	m	353
0110	Trennschiene/-winkel, V2A, gebogen, H=6-10mm	42,00 €	m	353
0120	Trennschiene/-winkel, Messing, H=6-10mm	35,00 €	m	353
0130	Trennschiene/-winkel, Messing, gebogen, H=6-10mm	46,00 €	m	353
0200	L-Profil, Stahlblech, 110x90x4mm	42,00 €	m	353
0300	Eckschutzprofil, V2A, 40x40mm	50,00 €	m	345
0310	Eckschutzprofil, Alu, 40x40mm	36,00 €	m	345
0400	Dehnungsfugenprofil, V2A, H≤90mm	72,00 €	m	353
0410	Dehnungsfugenprofil, Messing, H≤90mm	82,50 €	m	353
0420	Dehnungsfugenprofil, PVC, H=6-10mm	15,50 €	m	353
0500	Bauwerkstrennfuge, Profil, B=30mm, V2A	93,50 €	m	353
0510	Bauwerkstrennfuge, Profil, B=30mm, Alu	82,50 €	m	353
0520	Bauwerkstrennfuge, Schwerlastprofil, B=50mm, Alu	120,00 €	m	353
0530	Bauwerkstrennfuge, PE-Rundschnur, dauerelastisch	3,80 €	m	353

0540	Bauwerkstrennfuge, wasserdicht, Profil, B=25mm, V2A	101,00 €	m	353
0600	dauerelastische Verfugung, Fliesen	4,90 €	m	345
0610	dauerelastische Verfugung, chemisch, hohe Beanspruchung	13,00 €	m	345
0620	dauerelastische Verfugung, Schwimmbad	7,70 €	m	382
024.08	**Einbauteile**			
0010	Badewanne einmauern, 1-seitig	62,50 €	St.	349
0020	Badewanne einmauern, 2-seitig	94,00 €	St.	349
0030	Badewanne einmauern, 3-seitig	125,00 €	St.	349
0040	Duschwanne einmauern, 1-seitig	35,00 €	St.	349
0050	Duschwanne einmauern, 2-seitig	44,00 €	St.	349
0060	Duschwanne einmauern, 3-seitig	50,00 €	St.	349
0100	Revisionsöffnung, magnetisch, 20x20cm	31,00 €	St.	349
0110	Revisionsöffnung, magnetisch, 40x40cm	70,50 €	St.	349
0120	Revisionsöffnung, magnetisch, 40x60cm	90,00 €	St.	349
0200	Spiegelwandfläche, <2,00m^2	325,00 €	St.	349
0210	Spiegelwandfläche, <3,00m^2	488,00 €	St.	349
0300	Kippspiegel, 500x600mm	206,00 €	St.	349
0400	Kristallspiegel, rechteckig, 600x400mm	71,00 €	St.	349
0410	Kristallspiegel, rechteckig, 600x800mm	98,50 €	St.	349
0500	Bohrung, Kristallspiegel, Ø bis 65mm	9,00 €	St.	349
0600	Sauberlaufzone, Edelstahl, 40x60cm, Rauhaar-Ripsstreifen, H≤12mm	563,00 €	St.	353
0610	Sauberlaufzone, Edelstahl, 60x80cm, Rauhaar-Ripsstreifen, H≤12mm	751,00 €	St.	353
0620	Sauberlaufzone, Edelstahl, 100x150cm, Rauhaar-Ripsstreifen, H≤12mm	813,00 €	St.	353
0630	Sauberlaufzone, Edelstahl, 150x200cm, Rauhaar-Ripsstreifen, H≤12mm	1.375,00 €	St.	353
0640	Sauberlaufzone, Edelstahl, 200x300cm, Rauhaar-Ripsstreifen, H≤12mm	3.065,00 €	St.	353
0700	Sauberlaufzone, Edelstahl, 40x60cm, Gummiprofil, H≤12mm	688,00 €	St.	353
0710	Sauberlaufzone, Edelstahl, 60x80cm,Gummiprofil,H≤12mm	850,00 €	St.	353
0720	Sauberlaufzone, Edelstahl, 100x150cm, Gummiprofil, H≤12mm	1.075,00 €	St.	353
0730	Sauberlaufzone, Edelstahl, 150x200cm, Gummiprofil, H≤12mm	1.750,00 €	St.	353
0740	Sauberlaufzone, Edelstahl, 200x300cm, Gummiprofil, H≤12mm	3.500,00 €	St.	353
0800	Sauberlaufzone, Edelstahl, 40x60cm, Bürstenprofil, H≤12mm	813,00 €	St.	353

0810	Sauberlaufzone, Edelstahl, 60x80cm, Bürstenprofil, H≤12mm	876,00 €	St.	353
0820	Sauberlaufzone, Edelstahl, 100x150cm, Bürstenprofil, H≤12mm	1.063,00 €	St.	353
0830	Sauberlaufzone, Edelstahl, 150x200cm, Bürstenprofil, H≤12mm	1.440,00 €	St.	353
0840	Sauberlaufzone, Edelstahl, 200x300cm, Bürstenprofil, H≤12mm	3.880,00 €	St.	353
0900	Sauberlaufzone, Edelstahl, 40x60cm, Rauhaar-Ripsstreifen, H≥12mm	625,00 €	St.	353
0910	Sauberlaufzone, Edelstahl, 60x80cm, Rauhaar-Ripsstreifen, H≥12mm	813,00 €	St.	353
0920	Sauberlaufzone, Edelstahl, 100x150cm, Rauhaar-Ripsstreifen, H≥12mm	901,00 €	St.	353
0930	Sauberlaufzone, Edelstahl, 150x200cm, Rauhaar-Ripsstreifen, H≥12mm	1.475,00 €	St.	353
0940	Sauberlaufzone, Edelstahl, 200x300cm, Rauhaar-Ripsstreifen, H≥12mm	3.255,00 €	St.	353
1000	Sauberlaufzone, Edelstahl, 40x60cm, Gummiprofil, H≥12mm	763,00 €	St.	353
1010	Sauberlaufzone, Edelstahl, 60x80cm, Gummiprofil, H≥12mm	938,00 €	St.	353
1020	Sauberlaufzone, Edelstahl, 100x150cm, Gummiprofil, H≥12mm	1.165,00 €	St.	353
1030	Sauberlaufzone, Edelstahl, 150x200cm, Gummiprofil, H≥12mm	1.890,00 €	St.	353
1040	Sauberlaufzone, Edelstahl, 200x300cm, Gummiprofil, H≥12mm	3.880,00 €	St.	353
1100	Sauberlaufzone, Edelstahl, 40x60cm, Bürstenprofil, H≥12mm	900,00 €	St.	353
1110	Sauberlaufzone, Edelstahl, 60x80cm, Bürstenprofil, H≥12mm	1.000,00 €	St.	353
1120	Sauberlaufzone, Edelstahl, 100x150cm, Bürstenprofil, H≥12mm	1.250,00 €	St.	353
1130	Sauberlaufzone, Edelstahl, 150x200cm, Bürstenprofil, H≥12mm	1.625,00 €	St.	353
1140	Sauberlaufzone, Edelstahl, 200x300cm, Bürstenprofil, H≥12mm	4.315,00 €	St.	353
024.09	**Instandsetzungsarbeiten**			
0010	Verschluss Fußbodenentwasserung	46,00 €	St.	353
0020	Verschluss Rohrdurchführung	36,00 €	St.	353
0030	Verschluss Risse im Estrich	39,50 €	m	353
0100	Nivelliermasse, 3-15mm, planeben	27,50 €	m^2	353
0200	Gefällespachtel, 1-seitig, 0,5-1%	24,00 €	m^2	353
0210	Gefällespachtel, 2-seitig, 0,5-1%	29,50 €	m^2	353
0300	Untergrundausgleich, spachteln, d= i. M. 15mm	18,00 €	m^2	353

0310	Untergrundausgleich, Wand, XPS-Platte, d bis 20mm	20,00 €	m^2	345
0320	Untergrundausgleich, Wand, XPS-Platte, d bis 30mm	22,50 €	m^2	345
0400	Wandputz, PII, Q2, Bestandswände	34,00 €	m^2	345
0500	Abdichtung auf vorhandenen Fliesenboden, A	17,50 €	m^2	353
0600	Austausch, Wandfliesen	55,50 €	m^2	345
0610	Austausch, Bodenfliesen	62,50 €	m^2	353
0700	FE-Aufstockelement	21,00 €	St.	353
024.10	**Schutzabdeckungen**			
0010	Schutzabdeckung, Boden, Vlies + OSB	31,50 €	m^2	393
0020	Schutzabdeckung, Boden, Alukarton	3,00 €	m^2	393
0110	Schutzabdeckung, Tritt-/Setzstufen, Vlies + OSB	40,50 €	m^2	393
0120	Schutzabdeckung, Trittstufen, Karton	12,00 €	m	393
024.90	**Stundenlohnarbeiten**			
0010	Stundensatz: Fachwerker	49,50 €	h	399
0020	Stundensatz: Bauhelfer	33,00 €	h	399

Ausbau & Fassade

025 Estricharbeiten

025	Estricharbeiten			
025.01	**Vorbereitende Arbeiten**			
0010	Untergrundvorbereitung, Kugelstrahlen	8,60 €	m^2	353
0020	Untergrundvorbereitung, Fräsen	18,00 €	m^2	353
0030	Haftgrund, nicht saugende Untergründe	2,40 €	m^2	353
0100	Nivellierausgleich, bis 5mm	9,10 €	m^2	353
0110	Nivellierausgleich, 6-10mm	16,00 €	m^2	353
0120	Nivellierausgleich, 11-20mm	22,00 €	m^2	353
0200	Dampfbremse, PE-Folie 0,2mm	1,50 €	m^2	353
0210	Dampfsperre, PYPG 200 S4 Al 0,1	16,00 €	m^2	353
0220	Bodenabdichtung, 1-lg., G 200 S4, mäßige Beanspruchung	14,50 €	m^2	353
0230	Hohlkehle	5,00 €	m	353
0240	Randaufkantung, Bitumenbahnenabdichtung	6,50 €	m	353
025.02	**Verbundestrich**			
0010	Verbundestrich, CT, 5kN/m², 25mm	19,50 €	m^2	353
0040	Verbundestrich, CT, >5kN/m², 25mm	24,50 €	m^2	353
0070	Verbundestrich, CT, 5kN/m², 50mm	23,50 €	m^2	353
0090	Verbundestrich, CT, >5kN/m², 50mm	28,00 €	m^2	353
0110	Verbundestrich, CA, 5kN/m², 35mm	14,50 €	m^2	353
0120	Verbundestrich, CA, 5kN/m², 50mm	20,50 €	m^2	353
0200	Verbundestrich, AS, 5kN/m², 40mm, innen	44,00 €	m^2	353
0210	Feldfuge Gussasphaltfläche	13,50 €	m	353
0220	Randfuge Gussasphalt	17,00 €	m	353
0300	Gussasphalt als TG-Abdichtung und -belag	76,50 €	m^2	353
0310	Gussasphalt als Rampenabdichtung	111,00 €	m^2	353
0320	Randaufkantung 15cm für Abdichtung	47,00 €	m	353
0330	Randaufkantung 50cm für Abdichtung/OS	55,50 €	m	353
0340	Abdichtung Durchdringungen, Bitumen	55,50 €	St.	353
0350	Abdichtung Anschlüsse, Bitumen	37,00 €	m	353
0360	Randfuge Gussasphalt	11,00 €	m	353
0400	Hartstoffverbundestrich, CT, 5kN/m², 40mm	35,00 €	m^2	353
025.03	**Estrich auf Trennlage**			
0010	Estrich auf Trennlage, CT, 2kN/m², 35mm	11,50 €	m^2	353
0020	Estrich auf Trennlage, CT, 2kN/m², 35mm, F5	12,50 €	m^2	353
0030	Estrich auf Trennlage, CT, 3kN/m², 55mm	14,50 €	m^2	353
0040	Estrich auf Trennlage, CT, 3kN/m², 45mm, F5	13,00 €	m^2	353
0050	Estrich auf Trennlage, CT, 5kN/m², 70mm	16,00 €	m^2	353

0060	Estrich auf Trennlage, CT, 5kN/m², 60mm, F5	15,50 €	m²	353
0100	Estrich auf Trennlage, CA, 2kN/m², 35mm	12,50 €	m²	353
0120	Estrich auf Trennlage, CA, 2kN/m², 40mm	14,50 €	m²	353
0130	Estrich auf Trennlage, CA, 2kN/m², 45mm	16,00 €	m²	353
0140	Estrich auf Trennlage, CA, 3kN/m², 55mm	19,50 €	m²	353
0150	Estrich auf Trennlage, CA, 3kN/m², 60mm	21,00 €	m²	353
0160	Estrich auf Trennlage, CA, 3kN/m², 65mm	22,50 €	m²	353
0170	Estrich auf Trennlage, CA, 5kN/m², 65mm	23,00 €	m²	353
0180	Estrich auf Trennlage, CA, 5kN/m², 70mm	24,00 €	m²	353
0190	Estrich auf Trennlage, CA, 5kN/m², 80mm	27,50 €	m²	353
0200	Estrich auf Trennlage, AS, 4kN/m², 30mm	30,50 €	m²	353
0210	Estrich auf Trennlage, AS, 5kN/m², 35mm	37,00 €	m²	353
025.04	**Estrich auf Dämmung (schwimmend)**			
0010	Estrich auf WD, CT, 2kN/m², 100mm	17,50 €	m²	353
0020	Estrich auf WD, CT, 2kN/m², 100mm, F5	18,00 €	m²	353
0030	Estrich auf WD, CT, 2kN/m², 120mm	19,00 €	m²	353
0040	Estrich auf WD, CT, 2kN/m², 120mm, F5	19,50 €	m²	353
0050	Estrich auf WD, CT, 2kN/m², 150mm	21,00 €	m²	353
0060	Estrich auf WD, CT, 2kN/m², 150mm, F5	21,50 €	m²	353
0070	Estrich auf WD, CT, 2kN/m², 180mm	24,00 €	m²	353
0080	Estrich auf WD, CT, 2kN/m², 180mm, F5	24,50 €	m²	353
0090	Estrich auf WD, CT, 3kN/m², 120mm	20,00 €	m²	353
0100	Estrich auf WD, CT, 3kN/m², 120mm, F5	21,00 €	m²	353
0110	Estrich auf WD, CT, 3kN/m², 140mm	22,00 €	m²	353
0120	Estrich auf WD, CT, 3kN/m², 140mm, F5	22,50 €	m²	353
0130	Estrich auf WD, CT, 3kN/m², 150mm	22,50 €	m²	353
0140	Estrich auf WD, CT, 3kN/m², 150mm, F5	23,00 €	m²	353
0150	Estrich auf WD, CT, 3kN/m², 160mm	23,50 €	m²	353
0160	Estrich auf WD, CT, 3kN/m², 160mm, F5	24,00 €	m²	353
0170	Estrich auf WD, CT, 3kN/m², 180mm	24,50 €	m²	353
0180	Estrich auf WD, CT, 3kN/m², 180mm, F5	25,00 €	m²	353
0190	Estrich auf WD, CT, 5kN/m², 120mm	22,00 €	m²	353
0200	Estrich auf WD, CT, 5kN/m², 120mm, F5	22,50 €	m²	353
0210	Estrich auf WD, CT, 5kN/m², 140mm	23,50 €	m²	353
0220	Estrich auf WD, CT, 5kN/m², 140mm, F5	24,00 €	m²	353
0230	Estrich auf WD, CT, 5kN/m², 150mm	24,00 €	m²	353
0240	Estrich auf WD, CT, 5kN/m², 150mm, F5	25,00 €	m²	353
0250	Estrich auf WD, CT, 5kN/m², 160mm	25,00 €	m²	353

Ausbau & Fassade
014 023 024 025 026 027 028 029 030 031 032 033 034 036 037 038 039 271

0260	Estrich auf WD, CT, 5kN/m², 160mm, F5	25,50 €	m²	353
0270	Estrich auf WD, CT, 5kN/m², 180mm	26,50 €	m²	353
0280	Estrich auf WD, CT, 5kN/m², 180mm, F5	26,50 €	m²	353
0300	Estrich auf TSD/WD, CT, 2kN/m², 100mm	17,50 €	m²	353
0310	Estrich auf TSD/WD, CT, 2kN/m², 100mm, F5	18,50 €	m²	353
0320	Estrich auf TSD/WD, CT, 2kN/m², 120mm	19,00 €	m²	353
0330	Estrich auf TSD/WD, CT, 2kN/m², 120mm, F5	19,50 €	m²	353
0340	Estrich auf TSD/WD, CT, 2kN/m², 150mm	19,50 €	m²	353
0350	Estrich auf TSD/WD, CT, 2kN/m², 150mm, F5	20,00 €	m²	353
0360	Estrich auf TSD/WD, CT, 2kN/m², 180mm	22,00 €	m²	353
0370	Estrich auf TSD/WD, CT, 2kN/m², 180mm, F5	22,50 €	m²	353
0380	Estrich auf TSD/WD, CT, 3kN/m², 120mm	17,50 €	m²	353
0390	Estrich auf TSD/WD, CT, 3kN/m², 120mm, F5	18,00 €	m²	353
0400	Estrich auf TSD/WD, CT, 3kN/m², 140mm	18,50 €	m²	353
0410	Estrich auf TSD/WD, CT, 3kN/m², 140mm, F5	19,00 €	m²	353
0420	Estrich auf TSD/WD, CT, 3kN/m², 150mm	19,50 €	m²	353
0430	Estrich auf TSD/WD, CT, 3kN/m², 150mm, F5	20,00 €	m²	353
0440	Estrich auf TSD/WD, CT, 3kN/m², 160mm	20,00 €	m²	353
0450	Estrich auf TSD/WD, CT, 3kN/m², 160mm, F5	21,00 €	m²	353
0460	Estrich auf TSD/WD, CT, 3kN/m², 180mm	22,50 €	m²	353
0470	Estrich auf TSD/WD, CT, 3kN/m², 180mm, F5	23,00 €	m²	353
0480	Estrich auf TSD/WD, CT, 5kN/m², 120mm	18,50 €	m²	353
0490	Estrich auf TSD/WD, CT, 5kN/m², 120mm, F5	19,50 €	m²	353
0500	Estrich auf TSD/WD, CT, 5kN/m², 140mm	20,50 €	m²	353
0510	Estrich auf TSD/WD, CT, 5kN/m², 140mm, F5	21,50 €	m²	353
0520	Estrich auf TSD/WD, CT, 5kN/m², 150mm	21,50 €	m²	353
0530	Estrich auf TSD/WD, CT, 5kN/m², 150mm, F5	22,50 €	m²	353
0540	Estrich auf TSD/WD, CT, 5kN/m², 160mm	22,50 €	m²	353
0550	Estrich auf TSD/WD, CT, 5kN/m², 160mm, F5	23,50 €	m²	353
0560	Estrich auf TSD/WD, CT, 5kN/m², 180mm	24,50 €	m²	353
0570	Estrich auf TSD/WD, CT, 5kN/m², 180mm, F5	25,00 €	m²	353
0600	Estrich auf TSD/WD, CA, 2kN/m², 100mm	21,50 €	m²	353
0610	Estrich auf TSD/WD, CA, 2kN/m², 100mm, F5	22,00 €	m²	353
0620	Estrich auf TSD/WD, CA, 2kN/m², 120mm	23,50 €	m²	353
0630	Estrich auf TSD/WD, CA, 2kN/m², 120mm, F5	24,00 €	m²	353
0640	Estrich auf TSD/WD, CA, 2kN/m², 150mm	26,50 €	m²	353
0650	Estrich auf TSD/WD, CA, 2kN/m², 150mm, F5	27,00 €	m²	353
0660	Estrich auf TSD/WD, CA, 2kN/m², 180mm	29,50 €	m²	353

014
023
024
025
026
027
028
029
030
031
032
033
034
036
037
038
039
271
Ausbau & Fassade

0670	Estrich auf TSD/WD, CA, 2kN/m², 180mm, F5	30,00 €	m²	353
0680	Estrich auf TSD/WD, CA, 3kN/m², 120mm	26,00 €	m²	353
0690	Estrich auf TSD/WD, CA, 3kN/m², 120mm, F5	26,50 €	m²	353
0700	Estrich auf TSD/WD, CA, 3kN/m², 140mm	27,50 €	m²	353
0710	Estrich auf TSD/WD, CA, 3kN/m², 140mm, F5	28,50 €	m²	353
0720	Estrich auf TSD/WD, CA, 3kN/m², 150mm	29,00 €	m²	353
0730	Estrich auf TSD/WD, CA, 3kN/m², 150mm, F5	29,50 €	m²	353
0740	Estrich auf TSD/WD, CA, 3kN/m², 160mm	29,50 €	m²	353
0750	Estrich auf TSD/WD, CA, 3kN/m², 160mm, F5	30,50 €	m²	353
0760	Estrich auf TSD/WD, CA, 3kN/m², 180mm	31,50 €	m²	353
0770	Estrich auf TSD/WD, CA, 3kN/m², 180mm, F5	32,50 €	m²	353
0780	Estrich auf TSD/WD, CA, 5kN/m², 120mm	28,00 €	m²	353
0790	Estrich auf TSD/WD, CA, 5kN/m², 120mm, F5	29,00 €	m²	353
0800	Estrich auf TSD/WD, CA, 5kN/m², 140mm	30,00 €	m²	353
0810	Estrich auf TSD/WD, CA, 5kN/m², 140mm, F5	30,50 €	m²	353
0820	Estrich auf TSD/WD, CA, 5kN/m², 150mm	31,50 €	m²	353
0830	Estrich auf TSD/WD, CA, 5kN/m², 150mm, F5	31,50 €	m²	353
0840	Estrich auf TSD/WD, CA, 5kN/m², 160mm	32,00 €	m²	353
0850	Estrich auf TSD/WD, CA, 5kN/m², 160mm, F5	32,50 €	m²	353
0860	Estrich auf TSD/WD, CA, 5kN/m², 180mm	34,00 €	m²	353
0870	Estrich auf TSD/WD, CA, 5kN/m², 180mm, F5	34,50 €	m²	353
0900	Estrich auf TSD/WD, AS, 2kN/m², 80mm	4,20 €	m²	353
0910	Estrich auf TSD/WD, AS, 2kN/m², 100mm	56,50 €	m²	353
0920	Estrich auf TSD/WD, AS, 2kN/m², 120mm	64,00 €	m²	353
0930	Estrich auf TSD/WD, AS, 5kN/m², 100mm	72,00 €	m²	353
025.05	**Heizestrich**			
0010	Heizestrich auf WD, CT, 2kN/m², 50mm	14,00 €	m²	353
0020	Heizestrich auf WD, CT, 3kN/m², 65mm	17,00 €	m²	353
0030	Heizestrich auf WD, CT, 3kN/m², 85mm	19,50 €	m²	353
025.06	**Fließestrich**			
0010	Fließestrich auf TSD/WD, CTF, 3kN/m², 185mm, F4	29,50 €	m²	353
0020	Fließestrich auf TSD/WD, CTF, 5kN/m², 140mm, F4	25,00 €	m²	353
0030	Fließestrich auf TSD/WD, CTF, 5kN/m², 195mm, F4	30,50 €	m²	353
0100	Fließestrich im Verbund, CAF, 2kN/m², 45mm, F4	18,50 €	m²	353
0110	Fließestrich im Verbund, CAF, 3kN/m², 50mm, F4	20,00 €	m²	353
0120	Fließestrich im Verbund, CAF, 5kN/m², 60mm, F4	22,50 €	m²	353
0130	Fließestrich im Verbund, CAF, 5kN/m², 60mm, F5	23,00 €	m²	353
0140	Fließestrich auf TSD, CAF, 2kN/m², 70mm, F4	26,00 €	m²	353

025.07	Zulagen, Profile, Einbauteile, Sonstiges			
0010	Mehrstärken, CT-25, d=5mm	0,70 €	m^2	353
0020	Mehrstärken, CT-25, d=10mm	1,30 €	m^2	353
0030	Mehrstärken, CT-30, d=5mm	1,00 €	m^2	353
0040	Mehrstärken, CT-30, d=10mm	1,80 €	m^2	353
0050	Mehrstärken, CAF-20, d=5mm	1,50 €	m^2	353
0060	Mehrstärken, CAF-20, d=10mm	3,00 €	m^2	353
0070	Mehrstärken, CAF-30, d=5mm	1,70 €	m^2	353
0080	Mehrstärken, CAF-30, d=10mm	3,50 €	m^2	353
0090	Mehrstärken, AS-IC15, d=5mm	7,20 €	m^2	353
0100	Mehrstärken, AS-IC15, d=10mm	14,50 €	m^2	353
0200	Zulage Ebenheitstoleranzen, 50%	1,70 €	m^2	353
0210	Zulage Estrichbewehrung, kunststoffvergütete Glasfaser	1,30 €	m^2	353
0220	Zulage Estrichbewehrung, Stahlfasern	4,20 €	m^2	353
0230	Zulage Estrich-Schnellhärter	3,50 €	m^2	353
0240	Zulage Estrich im Gefälle, 1D	1,90 €	m^2	353
0250	Zulage Estrich im Gefälle, 2D	12,50 €	m^2	353
0260	Zulage Estrichoberflächen glätten	1,90 €	m^2	325
0270	Zulage Heizelemente in Rampen, AS	6,50 €	m^2	325
0280	Zulage Rampe, AS	5,60 €	m^2	353
0290	Anarbeitung Kabel/Leitungen	2,30 €	m^2	353
0300	Aussparung, <0,50m^2, Estrich	41,50 €	St.	353
0310	Aussparung, <0,10m^2, Estrich	39,00 €	St.	353
0320	Bodeneinlauf anarbeiten, nachträglich	9,30 €	St.	353
0400	Schallschutztrennfuge mit Profil	19,00 €	m	353
0500	Bauwerkstrennfuge, Profil, B=30mm, V2A	92,50 €	m	353
0510	Bauwerkstrennfuge, Profil, B=30mm, Messing	114,00 €	m	353
0600	Abstellwinkel, Stahl, H bis 50mm	34,00 €	m	353
0610	Abstellwinkel, Stahl, H bis 100mm	35,00 €	m	353
0620	Abstellwinkel, Stahl, H bis 150mm	49,00 €	m	353
0630	Abstellwinkel, Stahl, H bis 180mm	55,50 €	m	353
0700	Dehnfugenprofil, PVC, H=50mm	12,50 €	m	353
0800	Schalungskörper, quadratisch, 25x25cm	7,10 €	St.	353
0810	Schalungskörper, rund, Ø<30cm	9,30 €	St.	353
0900	Anarbeitung an Bodeneinlauf	8,40 €	St.	353
0910	Anarbeitung an Bodenablaufrinne	4,70 €	St.	353
1000	Randabstellung Estrich, H bis 20cm	17,00 €	m	353

1010	Hartstoffeinstreuung, leichte Beanspruchung	5,00 €	m^2	353
1020	Hartstoffeinstreuung, mittlere Beanspruchung	5,40 €	m^2	353
1030	Hartstoffeinstreuung, schwere Beanspruchung	6,00 €	m^2	353
1040	Edelsplitteinstreuung, AS	1,50 €	m^2	353
1050	Fugen einschneiden, verfüllen, AS	11,00 €	m	353
1060	Trennfuge für mobile Trennwand, ≥38dB	22,00 €	m	346
025.08	**Instandsetzungsarbeiten**			
025.08.01	**Zementestriche**			
0010	Verbundestrich abbrechen, d=40-60mm	9,10 €	m^2	394
0020	Zementestrich instandsetzen, mittlere Schäden	22,00 €	m^2	395
0030	Zementestrich ausbessern, <2,00m^2	45,50 €	m^2	395
0040	Zementestrich ausbessern, >2,00m^2	36,50 €	m^2	395
0050	Estrichfehlstellen schließen	19,50 €	St.	395
0060	Zementestrich austauschen, bis 40mm	35,50 €	m^2	395
0070	Mehr-/Minderstärken: Zementestrich, d=10mm	2,20 €	m^2	395
0080	Bodenschlitze schließen, B=150-300mm	11,50 €	m	395
0090	Bodenschlitze schließen, B bis 550mm	20,50 €	m	395
0100	Estrichhöhen angleichen, Streifen bis 1,00m	36,50 €	m	395
0110	Rissaufweitung und -verdübelung	15,00 €	m	395
025.90	**Stundenlohnarbeiten**			
0010	Stundensatz: Fachwerker	40,00 €	h	399
0020	Stundensatz: Bauhelfer	32,50 €	h	399

Ausbau & Fassade

026 Fenster, Außentüren

026.10	Holzfenster und-türen
026.11	Holzfenster und -türen, Überarbeitung/Reparatur
026.20	Kunststofffenster und-türen
026.30	Alu-Fenster und -Türen
026.40	Holz-Alu-Fenster und -Türen
026.50	Pfosten-Riegel-Fassade
026.70	Allgemeine Zulagen, Beschläge, materialunabhängig
026.80	Wartung
026.90	Stundenlohnarbeiten

026	Fenster, Außentüren			
026.10	**Holzfenster und-türen**			
0010	Holzfenster, 1-flg., 88,5x138,5cm, U=1,26	497,00 €	St.	334
0020	Holzfenster, 1-flg., 88,5x138,5cm, U=0,93	536,00 €	St.	334
0030	Holzfenster, 2-flg., 163,5x138,5cm, U=1,26	1.040,00 €	St.	334
0040	Holzfenster, 2-flg., 163,5x138,5cm, U=0,93	1.125,00 €	St.	334
0050	Holzfenster, 5-tlg., 451x138,5cm, U=1,26	2.775,00 €	St.	334
0060	Holzfenster, 5-tlg., 451x138,5cm, U=0,93	3.005,00 €	St.	334
0100	Holzfenstertür, 1-flg., 113,5x226cm, U=1,26	1.040,00 €	St.	334
0110	Holzfenstertür, 1-flg., 113,5x226cm, U=0,93	1.120,00 €	St.	334
0120	Holzfenstertür, 2-tlg., 163,5x226cm, U=1,26	1.685,00 €	St.	334
0130	Holzfenstertür, 2-tlg., 163,5x226cm, U=0,93	1.810,00 €	St.	334
0200	Holz-Hebe-/Schiebetür, 351x226cm, U=1,26	4.480,00 €	St.	334
0210	Holz-Hebe-/Schiebetür, 351x226cm, U=0,93	4.735,00 €	St.	334
0300	Holz-Hauseingangstür, 113,5x226cm	1.785,00 €	St.	334
0310	Holz-Hauseingangstür, SL, 163,5x226cm	2.070,00 €	St.	334
0320	Holz-Hauseingangstür, SL + OL, 163,5x251cm	2.475,00 €	St.	334
0400	30mm Holz-Rahmenverbreiterung	31,50 €	m	334
0410	60mm Holz-Rahmenverbreiterung	41,50 €	m	334
0420	100mm Holz-Rahmenverbreiterung	54,50 €	m	334
0430	150mm Holz-Rahmenverbreiterung	93,50 €	m	334
0450	hochdämmende Vorbau-Montagezarge	21,00 €	m	334
0460	barrierefreie Systemtürschwelle	67,00 €	m	334
0500	Zulage Montage Reedkontakt	7,50 €	St.	334
0510	Zulage Beschläge, RC2N	104,00 €	St.	334
0550	Zulage Lüftungsfangschere	30,50 €	St.	334
0600	Kalkulationsposition RC2	109,00 €	m^2	334
0610	Zulage Elemente in RC3	167,00 €	m^2	334
0700	Zulage Schallschutzklasse 3	37,00 €	m^2	334
0710	Zulage Schallschutzklasse 4	114,00 €	m^2	334
026.11	**Holzfenster und -türen, Überarbeitung/Reparatur**			
0010	Holzeinfachfenster, Klasse A, <2,00m^2	1.400,00 €	St.	334
0020	Holzkastenfenster, Klasse B, <2,00m^2	1.620,00 €	St.	334
0030	Holzverbundfenster, Klasse C, <2,00m^2	1.790,00 €	St.	334
0100	Flügelfehlstellen Runddübelplättchen	15,00 €	St.	334
0110	Flügelfehlstellen Passtück	48,00 €	St.	334
0120	Wasserschenkel erneuern	139,00 €	St.	334
0130	Schlagleiste erneuern	107,00 €	St.	334

0140	Flügelunterstück erneuern	138,00 €	St.	334
0150	Flügelsprosse erneuern	65,00 €	St.	334
0160	Einfachflügel <1,00m² erneuern	418,00 €	St.	334
0170	Verbundflügel <1,00m² erneuern	620,00 €	St.	334
0200	Festrahmenfehlstellen Runddübelplättchen	15,00 €	St.	334
0210	Festrahmenfehlstellen Passtück	32,00 €	St.	334
0220	Festrahmenunterstück erneuern	230,00 €	St.	334
0230	Kempfer erneuern	185,00 €	St.	334
0240	Festrahmensprosse erneuern	75,00 €	St.	334
0300	Nachbau Kastenfenster, 2-flg., <2,25m²	1.620,00 €	St.	334
0310	Nachbau Kastenfenster, 4-flg., <2,75m²	1.980,00 €	St.	334
0320	Nachbau Kastenfenster, 6-flg., <5,75m²	2.430,00 €	St.	334
0400	Nachbau Verbundfenster, 2-flg., <2,25m²	1.920,00 €	St.	334
0410	Nachbau Verbundfenster, 4-flg., <2,75m²	2.080,00 €	St.	334
0420	Nachbau Verbundfenster, 6-flg., <5,75m²	2.560,00 €	St.	334
0500	Instandsetzung Beschläge, 2-flg. Kastenfenster	18,00 €	St.	334
0510	Instandsetzung Beschläge, 4-flg. Kastenfenster	28,00 €	St.	334
0520	Instandsetzung Beschläge, 6-flg. Kastenfenster	36,00 €	St.	334
0530	Instandsetzung Beschläge, 2-flg. Verbundfenster	25,00 €	St.	334
0540	Instandsetzung Beschläge, 4-flg. Verbundfenster	36,00 €	St.	334
0550	Instandsetzung Beschläge, 6-flg. Verbundfenster	49,00 €	St.	334
0600	Erneuerung Beschlag Vorreiber	16,00 €	St.	334
0610	Erneuerung Beschlag Olive	26,00 €	St.	334
0620	Erneuerung Beschlag aufliegender Stangenbeschlag	62,00 €	St.	334
0630	Erneuerung Beschlag innenliegender Stangenbeschlag	115,00 €	St.	334
0640	Erneuerung Beschlag Dreh-Oberlichtbeschlag	260,00 €	St.	334
0650	Erneuerung Beschlag Kipp-Oberlichtbeschlag	165,00 €	St.	334
0660	Erneuerung Beschlag Fitschenband	68,00 €	St.	334
0670	Erneuerung Beschlag Einbohrband	28,00 €	St.	334
0680	Erneuerung Beschlag Holzknauf Griffolive	30,00 €	St.	334
0690	Erneuerung Sturmhaken und Öse	11,50 €	St.	334
0700	Erneuerung Flügelverglasung <1,00m²	65,00 €	St.	334
0710	Erneuerung Flügelverglasung <2,00m²	135,00 €	St.	334
0720	Erneuerung Festverglasung <1,00m²	115,00 €	St.	334
0730	Erneuerung Festverglasung <2,00m²	148,00 €	St.	334
0800	Entlacken 2-flg., <2,25m², eingebautes Kastenfenster	340,00 €	St.	334
0810	Entlacken 4-flg., <2,75m², eingebautes Kastenfenster	340,00 €	St.	334
0820	Entlacken 6-flg., <5,75m², eingebautes Kastenfenster	460,00 €	St.	334

Ausbau & Fassade
014
023
024
025
026
027
028
029
030
031
032
033
034
036
037
038
039
271

0830	Entlacken 2-flg., <2,25m^2, ausgebautes Kastenfenster	230,00 €	St.	334
0840	Entlacken 4-flg., <2,75m^2, ausgebautes Kastenfenster	280,00 €	St.	334
0850	Entlacken 6-flg., <5,75m, ausgebautes Kastenfenster	340,00 €	St.	334
0900	Lackerneuerung 2-flg., <2,25m^2, eingebautes Kastenfenster	238,00 €	St.	334
0910	Lackerneuerung 4-flg., <2,75m^2, eingebautes Kastenfenster	305,00 €	St.	334
0920	Lackerneuerung 6-flg., <5,75m^2, eingebautes Kastenfenster	460,00 €	St.	334
0930	Lackerneuerung 2-flg., <2,25m^2, ausgebautes Kastenfenster	218,00 €	St.	334
0940	Lackerneuerung 4-flg., <2,75m^2, ausgebautes Kastenfenster	285,00 €	St.	334
0950	Lackerneuerung 6-flg., <5,75m^2, ausgebautes Kastenfenster	430,00 €	St.	334
026.20	**Kunststofffenster und-türen**			
0010	PVC-Fenster, 1-flg., 88,5x138,5cm, U=1,27	503,00 €	St.	334
0020	PVC-Fenster, 1-flg., 88,5x138,5cm, U=0,86	547,00 €	St.	334
0030	PVC-Fenster, 2-flg., 163,5x138,5cm, U=1,27	1.360,00 €	St.	334
0040	PVC-Fenster, 2-flg., 163,5x138,5cm, U=0,86	1.465,00 €	St.	334
0050	PVC-Fenster, 5-tlg., 451x138,5cm, U=1,27	2.800,00 €	St.	334
0060	PVC-Fenster, 5-tlg., 451x138,5cm, U=0,86	3.020,00 €	St.	334
0100	PVC-Fenstertür, 1-flg., 113,5x226cm, U=1,27	1.050,00 €	St.	334
0110	PVC-Fenstertür, 1-flg., 113,5x226cm, U=0,86	1.135,00 €	St.	334
0120	PVC-Fenstertür, 2-tlg., 163,5x226cm, U=1,27	1.695,00 €	St.	334
0130	PVC-Fenstertür, 2-tlg., 163,5x226cm, U=0,86	1.825,00 €	St.	334
0200	PVC-Hebe-/Schiebetür, 351x226cm, U=1,27	4.735,00 €	St.	334
0210	PVC-Hebe-/Schiebetür, 351x226cm, U=0,86	4.990,00 €	St.	334
0300	PVC-Hauseingangstür, 113,5x226cm	1.755,00 €	St.	334
0310	PVC-Hauseingangstür, SL, 163,5x226cm	2.015,00 €	St.	334
0320	PVC-Hauseingangstür, SL + OL, 163,5x251cm	2.415,00 €	St.	334
0400	30mm PVC-Rahmenverbreiterung	31,50 €	m	334
0410	60mm PVC-Rahmenverbreiterung	41,50 €	m	334
0420	100mm PVC-Rahmenverbreiterung	54,50 €	m	334
0430	150mm PVC-Rahmenverbreiterung	93,50 €	m	334
0450	hochdämmende Vorbau-Montagezarge	21,00 €	m	334
0460	barrierefreie Systemtürschwelle	67,00 €	m	334
0500	Zulage Montage Reedkontakt	7,50 €	St.	334
0510	Zulage Beschläge, RC2N	104,00 €	St.	334
0550	Zulage Lüftungsfangschere	30,50 €	St.	334

0600	Zulage Elemente in RC2	109,00 €	m²	334
0610	Zulage Elemente in RC3	167,00 €	m²	334
0700	Zulage Schallschutzklasse 3	37,00 €	m²	334
0710	Zulage Schallschutzklasse 4	114,00 €	m²	334
026.30	**Alu-Fenster und -Türen**			
0010	Alu-Fenster, 1-flg., 88,5x138,5cm, Uw=1,3	601,00 €	St.	334
0020	Alu-Fenster, 1-flg., 88,5x138,5cm, Uw=0,9	643,00 €	St.	334
0030	Alu-Fenster, 2-flg., 163,5x138,5cm, Uw=1,3	1.255,00 €	St.	334
0040	Alu-Fenster, 2-flg., 163,5x138,5cm, Uw=0,9	1.320,00 €	St.	334
0050	Alu-Fenster, 5-tlg., 451x138,5cm, Uw=1,3	3.350,00 €	St.	334
0060	Alu-Fenster, 5-tlg., 451x138,5cm, Uw=0,9	3.570,00 €	St.	334
0100	Alu-Verbundfenster, 1-flg., 88,5x138,5cm	938,00 €	St.	334
0110	Alu-Verbundfenster, 2-flg., 163,5x138,5cm	1.730,00 €	St.	334
0120	Alu-Verbundfenster, 5-tlg., 451x138,5cm	4.785,00 €	St.	334
0200	Alu-Fenstertür, 1-flg., 113,5x226cm, Uw=1,3	1.255,00 €	St.	334
0210	Alu-Fenstertür, 1-flg., 113,5x226cm, Uw=0,9	1.345,00 €	St.	334
0220	Alu-Fenstertür, 2-flg., 163,5x226cm, Uw=1,3	1.955,00 €	St.	334
0230	Alu-Fenstertür, 2-flg., 163,5x226cm, Uw=0,9	2.090,00 €	St.	334
0300	Alu-Hebe-/Schiebetür, 351x226cm, Uw=1,3	7.185,00 €	St.	334
0310	Alu-Hebe-/Schiebetür, 351x226cm, Uw=0,9	7.440,00 €	St.	334
0400	Alu-Hauseingangstür, 113,5x226cm	2.645,00 €	St.	334
0410	Alu-Hauseingangstür, SL, 163,5x226cm	3.260,00 €	St.	334
0420	Alu-Hauseingangstür, SL + OL, 163,5x251cm	3.395,00 €	St.	334
0500	30mm Alu-Rahmenverbreiterung	31,50 €	m	334
0510	60mm Alu-Rahmenverbreiterung	41,50 €	m	334
0520	100mm Alu-Rahmenverbreiterung	54,50 €	m	334
0530	150mm Alu-Rahmenverbreiterung	93,50 €	m	334
0550	hochdämmende Vorbau-Montagezarge	21,00 €	m	334
0560	barrierefreie Systemtürschwelle	67,00 €	m	334
0600	Zulage Montage Reedkontakt	7,50 €	St.	334
0610	Zulage Beschläge,RC2N	104,00 €	St.	334
0650	Zulage Lüftungsfangschere	30,50 €	St.	334
0700	Zulage Elemente in RC2	109,00 €	m²	334
0710	Zulage Elemente in RC3	167,00 €	m²	334
0800	Zulage Schallschutzklasse 3	37,00 €	m²	334
0810	Zulage Schallschutzklasse 4	114,00 €	m²	334

026.40	Holz-Alu-Fenster und -Türen			
0100	Holz/Alu-Fenster, 1-flg., 88,5x138,5cm, Uw=1,24	588,00 €	St.	334
0110	Holz/Alu-Fenster, 1-flg., 88,5x138,5cm, Uw=0,85	627,00 €	St.	334
0120	Holz/Alu-Fenster, 2-flg., 163,5x138,5cm, Uw=1,24	1.235,00 €	St.	334
0130	Holz/Alu-Fenster, 2-flg., 163,5x138,5cm, Uw=0,85	1.320,00 €	St.	334
0140	Holz/Alu-Fenster, 5-tlg., 451x138,5cm, Uw=1,24	3.295,00 €	St.	334
0150	Holz/Alu-Fenster, 5-tlg., 451x138,5cm, Uw=0,85	3.515,00 €	St.	334
0200	Holz/Alu-Fenstertür, 113,5x226cm, Uw=1,24	1.230,00 €	St.	334
0210	Holz/Alu-Fenstertür, 113,5x226cm, Uw=0,85	1.310,00 €	St.	334
0220	Holz/Alu-Fenstertür, 2-tlg., 163,5x226cm, Uw=1,24	1.920,00 €	St.	334
0230	Holz/Alu-Fenstertür, 2-tlg., 163,5x226cm, Uw=0,85	2.050,00 €	St.	334
0300	Holz/Alu-Hebe-/Schiebetür, 351x226cm, Uw=1,24	7.355,00 €	St.	334
0310	Holz/Alu-Hebe-/Schiebetür, 351x226cm, Uw=0,85	7.610,00 €	St.	334
0400	Holz/Alu-Hauseingangstür, 113,5x226cm	1.840,00 €	St.	334
0410	Holz/Alu-Hauseingangstür, SL, 163,5x226cm	2.185,00 €	St.	334
0420	Holz/Alu-Hauseingangstür, SL + OL, 163,5x251cm	2.590,00 €	St.	334
0500	30mm Holz-Alu-Rahmenverbreiterung	31,50 €	m	334
0510	60mm Holz-Alu-Rahmenverbreiterung	41,50 €	m	334
0520	100mm Holz-Alu-Rahmenverbreiterung	54,50 €	m	334
0530	150mm Holz-Alu-Rahmenverbreiterung	93,50 €	m	334
0550	hochdämmende Vorbau-Montagezarge	21,00 €	m	334
0560	barrierefreie Systemtürschwelle	67,00 €	m	334
0570	Zulage Lüftungsfangschere	30,50 €	St.	334
0600	Zulage Montage Reedkontakt	7,50 €	St.	334
0610	Zulage Beschläge, RC2N	104,00 €	St.	334
0620	Zulage Elemente in RC2	109,00 €	m^2	334
0630	Zulage Elemente in RC3	167,00 €	m^2	334
0640	Zulage Schallschutzklasse 3	37,00 €	m^2	334
0650	Zulage Schallschutzklasse 4	114,00 €	m^2	334
026.50	**Pfosten-Riegel-Fassade**			
0010	Alu-PR-Fassade, Pofilbreite 60mm	691,00 €	m^2	334
0020	Alu-PR-Fassade, Pofilbreite 35mm	806,00 €	m^2	334
0100	Alu-Fensterelement, 1-flg., 88,5x138,5cm	783,00 €	St.	334
0200	Alu-Glastürelement, 1-flg., 113,5x251cm	2.245,00 €	St.	334
0210	Alu-Glastürelement, 2-flg., 210x251cm	3.280,00 €	St.	334
0300	Außenfensterbank, Alu, T≤260mm	56,50 €	m	334
0310	Mehrkosten, Alublech, Blindpaneel	288,00 €	m^2	334
0400	Zulage Öffnungsdämpfer/-begrenzer	28,00 €	St.	334

0410	Zulage elektromotorische Kippbetätigung	265,00 €	St.	334
0420	Zulage Verglasung in VSG	85,50 €	m^2	334
0430	Zulage 3fach-Verglasung	68,00 €	m^2	334
0440	Zulage Drücker EN1125, 1-flg.	420,00 €	St.	334
0450	Zulage Drücker EN1125, 2-flg.	829,00 €	St.	334
0460	Zulage Montage Reedkontakt	7,50 €	St.	334
0470	Zulage RC2, 1-flg.	276,00 €	St.	344
0480	Zulage RC2, 2-flg.	541,00 €	St.	344
0490	Zulage RC3, 1-flg.	1.050,00 €	St.	344
0500	Zulage RC3, 2-flg.	2.105,00 €	St.	344
0510	Zulage durchwurfhemmende Verglasung, P4A	132,00 €	m^2	334
0520	Zulage Schallschutzklasse 3	25,50 €	m^2	334
0530	Zulage Schallschutzklasse 4	114,00 €	m^2	334
0550	Zulage Lüftungsfangschere	30,50 €	St.	334
026.70	**Allgemeine Zulagen, Beschläge, materialunabhängig**			
0010	einseitige Rollladenführungsschiene	35,50 €	m	334
0020	beidseitige Rollladenführungsschiene	71,00 €	m	334
0100	Zulage barrierefreie Schwelle	137,00 €	St.	334
0110	Zulage Beschlag Olive abschließbar	24,00 €	St.	334
0120	Zulage Beschlag Olive abnehmbar	42,00 €	St.	334
0130	Zulage Beschlag Kipp-vor-Dreh abschließbar	91,50 €	St.	334
0140	Zulage DK-Beschlag vollständig verdeckt	122,00 €	St.	334
0150	Zulage Öffnungsdämpfer/-begrenzer	27,50 €	St.	334
0200	Fensterfalzlüfter	34,50 €	St.	334
0210	Fensterrahmen-/Aufsatzlüfter	342,00 €	m	334
0300	Zulage OTS, Gleitschiene, Gr. 4, 1-flg.	188,00 €	St.	334
0310	Zulage OTS, Gleitschiene, Gr. 4, 2-flg.	445,00 €	St.	334
0320	Zulage OTS, Gleitschiene, Gr. 5, 1-flg.	297,00 €	St.	334
0330	Zulage OTS, Gleitschiene, Gr. 5, 2-flg.	605,00 €	St.	334
0400	Zulage Bodentürschließer, Gr. 4, 1-flg.	217,00 €	St.	334
0410	Zulage Bodentürschließer, Gr. 5, 1-flg.	297,00 €	St.	334
0500	Drehflügeltürantrieb, 1-flg.	3.310,00 €	St.	334
0510	Drehflügeltürantrieb, 2-flg.	5.820,00 €	St.	334
0600	Zulage Motorschloss, 3-Punktverriegelung	1.015,00 €	St.	334
0700	Zulage Drücker EN1125, 1-flg.	417,00 €	St.	334
0710	Zulage Drücker EN1125, 2-flg.	822,00 €	St.	334
0800	Zulage Vorrüstung elektrischer Türöffner	74,50 €	St.	334
0810	Fingerklemmschutz, Nebenschließkante	183,00 €	St.	334

Ausbau & Fassade
014 023 024 025 026 027 028 029 030 031 032 033 034 036 037 038 039 271

026.80	**Wartung**			
0010	Wartung Türtechnik	54,50 €	St.	334
0020	Wartung Fensterbeschläge	31,00 €	psch.	334
026.90	**Stundenlohnarbeiten**			
0010	Stundensatz: Fachwerker	51,50 €	h	399
0020	Stundensatz: Helfer	42,50 €	h	399

Ausbau & Fassade

027 Tischlerarbeiten

027	Tischlerarbeiten			
027.01	**Fensterbänke, innen**			
027.01.01	**Holz**			
0010	Innenfensterbank, Eiche, 30x300mm	71,50 €	m	334
0020	Innenfensterbank, Eiche, 40x400mm	150,00 €	m	334
0030	Innenfensterbank mit Rinne, Eiche, 40x400mm	190,00 €	m	334
027.01.02	**MDF**			
0010	Innenfensterbank, MDF/HPL, 25x150mm	48,00 €	m	334
0020	Innenfensterbank, MDF/HPL, 25x250mm	53,00 €	m	334
0030	Innenfensterbank, MDF/HPL, 25x350mm	61,00 €	m	334
0040	Innenfensterbank, MDF/HPL, 25x500mm	72,50 €	m	334
0100	Innenfensterbank, L-Form, MDF/HPL, 25x150mm	51,00 €	m	334
0110	Innenfensterbank, L-Form, MDF/HPL, 25x250mm	55,50 €	m	334
0120	Innenfensterbank, L-Form, MDF/HPL, 25x350mm	64,50 €	m	334
0130	Innenfensterbank, L-Form, MDF/HPL, 25x500mm	76,50 €	m	334
027.01.03	**Zulagen**			
0010	Zulage Eckausbildung Fensterbank	38,50 €	St.	334
027.02	**Treppen**			
027.02.01	**Holzwangentreppen**			
0010	Treppe, 1-lfg., eingestemmt, Eiche, 7 Stg., 1,00m	2.810,00 €	St.	351
0020	Treppe, 1-lfg., eingestemmt, Kiefer, 7 Stg., 1,00m	2.635,00 €	St.	351
0030	Treppe, 1-lfg., eingestemmt, Rüster, 7 Stg., 1,00m	2.540,00 €	St.	351
0100	Treppe, 2-lfg., eingestemmt, Eiche, 15 Stg., 1,00m	6.630,00 €	St.	351
0110	Treppe, 2-lfg., eingestemmt, Kiefer, 15 Stg., 1,00m	6.280,00 €	St.	351
0120	Treppe, 2-lfg., eingestemmt, Rüster, 15 Stg., 1,00m	6.110,00 €	St.	351
0200	Treppe, 1/4-gewendelt, eingestemmt, Eiche, 15 Stg., 1,00m	6.875,00 €	St.	351
0210	Treppe, 1/4-gewendelt, eingestemmt, Kiefer, 15 Stg., 1,00m	6.530,00 €	St.	351
0220	Treppe, 1/4-gewendelt, eingestemmt, Rüster, 15 Stg., 1,00m	6.360,00 €	St.	351
0300	Treppe, 1/2-gewendelt, eingestemmt, Eiche, 15 Stg., 1,00m	7.055,00 €	St.	351
0310	Treppe, 1/2-gewendelt, eingestemmt, Kiefer, 15 Stg., 1,00m	6.715,00 €	St.	351
0320	Treppe, 1/2-gewendelt, eingestemmt, Rüster, 15 Stg., 1,00m	6.540,00 €	St.	351
0400	Treppe, 1-lfg., aufgesattelt, Eiche, 7 Stg., 1,00m	2.845,00 €	St.	351
0410	Treppe, 1-lfg., aufgesattelt, Kiefer, 7 Stg., 1,00m	2.750,00 €	St.	351
0420	Treppe, 1-lfg., aufgesattelt, Rüster, 7 Stg., 1,00m	2.700,00 €	St.	351

0500	Treppe, 2-lfg., aufgesattelt, Eiche, 15 Stg., 1,00m	6.060,00 €	St.	351
0510	Treppe, 2-lfg., aufgesattelt, Kiefer, 15 Stg., 1,00m	5.715,00 €	St.	351
0520	Treppe, 2-lfg., aufgesattelt, Rüster, 15 Stg., 1,00m	5.545,00 €	St.	351
0600	Treppe, 1/4-gewendelt, aufgesattelt, Eiche, 15 Stg., 1,00m	6.310,00 €	St.	351
0610	Treppe, 1/4-gewendelt, aufgesattelt, Kiefer, 15 Stg., 1,00m	5.960,00 €	St.	351
0620	Treppe, 1/4-gewendelt, aufgesattelt, Rüster, 15 Stg., 1,00m	5.790,00 €	St.	351
0700	Treppe, 1/2-gewendelt, aufgesattelt, Eiche, 15 Stg., 1,00m	6.490,00 €	St.	351
0710	Treppe, 1/2-gewendelt, aufgesattelt, Kiefer, 15 Stg., 1,00m	6.150,00 €	St.	351
0720	Treppe, 1/2-gewendelt, aufgesattelt, Rüster, 15 Stg., 1,00m	5.975,00 €	St.	351
027.02.02	**Faltwerkstreppen**			
0010	Treppe, 1-lfg., Faltwerk, Eiche, 7 Stg., 80cm	2.930,00 €	St.	351
0020	Treppe, 1-lfg., Faltwerk, Rüster, 7 Stg., 80cm	2.770,00 €	St.	351
0030	Treppe, 1-lfg., Faltwerk, Eiche, 15 Stg., 80cm	9.040,00 €	St.	351
0040	Treppe, 1-lfg., Faltwerk, Rüster, 15 Stg., 80cm	8.180,00 €	St.	351
027.02.03	**Raumspartreppen**			
0010	Raumsparvollholztreppe, Fichte, 12 Stg.	1.725,00 €	St.	351
027.02.04	**Beläge**			
0010	Tritt-/Setzstufe, gerade, Eiche, B=1,00m	283,00 €	St.	353
0020	Tritt-/Setzstufe, gerade, Kiefer, B=1,00m	265,00 €	St.	353
0030	Tritt-/Setzstufe, gerade, Rüster, B=1,00m	253,00 €	St.	353
0040	Tritt-/Setzstufe, gewendelt, Eiche, B=1,00m	320,00 €	St.	353
0050	Tritt-/Setzstufe, gewendelt, Kiefer, B=1,00m	302,00 €	St.	353
0060	Tritt-/Setzstufe, gewendelt, Rüster, B=1,00m	290,00 €	St.	353
0100	Podestbelag, Eiche, d=40mm	425,00 €	m^2	353
0110	Podestbelag, Kiefer, d=40mm	407,00 €	m^2	353
0120	Podestbelag, Rüster, d=40mm	394,00 €	m^2	353
0200	Sockelleiste, Eiche, 10x65mm	13,50 €	m	353
0210	Sockelleiste, Eiche, 16x120mm	14,50 €	m	353
0220	Sockelleiste, Eiche, 22x200mm	18,00 €	m	353
0230	Sockelleiste, Kiefer, 10x65mm	12,00 €	m	353
0240	Sockelleiste, Kiefer, 16x120mm	14,50 €	m	353
0250	Sockelleiste, Kiefer, 22x200mm	18,00 €	m	353
0260	Sockelleiste, Rüster, 10x65mm	11,50 €	m	353
0270	Sockelleiste, Rüster, 16x120mm	14,50 €	m	353
0280	Sockelleiste, Rüster, 22x200mm	18,00 €	m	353

Ausbau & Fassade
014 023 024 025 026 027 028 029 030 031 032 033 034 036 037 038 039 271

027.02.05	Handläufe			
0010	Handlauf, gerade, Eiche, rechteckig, 60x20mm	104,00 €	m	359
0020	Handlauf, gerade, Kiefer, rechteckig, 60x20mm	98,50 €	m	359
0030	Handlauf, gerade, Rüster, rechteckig, 60x20mm	96,00 €	m	359
0040	Handlauf, gerade, Eiche, rund, 42mm	100,00 €	m	359
0050	Handlauf, gerade, Kiefer, rund, 42mm	95,00 €	m	359
0060	Handlauf, gerade, Rüster, rund, 42mm	91,50 €	m	359
0070	Handlauf, gerade, Eiche, profiliert, 45x80mm	108,00 €	m	359
0080	Handlauf, gerade, Kiefer, profiliert, 45x80mm	102,00 €	m	359
0090	Handlauf, gerade, Rüster, profiliert, 45x80mm	99,50 €	m	359
0100	Handlauf, gebogen, Eiche, rechteckig, 60x20mm	154,00 €	m	359
0110	Handlauf, gebogen, Kiefer, rechteckig, 60x20mm	148,00 €	m	359
0120	Handlauf, gebogen, Rüster, rechteckig, 60x20mm	142,00 €	m	359
0130	Handlauf, gebogen, Eiche, rund, 42mm	149,00 €	m	359
0140	Handlauf, gebogen, Kiefer, rund, 42mm	143,00 €	m	359
0150	Handlauf, gebogen, Rüster, rund, 42mm	139,00 €	m	359
0160	Handlauf, gebogen, Eiche, profiliert, 45x80mm	160,00 €	m	359
0170	Handlauf, gebogen, Kiefer, profiliert, 45x80mm	154,00 €	m	359
0180	Handlauf, gebogen, Rüster, profiliert, 45x80mm	148,00 €	m	359
0200	Zulage Krümmling, Holzhandlauf	123,00 €	St.	359
027.02.06	**Treppengeländer**			
0010	Geländer, gerade, Eiche, Rechteckhandlauf	320,00 €	m	359
0020	Geländer, gerade, Eiche, Rundhandlauf	308,00 €	m	359
0030	Geländer ,gerade ,Eiche, profilierter Handlauf	345,00 €	m	359
0040	Geländer, gerade, Kiefer, Rechteckhandlauf	296,00 €	m	359
0050	Geländer, gerade, Kiefer, Rundhandlauf	283,00 €	m	359
0060	Geländer ,gerade, Kiefer, profilierter Handlauf	320,00 €	m	359
0070	Geländer, gerade, Rüster, Rechteckhandlauf	290,00 €	m	359
0080	Geländer, gerade, Rüster, Rundhandlauf	277,00 €	m	359
0090	Geländer, gerade, Rüster, profilierter Handlauf	314,00 €	m	359
0100	Geländer, gebogen, Eiche, Rechteckhandlauf	517,00 €	m	359
0110	Geländer, gebogen, Eiche, Rundhandlauf	505,00 €	m	359
0120	Geländer, gebogen, Eiche, profilierter Handlauf	554,00 €	m	359
0130	Geländer, gebogen, Kiefer, Rechteckhandlauf	530,00 €	m	359
0140	Geländer, gebogen, Kiefer, Rundhandlauf	517,00 €	m	359
0150	Geländer, gebogen, Kiefer, profilierter Handlauf	554,00 €	m	359
0160	Geländer, gebogen, Rüster, Rechteckhandlauf	524,00 €	m	359

0170	Geländer, gebogen, Rüster, Rundhandlauf	517,00 €	m	359
0180	Geländer, gebogen, Rüster, profilierter Handlauf	548,00 €	m	359
027.03	**Wandbekleidungen**			
0010	Wandbekleidung, MDF, Furnier, Holz-UK, H≤1,20m	158,00 €	m^2	345
0020	Wandbekleidung, MDF, Furnier, Holz-UK, H≤2,50m	148,00 €	m^2	345
0030	Wandbekleidung, CPL, Holz-UK, H≤1,20m	170,00 €	m^2	345
0040	Wandbekleidung, CPL, Holz-UK, H≤3,00m	160,00 €	m^2	345
0050	Akustikwandbekleidung, MDF, lackiert, Holz-UK, H≤4,00m	201,00 €	m^2	345
0060	Laibung Wandbekleidung, <30cm	91,00 €	m	345
0070	Wandbekleidung, Glas, ESG, satiniert, d=4mm	302,00 €	m^2	345
0080	Wandbekleidung, Glaspaneel, bedruckt	363,00 €	m^2	345
0090	Wandbekleidung, V2A-Blechpaneel, MDF, Holz-UK	407,00 €	m^2	345
0100	Bohrung in Glasbekleidung	27,50 €	St.	345
0110	Bohrung in V2A-Blechbekleidung	22,50 €	St.	345
027.04	**Umkleideeinrichtungen**			
0010	Garderobenschrank, Stahl, 300x2000mm	320,00 €	St.	610
0020	Garderobenschrank, Stahl, 400x2000mm	339,00 €	St.	610
0030	Garderobenschrank, Z-Form, Stahl, 400x2000mm	530,00 €	St.	610
0040	Garderobenschrank, MDF/HPL, 300x2000mm	363,00 €	St.	610
0050	Garderobenschrank, MDF/HPL, 400x2000mm	394,00 €	St.	610
0060	Garderobenschrank, Z-Form, MDF/HPL, 400x2000mm	751,00 €	St.	610
0070	Garderobenschrank, Stahl/MDF, 300x2000mm	363,00 €	St.	610
0080	Garderobenschrank, Stahl/MDF, 400x2000mm	394,00 €	St.	610
0090	Garderobenschrank, Z-Form, Stahl/MDF, 400x2000mm	751,00 €	St.	610
0100	Garderobensitzbank, B=350mm, L=1,00m	308,00 €	St.	381
0110	Umkleidebänke, doppelseitig, Stahl, L=1,60m	850,00 €	St.	381
027.05	**Wickeltische**			
0010	Wickeltisch, 125x75x105cm, MDF/HPL	1.185,00 €	St.	610
027.06	**Teeküchen**			
0010	Teeküche, MDF/CPL, Standard, ca. 240cm	4.680,00 €	St.	381
0020	Teeküche, MDF/CPL, Standard, ca. 300cm	5.420,00 €	St.	381
0100	Teeküche, MDF/Furnier, hochwertig, ca. 240cm	7.020,00 €	St.	381
0110	Teeküche, MDF/Furnier, hochwertig, ca. 300cm	7.640,00 €	St.	381
0200	Spritzschutz, HPL-Laminat, 2mm, 50x60cm	92,50 €	St.	381
0210	Spritzschutz, Glas, 4mm, 50x60cm	160,00 €	St.	381

027.07	Einbauschränke			
0010	Schrank, MDF lackiert, 100x240x60cm, Fachböden, ohne Tür	1.035,00 €	St.	381
0020	Schrank, MDF lackiert, 120x240x60cm, Fachböden, Schubkästen, Tür	1.130,00 €	St.	381
0030	Schrank, MDF lackiert, 180x240x60cm, Fachböden, Tür	1.750,00 €	St.	381
0100	Schrank, MDF/HPL, 100x240x60cm, Fachböden, ohne Tür	1.530,00 €	St.	381
0110	Schrank, MDF/HPL, 120x240x60cm, Fachböden, Schubkästen, Tür	1.675,00 €	St.	381
0120	Schrank, MDF/HPL, 180x240x60cm, Fachböden, Tür	2.585,00 €	St.	381
0200	Schrank, Furnier, 100x240x60cm, Fachböden, ohne Tür	1.785,00 €	St.	381
0210	Schrank, Furnier, 120x240x60cm, Fachböden, Schubkästen, Tür	1.945,00 €	St.	381
0220	Schrank, Furnier, 180x240x60cm, Fachböden, Tür	2.950,00 €	St.	381
0300	Schrank, MDF lackiert, 100x240x60cm, Fachböden, Schubkästen, Drehtür	1.280,00 €	St.	381
0310	Schrank, MDF lackiert, 120x240x60cm, Fachböden, Schubkästen, Drehtür	1.380,00 €	St.	381
0320	Schrank, MDF lackiert, 180x240x60cm, Fachböden, Schubkästen, Drehtür	2.070,00 €	St.	381
0330	Schrank, MDF lackiert, 200x240x60cm, Fachböden, Schiebetür	2.440,00 €	St.	381
0340	Schrank, MDF lackiert, 240x240x60cm, Fachböden, Schubkästen, Schiebetür	2.835,00 €	St.	381
0350	Schrank, MDF lackiert, 300x240x60cm, Fachböden, Schubkästen, Schiebetür	3.400,00 €	St.	381
0400	Schrank, MDF/HPL, 100x240x60cm, Fachböden, Schubkästen, Drehtür	1.870,00 €	St.	381
0410	Schrank, MDF/HPL, 120x240x60cm, Fachböden, Schubkästen, Drehtür	1.995,00 €	St.	381
0420	Schrank, MDF/HPL, 180x240x60cm, Fachböden, Schubkästen, Drehtür	2.995,00 €	St.	381
0430	Schrank, MDF/HPL, 200x240x60cm, Fachböden, Schiebetür	3.450,00 €	St.	381
0440	Schrank, MDF/HPL, 240x240x60cm, Fachböden, Schubkästen, Schiebetür	4.005,00 €	St.	381
0450	Schrank, MDF/HPL, 300x240x60cm, Fachböden, Schubkästen, Schiebetür	4.805,00 €	St.	381
0500	Schrank, Furnier, 100x240x60cm, Fachböden, Schubkästen, Drehtür	2.155,00 €	St.	381
0510	Schrank, Furnier, 120x240x60cm, Fachböden, Schubkästen, Drehtür	2.340,00 €	St.	381
0520	Schrank, Furnier, 180x240x60cm, Fachböden, Schubkästen, Drehtür	3.510,00 €	St.	381
0530	Schrank, Furnier, 200x240x60cm, Fachböden, Schiebetür	3.940,00 €	St.	381

0540	Schrank, Furnier, 240x240x60cm, Fachböden, Schubkästen, Schiebetür	4.680,00 €	St.	381
0550	Schrank, Furnier, 300x240x60cm, Fachböden, Schubkästen, Schiebetür	5.605,00 €	St.	381
0600	Schrank, MDF lackiert, 100x130x40cm, Fachböden, Drehtür	443,00 €	St.	381
0610	Schrank, MDF lackiert, 140x130x40cm, Fachböden, Drehtür	665,00 €	St.	381
0620	Schrank, MDF lackiert, 140x180x40cm, Fachböden, Schubkästen, Drehtür	1.020,00 €	St.	381
0630	Schrank, MDF lackiert, 180x180x40cm, Fachböden, Drehtür	1.355,00 €	St.	381
0700	Schrank, MDF/HPL, 100x130x40cm, Fachböden, Drehtür	665,00 €	St.	381
0710	Schrank, MDF/HPL, 140x130x40cm, Fachböden, Drehtür	1.000,00 €	St.	381
0720	Schrank, MDF/HPL, 140x180x40cm, Fachböden, Schubkästen, Drehtür	1.540,00 €	St.	381
0730	Schrank, MDF/HPL, 180x180x40cm, Fachböden, Drehtür	2.030,00 €	St.	381
0800	Schrank, Furnier, 100x130x40cm, Fachböden, Drehtür	800,00 €	St.	381
0810	Schrank, Furnier, 140x130x40cm, Fachböden, Drehtür	1.110,00 €	St.	381
0820	Schrank, Furnier, 140x180x40cm, Fachböden, Schubkästen, Drehtür	1.665,00 €	St.	381
0830	Schrank, Furnier, 180x180x40cm, Fachböden, Drehtür	2.155,00 €	St.	381
0900	Schrank, MDF lackiert, 30x240x60cm, Fachböden, Drehtür	394,00 €	St.	381
0910	Schrank, MDF lackiert, 60x240x60cm, Fachböden, Drehtür	801,00 €	St.	381
0920	Schrank, MDF lackiert, 30x240x60cm, Fachböden, Auszug, Drehtür	567,00 €	St.	381
0930	Schrank, MDF lackiert, 60x240x60cm, Fachböden, Auszug, Drehtür	986,00 €	St.	381
1000	Schrank, MDF/HPL, 30x240x60cm, Fachböden, Drehtür	591,00 €	St.	381
1010	Schrank, MDF/HPL, 60x240x60cm, Fachböden, Drehtür	1.110,00 €	St.	381
1020	Schrank, MDF/HPL, 30x240x60cm, Fachböden, Auszug, Drehtür	776,00 €	St.	381
1030	Schrank, MDF/HPL, 60x240x60cm, Fachböden, Auszug, Drehtür	1.355,00 €	St.	381
1100	Schrank, Furnier, 30x240x60cm, Fachböden, Drehtür	936,00 €	St.	381
1110	Schrank, Furnier, 60x240x60cm, Fachböden, Drehtür	1.725,00 €	St.	381
1120	Schrank, Furnier, 30x240x60cm, Fachböden, Auszug, Drehtür	1.160,00 €	St.	381
1130	Schrank, Furnier, 60x240x60cm, Fachböden, Auszug, Drehtür	2.095,00 €	St.	381

027.08	Sonstige Tischlerarbeiten			
0010	Bohlen auf Wand, Nadelholz, 240x28mm	59,50 €	m	349
0020	Bohlen auf Wand, PE, 240x28mm	44,50 €	m	349
0030	Bohlen auf Wand, HPL/CPL, 240x28mm	54,50 €	m	349
0040	Bohlen auf Wand, Holz, 140x18mm	46,00 €	m^2	349
0100	Bohlen, Sockel, Nadelholz, 240x40mm, geölt	76,50 €	m	349
0110	Bohlen, Sockel, Nadelholz, 240x40mm, lackiert	79,00 €	m	349
0120	Bohlen, Sockel, PE, 240x40mm	51,00 €	m	349
0200	Bohlen Boden, Nadelholz, 120x160mm, geölt	94,00 €	m	349
0210	Bohlen Boden, Nadelholz, 120x160mm, lackiert	99,00 €	m	349
0300	Wandschutz, flächig, HPL-Laminat, 9mm	173,00 €	m^2	349
0310	Wandschutz, flächig, Acryl-Vinyl, 2mm	136,00 €	m^2	349
0400	Türschwelle, innen, MDF, d=32mm, B=200mm	64,00 €	m	344
0500	Zulage Innen-/Außenecke	16,50 €	St.	349
0510	Zulage Kantenausbildung, freie Enden	9,90 €	St.	349
0600	Empfangstresen	1.665,00 €	m	381
0700	Sitzbankkonstruktion, Eiche	345,00 €	m	381
027.09	**Instandsetzungen/Abbruch**			
027.09.01	**Fensterbänke, innen**			
0010	Fensterbank erneuern, d=28mm, T=300mm	59,50 €	m	344
027.09.02	**Treppen**			
0010	Treppenstufen, Holz, überarbeiten	86,50 €	m	353
0020	Treppenpodest, Holz, überarbeiten	74,00 €	m^2	353
0030	Treppenhandlauf, Holz, überarbeiten	54,50 €	m	353
0040	Holzflächen beizen, lackieren	46,00 €	m^2	353
027.90	**Stundenlohnarbeiten**			
0010	Stundensatz: Fachwerker	47,00 €	h	399
0020	Stundensatz: Bauhelfer	42,50 €	h	399

Ausbau & Fassade

028 Parkett-/Holzpflasterarbeiten

028	Parkett-/Holzpflasterarbeiten			
028.01	**Vorbereitende Arbeiten**			
0010	Messung, Estrichfeuchte	132,00 €	psch.	353
0020	Rissaufweitung und -verdübelung	15,00 €	m	395
0040	Haftgrund, nicht saugende Untergründe	3,00 €	m^2	353
0050	Tiefgrund, saugende Untergründe	1,90 €	m^2	353
0060	Nivellierausgleich, bis 3mm	6,10 €	m^2	353
0070	Nivellierausgleich, bis 8mm	6,80 €	m^2	353
0080	Nivellierausgleich, bis 12mm	7,70 €	m^2	353
0090	Feuchtigkeitsbremse Epoxybeschichtung	8,70 €	m^2	353
0110	Entkopplungsmatte	13,00 €	m^2	353
0210	Bodenabdichtung, 1-lg., V60S4, mäßige Beanspruchung	14,00 €	m^2	353
0220	Unterkonstruktion als Querkonstruktion	18,50 €	m^2	353
0230	Unterkonstruktion, OSB, d=22mm	38,00 €	m^2	353
0240	Unterkonstruktion, Rauspund, d=22mm	40,50 €	m^2	353
028.02	**Massivholzdielen**			
0010	Massivholzdiele, Eiche, astfrei, 18x120x2400mm	76,00 €	m^2	353
0020	Massivholzdiele, Eiche, astfrei, 18x150x2400mm	79,50 €	m^2	353
0030	Massivholzdiele, Eiche, astfrei, 20x180x2400mm	83,50 €	m^2	353
0040	Massivholzdiele, Eiche, astfrei, 20x220x2400mm	88,00 €	m^2	353
0050	Massivholzdiele, Eiche, mit Ast, 18x120x2400mm	78,50 €	m^2	353
0060	Massivholzdiele, Eiche, mit Ast, 18x150x2400mm	81,50 €	m^2	353
0070	Massivholzdiele, Eiche, mit Ast, 20x180x2400mm	85,50 €	m^2	353
0080	Massivholzdiele, Eiche, mit Ast, 20x220x2400mm	92,00 €	m^2	353
0090	Massivholzdiele, Eiche, Risse, 18x120x2400mm	80,50 €	m^2	353
0100	Massivholzdiele, Eiche, Risse, 18x150x2400mm	83,50 €	m^2	353
0110	Massivholzdiele, Eiche, Risse, 20x180x2400mm	89,00 €	m^2	353
0120	Massivholzdiele, Eiche, Risse, 20x220x2400mm	96,50 €	m^2	353
0200	Massivholzdiele, Lärche, astfrei, 18x120x2400mm	55,00 €	m^2	353
0210	Massivholzdiele, Lärche, astfrei, 18x150x2400mm	58,50 €	m^2	353
0220	Massivholzdiele, Lärche, astfrei, 20x180x2400mm	60,50 €	m^2	353
0230	Massivholzdiele, Lärche, astfrei, 20x220x2400mm	64,50 €	m^2	353
0240	Massivholzdiele, Lärche, mit Ast, 18x120x2400mm	54,00 €	m^2	353
0250	Massivholzdiele, Lärche, mit Ast, 18x150x2400mm	57,00 €	m^2	353
0260	Massivholzdiele, Lärche, mit Ast, 20x180x2400mm	58,50 €	m^2	353
0270	Massivholzdiele, Lärche, mit Ast, 20x220x2400mm	61,50 €	m^2	353
0500	Massivholzdiele, Ahorn, astfrei, 20x240x4000mm	101,00 €	m^2	353

0510	Massivholzdiele, Ahorn, astfrei, 20x300x4000mm	110,00 €	m^2	353
0700	Erstpflege Massivholzdielen	14,00 €	m^2	353
028.03	**Parkett**			
0010	Mosaikparkett, Eiche, geräuchert, 8x18x180mm	51,00 €	m^2	353
0020	Mosaikparkett, Eiche, geräuchert, 10x25x180mm	55,00 €	m^2	353
0100	Stabparkett, Eiche, astfrei, 15x70x400mm	76,00 €	m^2	353
0110	Stabparkett, Eiche, rustikal, 15x70x400mm	78,50 €	m^2	353
0120	Stabparkett, Ahorn, 15x70x400mm	74,50 €	m^2	353
0130	Stabparkett, Nussbaum, 15x70x400mm	82,50 €	m^2	353
0140	Hochkantlamellenparkett, Eiche, geräuchert, 20x6x115mm	59,50 €	m^2	353
0150	Hochkantlamellenparkett, Eiche, geräuchert, 35x8,5x165mm	72,00 €	m^2	353
0200	Stirnholzparkett, Kiefer, 40x40x40-120mm, RE/WE	51,00 €	m^2	353
0210	Stirnholzparkett, Kiefer, 60x60x60-120mm, WE	50,00 €	m^2	353
0220	Stirnholzparkett, Kiefer, 80x80x80-140mm, GE	48,50 €	m^2	353
0300	Fertigparkett, Eiche, 2-schichtig, d=10mm, verklebt	50,00 €	m^2	353
0310	Fertigparkett, Eiche, 3-schichtig, d=15mm, schwimmend	52,50 €	m^2	353
0320	Fertigparkett, Ahorn, 2-schichtig, d=10mm, verklebt	49,50 €	m^2	353
0330	Fertigparkett, Ahorn, 3-schichtig, d=15mm, schwimmend	52,00 €	m^2	353
0340	Fertigparkett, Lärche, 2-schichtig, d=10mm, verklebt	47,50 €	m^2	353
0350	Fertigparkett, Lärche, 3-schichtig, d=15mm, schwimmend	48,00 €	m^2	353
0400	Korkparkett, 300x300mm, d=6mm	44,00 €	m^2	353
0700	Zulage Oberfläche lackiert anstelle geölt	2,20 €	m^2	353
0710	Zulage Fischgrät, anstelle Würfel	1,40 €	m^2	353
0720	Zulage Fischgrät, anstelle Schiffboden	0,30 €	m^2	353
0730	Zulage Randfries Fischgrät, B=30cm	5,20 €	m	353
0800	Erstpflege Parkettboden	1,20 €	m^2	353
028.04	**Anarbeitung, An-/Abschlüsse**			
0010	Revisionsdeckel belegen, 600x600mm	69,00 €	St.	353
0100	Bodentank belegen, eckig, 300x300mm	51,00 €	St.	353
0110	Bodentank belegen, rund, bis 300mm	56,50 €	St.	353
0200	Korkstreifen, B=10mm	5,30 €	m	353
0210	Anpassung an Rundstütze, Ø=40cm	51,00 €	St.	353
0220	Anpassung an Stütze, 35x35cm	30,00 €	St.	353
0240	Anpassung an Rundung, R≥2,00m	8,70 €	m	353

028.05	Sockel-/Abdeckleisten			
0100	Sockelleiste, Eiche, 10x60mm	8,90 €	m	353
0110	Sockelleiste, Eiche, 15x120mm	12,00 €	m	353
0120	Sockelleiste, Eiche, 22x200mm	16,50 €	m	353
0200	Sockelleiste, Lärche, 10x60mm	8,50 €	m	353
0210	Sockelleiste, Lärche, 15x120mm	12,00 €	m	353
0220	Sockelleiste, Lärche, 22x200mm	14,50 €	m	353
0300	Sockelleiste, Rüster, 10x60mm	9,00 €	m	353
0310	Sockelleiste, Rüster, 15x120mm	12,50 €	m	353
0320	Sockelleiste, Rüster, 22x200mm	16,50 €	m	353
0400	Sockelleiste, Ahorn, 10x60mm	8,70 €	m	353
0410	Sockelleiste, Ahorn, 15x120mm	12,00 €	m	353
0420	Sockelleiste, Ahorn, 22x200mm	15,50 €	m	353
0500	Sockelleiste, Nussbaum, 10x60mm	10,50 €	m	353
0510	Sockelleiste, Nussbaum, 15x120mm	14,00 €	m	353
0520	Sockelleiste, Nussbaum, 22x200mm	17,50 €	m	353
0600	Sockelleiste, Kiefer, 10x60mm	7,90 €	m	353
0610	Sockelleiste, Kiefer, 15x120mm	11,50 €	m	353
0620	Sockelleiste, Kiefer, 22x200mm	14,00 €	m	353
0700	Zulage Oberfläche lackiert	0,40 €	m	353
0900	Sockel, Edelstahl, Stütze, Ø<400mm, H=6cm	87,50 €	St.	353
028.06	**Einbauteile**			
0010	Sauberlaufzone, Edelstahl, 40x60cm, Ripsprofil	620,00 €	St.	353
0020	Sauberlaufzone, Edelstahl, 60x80cm, Ripsprofil	807,00 €	St.	353
0030	Sauberlaufzone, Edelstahl, 100x150cm, Ripsprofil	1.005,00 €	St.	353
0040	Sauberlaufzone, Edelstahl, 150x200cm, Ripsprofil	1.713,00 €	St.	353
0050	Sauberlaufzone, Edelstahl, 200x300cm, Ripsprofil	3.600,00 €	St.	353
0060	Sauberlaufzone, Edelstahl, 40x60cm, Gummiprofil	757,00 €	St.	353
0070	Sauberlaufzone, Edelstahl, 60x80cm, Gummiprofil	931,00 €	St.	353
0080	Sauberlaufzone, Edelstahl, 100x150cm, Gummiprofil	1.154,00 €	St.	353
0090	Sauberlaufzone, Edelstahl, 150x200cm, Gummiprofil	1.874,00 €	St.	353
0100	Sauberlaufzone, Edelstahl, 200x300cm, Gummiprofil	3.848,00 €	St.	353
0110	Sauberlaufzone, Edelstahl, 40x60cm, Bürstenprofil	894,00 €	St.	353
0120	Sauberlaufzone, Edelstahl, 60x80cm, Bürstenprofil	1.117,00 €	St.	353
0130	Sauberlaufzone, Edelstahl, 100x150cm, Bürstenprofil	1.489,00 €	St.	353
0140	Sauberlaufzone, Edelstahl, 150x200cm, Bürstenprofil	2.234,00 €	St.	353
0150	Sauberlaufzone, Edelstahl, 200x300cm, Bürstenprofil	4.530,00 €	St.	353
0200	Bodentürstopper, Alu, Ø=45mm	18,00 €	St.	353

014 023 024 025 026 027 028 029 030 031 032 033 034 036 037 038 039 271 Ausbau & Fassade

0210	Bodentürstopper, Alu, Ø=100mm	22,00 €	St.	353
0220	Bodentürstopper, Edelstahl, Ø=45mm	26,00 €	St.	353
0230	Bodentürstopper, Edelstahl, Ø=100mm	29,00 €	St.	353
0240	Bodentürstopper, Messing, Ø=45mm	48,00 €	St.	353
0250	Bodentürstopper, Messing, Ø=100mm	62,00 €	St.	353
028.07	**Instandsetzungsarbeiten**			
0010	Bestandparkettboden schleifen	8,70 €	m^2	395
0200	Endbehandlung, Parkett, Hartöl	3,90 €	m^2	353
0210	Endbehandlung, Parkett wachsen	4,20 €	m^2	353
0300	Parkett schleifen/versiegeln, Wasserlack	26,50 €	m^2	353
0310	Parkett schleifen/versiegeln, PUR-Basis	29,50 €	m^2	353
0400	Endbehandlung Dielen, Hart-Öl-Wachs	3,30 €	m^2	353
028.08	**Schutzabdeckung**			
0010	Schutzabdeckung, Boden, Vlies+OSB	31,00 €	m^2	393
0020	Schutzabdeckung, Boden, Alukarton	3,00 €	m^2	393
028.90	**Stundenlohnarbeiten**			
0010	Stundensatz: Fachwerker	48,00 €	h	399
0020	Stundensatz: Bauhelfer	41,00 €	h	399

Ausbau & Fassade

029 Beschlagarbeiten

029	Beschlagarbeiten			
029.01	**Z-Zentralschließanlage (mech.)**			
0010	Z-Zylinder, 135mm, Außentür	45,00 €	St.	344
0020	Z-Zylinder, 95mm, RR-Innentür	42,50 €	St.	344
0030	Z-Zylinder, 85mm, RR-Tür, innen	41,50 €	St.	344
0050	Z-Zylinder, 65mm, BS/SS-Tür, innen	40,00 €	St.	344
0070	Z-Zylinder, 55mm, Zimmertür	38,50 €	St.	344
0090	Mehr-/Minderlänge Z-Zylinder 5mm	0,40 €	St.	344
0100	Z-Zylinder, 35mm	29,50 €	St.	344
0140	Z-Zylinder, 25mm, Briefkasten	28,50 €	St.	344
0190	Mehr-/Minderlänge Z-Halbzylinder 5mm	0,60 €	St.	344
0200	Vorhängeschloss, 50mm	39,00 €	St.	344
0210	Vorhängeschloss, 70mm	42,50 €	St.	344
0300	Zulage Not-/Gefahrfunktion	1,40 €	St.	344
0310	Zulage Knauf für Profilzylinder	10,50 €	St.	344
0320	Zulage Angriffswiderstandsklasse 2 für RC2	1,20 €	St.	344
0330	zusätzliche Schlüssel bei Erstbestellung	2,70 €	St.	344
0340	zusätzliche Schlüssel als Nachlieferung	8,70 €	St.	344
0500	Blindzylinder, L≤135mm	9,20 €	St.	344
0530	Blindzylinder, L≤65mm	8,10 €	St.	344
029.02	**HS-Hauptschließanlage (mech.)**			
0010	HS-Zylinder, 135mm, Außentür	45,00 €	St.	344
0020	HS-Zylinder, 95mm, RR-Innentür	42,50 €	St.	344
0030	HS-Zylinder, 85mm, RR-Tür, innen	41,50 €	St.	344
0040	HS-Zylinder, 65mm, BS/SS-Tür, innen	40,00 €	St.	344
0050	HS-Zylinder, 55mm, Zimmertür	38,50 €	St.	344
0060	Mehr-/Minderlänge HS-Zylinder 5mm	0,40 €	St.	344
0100	HS-Zylinder, 35mm	29,50 €	St.	344
0110	HS-Zylinder, 25mm, Briefkasten	28,50 €	St.	344
0190	Mehr-/Minderlänge HS-Halbzylinder 5mm	0,60 €	St.	344
0200	Vorhängeschloss, 50mm	39,00 €	St.	344
0210	Vorhängeschloss, 70mm	42,50 €	St.	344
0300	Zulage Not-/Gefahrfunktion	1,40 €	St.	344
0310	Zulage Knauf für Profilzylinder	10,50 €	St.	344
0320	Zulage Angriffswiderstandsklasse 2 für RC2	1,20 €	St.	344
0330	zusätzliche Schlüssel bei Erstbestellung	2,70 €	St.	344
0340	zusätzliche Schlüssel als Nachlieferung	8,70 €	St.	344

0500	Blindzylinder, L≤135mm	9,20 €	St.	344
0510	Blindzylinder, L≤65mm	8,10 €	St.	344
029.03	**GHS-General-Hauptschließanlage (mech.)**			
0010	GHS-Zylinder, 135mm, Außentür	45,00 €	St.	344
0020	GHS-Zylinder, 95mm, RR-Innentür	42,50 €	St.	344
0030	GHS-Zylinder, 85mm, RR-Tür, innen	41,50 €	St.	344
0040	GHS-Zylinder, 65mm, BS/SS-Tür, innen	40,00 €	St.	344
0050	GHS-Zylinder, 55mm, Zimmertür	38,50 €	St.	344
0060	Mehr-/Minderlänge GHS-Zylinder 5mm	0,40 €	St.	344
0100	GHS-Zylinder, 35mm	29,50 €	St.	344
0110	GHS-Zylinder, 25mm, Briefkasten	28,50 €	St.	344
0190	Mehr-/Minderlänge GHS-Halbzylinder 5mm	0,60 €	St.	344
0200	Vorhängeschloss, 50mm	39,00 €	St.	344
0210	Vorhängeschloss, 70mm	42,50 €	St.	344
0300	Zulage Not-/Gefahrfunktion	1,40 €	St.	344
0310	Zulage Knauf für Profilzylinder	10,50 €	St.	344
0320	Zulage Angriffswiderstandsklasse 2 für RC2	1,20 €	St.	344
0330	zusätzliche Schlüssel bei Erstbestellung	2,70 €	St.	344
0340	zusätzliche Schlüssel als Nachlieferung	8,60 €	St.	344
0500	Blindzylinder, L≤135mm	9,20 €	St.	344
0510	Blindzylinder, L≤65mm	8,10 €	St.	344
029.04	**Mechtronische Schließanlage**			
0010	Programmier-, Verwaltungsprogramm	2.330,00 €	St.	344
0020	Programmiersystem/-medien	922,00 €	St.	344
0030	Notbestromung	255,00 €	St.	344
0100	Profildoppelzylinder, beidseitig mechatronisch, 30x30mm	429,00 €	St.	344
0110	Profildoppelzylinder, einseitig mechatronisch, 30x30mm	418,00 €	St.	344
0120	Profilhalbzylinder, mechatronisch, 30mm	404,00 €	St.	344
0200	Profildoppelzylinder, mechatronisch, 60mm	353,00 €	St.	344
0210	Profilhalbzylinder, mechatronisch, 30mm	346,00 €	St.	344
0300	Zulage Mehrlänge je 10mm	15,00 €	St.	344
0310	Schlüssel, mechatronisch, mit elektronischer Freigabeebene	58,00 €	St.	344
0320	Schlüssel, mechatronisch, ohne elektronischer Freigabeebene	19,50 €	St.	344
0330	Gastschlüssel, umprogrammierbar	57,50 €	St.	344
0340	Feuerwehrschlüssel, nicht umprogrammierbar	55,50 €	St.	344

Ausbau & Fassade
014 023 024 025 026 027 028 029 030 031 032 033 034 036 037 038 039 271

029.05	Elektronische Schließanlage			
0010	Programmier-, Verwaltungsprogramm	2.660,00 €	St.	344
0020	Programmiersystem/-medien	736,00 €	St.	344
0030	Notbestromung	242,00 €	St.	344
0100	elektronischer Doppelknaufzylinder, 40x40mm	418,00 €	St.	344
0110	elektronischer Knaufzylinder, 40x40mm	410,00 €	St.	344
0120	elektronischer Halbzylinder	402,00 €	St.	344
0200	Aktivtransponder, Schlüsselanhänger	43,50 €	St.	344
0210	Passivtransponder, Schlüsselanhänger	27,50 €	St.	344
0220	Passivtransponder, Scheckkarte	15,50 €	St.	344
0300	Zulage Mehrlänge je 10mm	14,00 €	St.	344
0310	Zulage Eignung Außenbereich	34,50 €	St.	344
0320	Zulage Einbau in Panikschlössern	163,00 €	St.	344
029.06	**Sonstiges (schließanlagenübergreifend)**			
0010	Schließplan, mechanische Schließanlage, 100St.	206,00 €	psch.	344
0020	Schließplan, mechanische Schließanlage, 500St.	336,00 €	psch.	344
0030	Schließplan, digitale Schließanlage, 100St.	206,00 €	psch.	344
0040	Schließplan, digitale Schließanlage, 500St.	336,00 €	psch.	344
0100	Schlüsselanhänger	0,50 €	St.	344
0110	Schlüsselschrank, 70 Haken	205,00 €	St.	344
0120	Schlüsselschrank, 140 Haken	237,00 €	St.	344
0130	Notschlüsselkasten, verglast, 120x160x50mm	25,50 €	St.	344
029.07	**Briefkastenanlage**			
0010	Briefkastenanlage, freistehend, Alu, 6 Kästen, stehend	1.010,00 €	St.	381
0020	Briefkastenanlage, freistehend, V4A, 6 Kästen, stehend	1.120,00 €	St.	381
0030	Briefkastenanlage, freistehend, Alu, 6 Kästen, liegend	980,00 €	St.	381
0040	Briefkastenanlage, freistehend, V4A, 6 Kästen, liegend	1.070,00 €	St.	381
0100	Briefkastenanlage, wandhängend, Alu, 6 Kästen, stehend	690,00 €	St.	381
0110	Briefkastenanlage, wandhängend, V4A, 6 Kästen, stehend	720,00 €	St.	381
0200	Briefkastenanlage, Durchwurf, Alu, 6 Kästen, liegend	670,00 €	St.	381
0210	Briefkastenanlage, Durchwurf, V4A, 6 Kästen, liegend	710,00 €	St.	381
0300	Briefkastenanlage, Haustür, Alu, 6 Kästen, stehend	790,00 €	St.	381
0310	Briefkastenanlage, Haustür, V4A, 6 Kästen, stehend	820,00 €	St.	381
029.08	**Drücker, Türschließer etc.**			
0010	Austausch BB-Schloss	48,00 €	St.	344
0020	Austausch BB-Schloss mit Garnitur + Rosetten	75,00 €	St.	344
0030	Austausch Bad-Schloss	62,00 €	St.	344

014 023 024 025 026 027 028 029 030 031 032 033 034 036 037 038 039 271
Ausbau & Fassade

0040	Austausch Badschloss mit Garnitur + Kurzschild	87,00 €	St.	344
0050	Austausch Badschloss mit Garnitur + Rosetten	89,00 €	St.	344
0060	Austausch PZ-Schloss	50,00 €	St.	344
0070	Austausch PZ-Schloss mit Garnitur + Kurzschild	75,00 €	St.	344
0080	Austausch PZ-Schloss mit Garnitur + Rosetten	78,00 €	St.	344
0090	Austausch Sicherheitsschloss	103,00 €	St.	344
0100	Austausch Sicherheitsschloss mit Garnitur + Kurzschild	216,00 €	St.	344
0110	Austausch Glastürschloss	48,00 €	St.	344
0120	Austausch RR-Schloss Flachstulp	85,00 €	St.	344
0130	Austausch RR-Schloss U-Stulp	96,00 €	St.	344
0140	Austausch Anti-Panik-Schloss	179,00 €	St.	344
0150	Austausch BB-Möbel-Schloss	42,00 €	St.	344
0200	Austausch BB-Möbel-Stangenschloss	54,00 €	St.	344
0210	Austausch PZ-Möbel-Schloss	58,00 €	St.	344
0220	Austausch PZ-Möbel-Stangenschloss	62,00 €	St.	344
0230	Vorhängeschloss, klein	19,00 €	St.	344
0240	Vorhängeschloss, mittel	35,00 €	St.	344
0250	Vorhängeschloss, PZ-Schließsystem-passend	48,00 €	St.	344
0260	Überwurf Kellertür	16,00 €	St.	344
0300	Drückergarnitur DD, Alu, Rosette	49,00 €	St.	344
0310	Drückergarnitur DD, Alu, Kurzschild	47,00 €	St.	344
0320	Drückergarnitur DD, Alu, Langschild	51,00 €	St.	344
0330	Drückergarnitur DK, Alu, Rosette	59,00 €	St.	344
0340	Drückergarnitur DK, Alu, Kurzschild	57,00 €	St.	344
0350	Drückergarnitur DK, Alu, Langschild	61,00 €	St.	344
0360	Drückergarnitur Bad, Alu, Rosette	53,00 €	St.	344
0370	Drückergarnitur Bad, Alu, Kurzschild	51,00 €	St.	344
0380	Sicherheitsgarnitur DK, Alu, Langschild	55,00 €	St.	344
0390	Drückergarnitur DD, V2A, Rosette	54,00 €	St.	344
0400	Drückergarnitur DD, V2A, Kurzschild	51,00 €	St.	344
0410	Drückergarnitur DD, V2A, Langschild	56,00 €	St.	344
0420	Drückergarnitur DK, V2A, Rosette	64,00 €	St.	344
0430	Drückergarnitur DK, V2A, Kurzschild	62,00 €	St.	344
0440	Drückergarnitur DK, V2A, Langschild	66,00 €	St.	344
0450	Drückergarnitur Bad, V2A, Rosette	58,00 €	St.	344
0460	Drückergarnitur Bad, V2A, Kurzschild	55,00 €	St.	344
0470	Sicherheitsgarnitur DK, V2A, Langschild	61,00 €	St.	344
1000	Zulage OTS, Gleitschiene, Gr. 4, 1-flg.	194,00 €	St.	344

1010	Zulage OTS, Gleitschiene, Gr. 4, 2-flg.	457,00 €	St.	344
1020	Zulage OTS, Gleitschiene, Gr. 5, 1-flg.	305,00 €	St.	344
1030	Zulage OTS, Gleitschiene, Gr. 5, 2-flg.	622,00 €	St.	344
1040	Zulage Bodentürschließer, Gr. 4, 1-flg.	223,00 €	St.	344
1050	Zulage Bodentürschließer, Gr. 5, 1-flg.	305,00 €	St.	344
2000	Drehflügeltürantrieb, 1-flg.	3.399,00 €	St.	344
2010	Drehflügeltürantrieb, 2-flg.	5.977,00 €	St.	344
3000	Zulage Motorschloss, 3-Punktverriegelung	1.043,00 €	St.	344
3010	Zulage Drücker EN1125, 1-flg.	428,00 €	St.	344
3020	Zulage Drücker EN1125, 2-flg.	844,00 €	St.	344
3030	Zulage Vorrüstung elektrischer Türöffner	76,50 €	St.	344
3040	Fingerklemmschutz, Nebenschließkante	188,00 €	St.	344
	ZULAGEN, SONSTIGES			
5010	Zulage Arretierungsmöglichkeit für GLS	14,00 €	St.	344
5020	Türschließer einstellen	12,00 €	St.	344
5030	Türschließerarm oder Gleitschiene erneuern	49,50 €	St.	344
5040	Türschließer Schließfeder erneuern	118,00 €	St.	344
5050	Reparatur elektrischer Türöffner	104,00 €	St.	344
5060	Austausch elektrischer Türöffner	94,00 €	St.	344
5070	Türbodenfeststeller	31,50 €	St.	344
029.50	**Aufkleber, Piktogramme**			
0010	Fluchtwegschild, Folie, selbstklebend	17,50 €	St.	386
0020	Sicherheitssymbol, Folie, selbstklebend	14,00 €	St.	386
0030	Sicherheitssymbol, Kunststoff, gedübelt	42,50 €	St.	386
0040	Aufkleber Freitext	11,00 €	St.	386
029.51	**Flucht-/Rettungswegepläne**			
0010	Datenaufbereitung digital + Gebäudebegehung	661,00 €	psch.	386
0020	Datenaufbereitung analog + Gebäudebegehung	936,00 €	psch.	386
0100	Fluchtwegplan, Rahmen, DINA2	131,00 €	St.	386
0110	Fluchtwegplan, Rahmen, DINA3	94,00 €	St.	386
0120	Fluchtwegplan, Rahmen, DINA4	69,00 €	St.	386
0200	Fluchtwegplan nachleuchtend, DINA2, Rahmen	193,00 €	St.	386
0210	Fluchtwegplan nachleuchtend, DINA3, Rahmen	131,00 €	St.	386
0220	Fluchtwegplan nachleuchtend, DINA4, Rahmen	89,00 €	St.	386
0300	Brandschutzordnung Rahmen, DINA4	72,50 €	St.	386
029.52	**Gebäudeleitsystem**			
0010	Deckenschild, abgehängt, 420x150mm	137,00 €	St.	386
0020	Deckenschild, abgehängt, 595x150mm	208,00 €	St.	386

014 023 024 025 026 027 028 029 030 031 032 033 034 036 037 038 039 271
Ausbau & Fassade

029.53	Türbeschilderung			
0010	Plexiglasschild, Piktogramm, 150x150mm	34,50 €	St.	386
0020	Edelstahlschild, Piktogramm, 100x100mm	22,50 €	St.	386
0100	Türschild, rahmenlos, Acrylglas, 150x150mm	32,50 €	St.	386
0110	Türschild, Stecksystem, Acryglas, 150x150mm	30,00 €	St.	386
0120	Beschriftungsinlett, Türschildstecksystem	9,30 €	St.	386
0130	Türschild mit Wechseleinlage, 175x110mm	42,50 €	St.	386
0140	Beschriftung Türschildwechseleinlage	6,80 €	St.	386
0200	Türschild, Glas, 1x Alu-Klemmschiene, 100x150mm	50,00 €	St.	386
0210	Türschild, Glas, 1x Alu-Klemmschiene, 130x160mm	65,00 €	St.	386
0220	Türschild, Glas, 1x Alu-Klemmschiene, 150x150mm	69,00 €	St.	386
0230	Türschild, Glas, 2x Alu-Klemmschiene, 130x200mm	75,00 €	St.	386
0240	Türschild, Glas, 2x Alu-Klemmschiene, 210x210mm	90,00 €	St.	386
0250	Beschriftung Türschild Klemmeinlage	8,10 €	St.	386
029.90	**Stundenlohnarbeiten**			
0010	Stundensatz: Fachwerker	46,00 €	h	399
0020	Stundensatz: Bauhelfer	38,00 €	h	399

Ausbau & Fassade
014
023
024
025
026
027
028
029
030
031
032
033
034
036
037
038
039
271

Ausbau & Fassade

030 Rollladenarbeiten

030.01	Außenliegender Sonnenschutz
030.02	Innenliegender Blendschutz
030.03	Innenliegende Verdunklung
030.04	Sonstiges
030.90	Stundenlohnarbeiten

030	Rollladenarbeiten			
030.01	**Außenliegender Sonnenschutz**			
0010	Raffstore, elektrisch, Aufsatz-Raffstore, 1,00x1,50m	289,00 €	St.	338
0020	Raffstore, elektrisch, Aufsatz-Raffstore, 1,00x2,50m	329,00 €	St.	338
0030	Raffstore, elektrisch, Aufsatz-Raffstore, 1,00x3,50m	361,00 €	St.	338
0040	Raffstore, elektrisch, Aufsatz-Raffstore, 1,35x1,50m	297,00 €	St.	338
0050	Raffstore, elektrisch, Aufsatz-Raffstore, 1,35x2,50m	353,00 €	St.	338
0060	Raffstore, elektrisch, Aufsatz-Raffstore, 1,35x3,50m	393,00 €	St.	338
0070	Raffstore, elektrisch, Aufsatz-Raffstore, 1,75x1,50m	313,00 €	St.	338
0080	Raffstore, elektrisch, Aufsatz-Raffstore, 1,75x2,50m	369,00 €	St.	338
0090	Raffstore, elektrisch, Vorbau-Raffstore, 1,00x1,50m	257,00 €	St.	338
0100	Raffstore, elektrisch, Vorbau-Raffstore, 1,00x2,50m	305,00 €	St.	338
0110	Raffstore, elektrisch, Vorbau-Raffstore, 1,00x3,50m	321,00 €	St.	338
0120	Raffstore, elektrisch, Vorbau-Raffstore, 1,35x1,50m	265,00 €	St.	338
0130	Raffstore, elektrisch, Vorbau-Raffstore, 1,35x2,50m	313,00 €	St.	338
0140	Raffstore, elektrisch, Vorbau-Raffstore, 1,35x3,50m	369,00 €	St.	338
0150	Raffstore, elektrisch, Vorbau-Raffstore, 1,75x1,50m	273,00 €	St.	338
0160	Raffstore, elektrisch, Vorbau-Raffstore, 1,75x2,50m	329,00 €	St.	338
1000	Raffstore, manuell, Aufsatz-Raffstore, 1,00x1,50m	261,00 €	St.	338
1010	Raffstore, manuell, Aufsatz-Raffstore, 1,00x2,50m	301,00 €	St.	338
1020	Raffstore, manuell, Aufsatz-Raffstore, 1,35x1,50m	269,00 €	St.	338
1030	Raffstore, manuell, Aufsatz-Raffstore, 1,35x2,50m	325,00 €	St.	338
1040	Raffstore, manuell, Aufsatz-Raffstore, 1,75x1,50m	285,00 €	St.	338
1050	Raffstore, manuell, Vorbau-Raffstore, 1,00x1,50m	229,00 €	St.	338
1060	Raffstore, manuell, Vorbau-Raffstore, 1,00x2,50m	277,00 €	St.	338
1070	Raffstore, manuell, Vorbau-Raffstore, 1,35x1,50m	237,00 €	St.	338
1080	Raffstore, manuell, Vorbau-Raffstore, 1,35x2,50m	285,00 €	St.	338
1090	Raffstore, manuell, Vorbau-Raffstore, 1,75x1,50m	245,00 €	St.	338
2000	Fallarmmarkise, elektrisch, 1,00x1,50m	257,00 €	St.	338
2010	Fallarmmarkise, elektrisch, 1,00x2,50m	160,00 €	St.	338
2020	Fallarmmarkise, elektrisch, 1,00x3,50m	342,00 €	St.	338
2030	Fallarmmarkise, elektrisch, 1,35x1,50m	331,00 €	St.	338
2040	Fallarmmarkise, elektrisch, 1,35x2,50m	373,00 €	St.	338
2050	Fallarmmarkise, elektrisch, 1,35x3,50m	426,00 €	St.	338
2060	Fallarmmarkise, elektrisch, 1,75x1,50m	502,00 €	St.	338
2070	Fallarmmarkise, elektrisch, 1,75x2,50m	555,00 €	St.	338
3000	Einbaurollladen, elektrisch, 1,00x1,50m	457,00 €	St.	338
3010	Einbaurollladen, elektrisch, 1,00x2,50m	522,00 €	St.	338

3020	Einbaurollladen, elektrisch, 1,35x1,50m	506,00 €	St.	338
3030	Einbaurollladen, elektrisch, 1,35x2,50m	562,00 €	St.	338
3040	Einbaurollladen, elektrisch, 1,75x1,50m	554,00 €	St.	338
3050	Einbaurollladen, elektrisch, 1,75x2,50m	598,00 €	St.	338
4000	Vorbaurollladen, elektrisch, 1,00x1,50m	465,00 €	St.	338
4010	Vorbaurollladen, elektrisch, 1,00x2,50m	530,00 €	St.	338
4020	Vorbaurollladen, elektrisch, 1,35x1,50m	514,00 €	St.	338
4030	Vorbaurollladen, elektrisch, 1,35x2,50m	578,00 €	St.	338
5000	Senkrechtmarkise, elektrisch, Vorbau, 1,00x1,50m	457,00 €	St.	338
5010	Senkrechtmarkise, elektrisch, Vorbau, 1,00x2,50m	489,00 €	St.	338
5020	Senkrechtmarkise, elektrisch, Vorbau, 1,00x3,50m	522,00 €	St.	338
5030	Senkrechtmarkise, elektrisch, Vorbau, 1,35x1,50m	493,00 €	St.	338
5040	Senkrechtmarkise, elektrisch, Vorbau, 1,35x2,50m	526,00 €	St.	338
5050	Senkrechtmarkise, elektrisch, Vorbau, 1,35x3,50m	558,00 €	St.	338
5060	Senkrechtmarkise, elektrisch, Vorbau, 1,75x1,50m	530,00 €	St.	338
5070	Senkrechtmarkise, elektrisch, Vorbau, 1,75x2,50m	562,00 €	St.	338
6000	Verkleidungskasten, Vorbau	129,00 €	m	338
6010	Fluchtwegsicherung, Motorsteuereinheit	957,00 €	St.	338
6020	Steuerungszentrale (Sonnenschutz)	6.790,00 €	St.	338
6030	Messwertgeber (Wetterstation)	337,00 €	St.	338
6040	Motorsteuereinheit, 1 Antriebsmotor	106,00 €	St.	338
6050	Motorsteuereinheit, 4 Antriebsmotoren	344,00 €	St.	338
6060	Motorsteuereinheit, 6 Antriebsmotoren	443,00 €	St.	338
6070	Erstinbetriebnahme Raffstore + Markisol	439,00 €	psch.	338
030.02	**Innenliegender Blendschutz**			
0010	1-lfg.-Schiene für Vertikallamellen, weiß	19,50 €	m	338
0020	1-lfg.-Schiene für Vertikallamellen, eloxiert	21,50 €	m	338
0030	Zulage Wandbefestigung für Schiene Vertikallamellen	13,50 €	m	338
0040	Vertikallamellen, 2,00x2,00m, 1-tlg.	135,00 €	St.	338
0050	Vertikallamellen, 2,00x3,50m, 1-tlg.	266,00 €	St.	338
0060	Vertikallamellen, 5,00x2,00m, 2-tlg.	402,00 €	St.	338
0070	Vertikallamellen, 2,00x3,50m, 2-tlg.	336,00 €	St.	338
0080	Vertikallamellen, 3,50x3,50m, 2-tlg.	483,00 €	St.	338
0090	Vertikallamellen, 5,00x3,50m, 2-tlg.	560,00 €	St.	338
1000	1-lfg.-Schiene für Faltenvorhang, weiß	16,50 €	m	338
1010	2-lfg.-Schiene für Faltenvorhang, weiß	17,50 €	m	338
1020	4-lfg.-Schiene für Faltenvorhang, weiß	22,00 €	m	338
1030	1-lfg.-Schiene für Faltenvorhang, eloxiert	20,50 €	m	338

1040	2-lfg.-Schiene für Faltenvorhang, eloxiert	21,50 €	m	338
1050	4-lfg.-Schiene für Faltenvorhang, eloxiert	23,50 €	m	338
1060	Zulage Wandbefestigung für 1-lfg. Schiene Faltenvorhang	13,50 €	m	338
1070	Zulage Wandbefestigung für 2-lfg. Schiene Faltenvorhang	14,00 €	m	338
1080	Zulage Wandbefestigung für 4-lfg. Schiene Faltenvorhang	17,50 €	m	338
1090	Blendschutzvorhang, senkrechte Falten, 2-tlg., 2,00x2,00m	210,00 €	St.	338
1100	Blendschutzvorhang, senkrechte Falten, 2-tlg., 3,50x2,00m	370,00 €	St.	338
1110	Blendschutzvorhang, senkrechte Falten, 2-tlg., 5,00x2,00m	565,00 €	St.	338
1120	Blendschutzvorhang, senkrechte Falten, 2-tlg., 2,00x3,50m	410,00 €	St.	338
1130	Blendschutzvorhang, senkrechte Falten, 2-tlg., 3,50x3,50m	485,00 €	St.	338
1140	Blendschutzvorhang, senkrechte Falten, 2-tlg., 5,00x3,50m	635,00 €	St.	338
2000	Blendschutz-Trägerrollo, 1,00x1,70m	121,00 €	St.	338
2010	Blendschutz-Trägerrollo, 2,00x1,70m	233,00 €	St.	338
2020	Blendschutz-Trägerrollo, 1,00x2,30m	141,00 €	St.	338
2030	Blendschutz-Trägerrollo, 2,00x2,30m	269,00 €	St.	338
2040	Blendschutz-Trägerrollo, 1,00x3,50m	521,00 €	St.	338
2050	Blendschutz-Trägerrollo, 2,00x3,50m	770,00 €	St.	338
2060	Blendschutz-Kassettenrollo, 1,00x1,70m	270,00 €	St.	338
2070	Blendschutz-Kassettenrollo, 2,00x1,70m	395,00 €	St.	338
2080	Blendschutz-Kassettenrollo, 1,00x2,30m	352,00 €	St.	338
2090	Blendschutz-Kassettenrollo, 2,00x2,30m	465,00 €	St.	338
2100	Blendschutz-Kassettenrollo, 1,00x3,50m	680,00 €	St.	338
2110	Blendschutz-Kassettenrollo, 2,00x3,50m	865,00 €	St.	338
3000	1-lfg.-Schiene für Flächenvorhang, weiß	16,50 €	m	338
3010	2-lfg.-Schiene für Flächenvorhang, weiß	17,50 €	m	338
3020	1-lfg.-Schiene für Flächenvorhang, eloxiert	18,50 €	m	338
3030	2-lfg.-Schiene für Flächenvorhang, eloxiert	19,50 €	d	338
3040	Zulage Wandbefestigung Flächenvorhang	8,20 €	m	338
3050	Flächenvorhang 1-tlg., 1,00x1,70m	56,00 €	St.	338
3060	Flächenvorhang 2-tlg., 2,00x1,70m	103,00 €	St.	338
3070	Flächenvorhang 1-tlg., 1,00x2,30m	102,00 €	St.	338
3080	Flächenvorhang 2-tlg., 2,00x2,30m	171,00 €	St.	338
3090	Flächenvorhang 1-tlg., 1,00x3,50m	125,00 €	St.	338

3100	Flächenvorhang 2-tlg., 2,00x3,50m	231,00 €	St.	338
3110	Flächenvorhang 4-tlg., 3,50x3,50m	343,00 €	St.	338
3120	Flächenvorhang 5-tlg., 3,50x4,50m	485,00 €	St.	338
4000	Zulage außenliegendes Beschwerungsprofil, 600-1250mm	8,00 €	m	338
4010	Zulage Vorhangschiene oberflächenbündig in GK-Decke	35,50 €	m	338
4020	Zulage Flächenvorhang schalldämmend, aw=0.45-0.60	6,50 €	m²	338
4030	Zulage Montage Stb.-Decke	4,30 €	m	338
030.03	**Innenliegende Verdunklung**			
1000	Verdunklungs-Kassettenrollo, 1,00x1,70m, manuell	495,00 €	St.	338
1010	Verdunklungs-Kassettenrollo, 2,00x1,70m, manuell	608,00 €	St.	338
1020	Verdunklungs-Kassettenrollo, 1,00x2,30m, manuell	632,00 €	St.	338
1030	Verdunklungs-Kassettenrollo, 2,00x2,30m, manuell	820,00 €	St.	338
1040	Verdunklungs-Kassettenrollo, 1,00x3,50m, manuell	805,00 €	St.	338
1050	Verdunklungs-Kassettenrollo, 2,00x3,50m, manuell	1.010,00 €	St.	338
2000	elektrisches Verdunklungs-Kassettenrollo, 1,00x1,70m	740,00 €	St.	338
2010	elektrisches Verdunklungs-Kassettenrollo, 2,00x1,70m	858,00 €	St.	338
2020	elektrisches Verdunklungs-Kassettenrollo, 1,00x2,30m	882,00 €	St.	338
2030	elektrisches Verdunklungs-Kassettenrollo, 2,00x2,30m	1.065,00 €	St.	338
2040	elektrisches Verdunklungs-Kassettenrollo, 1,00x3,50m	1.045,00 €	St.	338
2050	elektrisches Verdunklungs-Kassettenrollo, 2,00x3,50m	1.245,00 €	St.	338
030.04	**Sonstiges**			
0010	Verkleidungskasten, Vorbau	129,00 €	m	338
0020	Fluchtwegsicherung, Motorsteuereinheit	957,00 €	St.	338
0030	Steuerungszentrale (Sonnenschutz)	6.790,00 €	St.	338
0040	Messwertgeber (Wetterstation)	337,00 €	St.	338
0050	Motorsteuereinheit, 1 Antriebsmotor	106,00 €	St.	338
0060	Motorsteuereinheit, 4 Antriebsmotoren	344,00 €	St.	338
0070	Motorsteuereinheit, 6 Antriebsmotoren	443,00 €	St.	338
0080	Erstinbetriebnahme Raffstore + Markisol	439,00 €	psch.	338
0100	Wartung Sonnenschutz	9,50 €	St.	338
030.90	**Stundenlohnarbeiten**			
0010	Stundensatz: Fachwerker	46,00 €	h	399
0020	Stundensatz: Bauhelfer	33,00 €	h	399

Ausbau & Fassade

031 Metallbauarbeiten

031	Metallbauarbeiten			
031.01	**Stahlgeländer**			
0010	Geländer, Füllstäbe, Handlauf, grundiert, H=1,10m	337,00 €	m	359
0020	Geländer, Füllstäbe, Handlauf, verzinkt, H=1,10m	387,00 €	m	359
0030	Eckausbildung/Verkröpfung	49,00 €	St.	359
0040	Zulage Stahlgeländer, gerundet	70,00 €	m	359
0100	Geländer, Füllstäbe, VA-Handlauf, grundiert, H=1,10m	349,00 €	m	359
0110	Geländer, Füllstäbe, VA-Handlauf, verzinkt, H=1,10m	418,00 €	m	359
0120	Eckausbildung/Verkröpfung	52,50 €	St.	359
0130	Zulage Stahlgeländer, gerundet	74,00 €	m	359
0200	Geländer, Füllstäbe, Handlauf, verzinkt, H=1,10m	384,00 €	m	359
0210	Eckausbildung/Verkröpfung	64,00 €	St.	359
0220	Zulage Stahlgeländer, gerundet	99,00 €	m	359
0300	Geländer, Füllstäbe, VA-Handlauf, verzinkt, H=1,10m	405,00 €	m	359
0310	Eckausbildung/Verkröpfung	65,00 €	St.	359
0320	Zulage Stahlgeländer, gerundet	102,00 €	m	359
0400	Zulage 2. Handlauf, grundiert	56,50 €	m	359
0410	Zulage 2. Handlauf, verzinkt	61,50 €	m	359
0420	Zulage 2. Handlauf, VA	92,50 €	m	359
0430	Zulage umlaufender Handlauf, grundiert	91,50 €	m	359
0440	Zulage umlaufender Handlauf, verzinkt	96,50 €	m	359
0450	Zulage umlaufender Handlauf, VA	127,00 €	m	359
0460	Zulage Stahl-Handlaufenden abgerundet	40,00 €	St.	359
0470	Zulage VA-Handlaufenden abgerundet	42,50 €	St.	359
031.02	**Ganzglasgeländer**			
0010	Ganzglasgeländer, eingespannt, VA-Handlauf, H=1,10m	829,00 €	m	359
0020	Eckausbildung/Verkröpfung	94,00 €	St.	359
0030	Zulage Ganzglasgeländer, gerundet	1.190,00 €	m	359
0100	Ganzglasgeländer, eingespannt, Holz-Handlauf, H=1,10m	917,00 €	m	359
0110	Eckausbildung/Verkröpfung	109,00 €	St.	359
0120	Zulage Ganzglasgeländer, gerundet	1.370,00 €	m	359
0200	Zulage 2. Handlauf, VA	92,50 €	m	359
0210	Zulage Umlaufender Handlauf, VA	127,00 €	m	359
0220	Zulage VA-Handlaufenden abgerundet	42,50 €	St.	359
031.03	**Industriegeländer**			
0010	Geländer, Kniestab, Handlauf, verzinkt, H=1,10m	206,00 €	m	359
0020	Zulage Tor, 1-flg., B=1,00m	811,00 €	St.	359

0030	Eckausbildung/Verkröpfung	40,00 €	St.	359
0040	Zulage Stahlgeländer, gerundet	54,00 €	m	359
0100	Steckgeländer, Kniestab, Handlauf, verzinkt, H=1,10m	202,00 €	m	359
0110	Verkröpfung/Verzüge	42,50 €	St.	359
0120	Zulage Steckgeländer, gerundet	54,00 €	m	359
031.04	**Sichtschutzwände**			
0010	Sichtschutzwand, Alu, eloxiert, VSG, 1,50x2,00m	1.515,00 €	St.	359
0020	Sichtschutzwand, Alu, pulverbeschichtet, VSG, 1,50x2,00m	1.630,00 €	St.	359
0030	Sichtschutzwand, Stahl, verzinkt, VSG, 1,50x2,00m	1.720,00 €	St.	359
031.05	**Absturzsicherungen, Fenstergitter**			
0010	Absturzsicherung, Rundstahl, verzinkt	137,00 €	m	334
0020	Absturzsicherung, Rundstahl, VA	155,00 €	m	334
0100	Fenstergeländer, verzinkter Stahl, 1,00x1,00m	397,00 €	St.	334
0200	Fenstergitter, verzinkter Stahl, 1,385x1,385m	49,00 €	St.	334
0210	Fenstergitter, verzinkter Stahl, 1,20x0,50m	300,00 €	St.	334
0220	Gittertür, verzinkter Stahl, 1,00x2,20m	2.120,00 €	St.	334
031.06	**Handläufe**			
0010	Handlauf, Rundstahl, grundiert, d=42,4mm	59,00 €	m	359
0020	Handlauf, Rundstahl, verzinkt, d=42,4mm	64,00 €	m	359
0030	Eckausbildung/Verkröpfung	40,00 €	St.	359
0040	Zulage Handlauf, gerundet	29,00 €	m	359
0050	Zulage Handlaufenden abgerundet	39,00 €	St.	359
0100	Stahlhandlauf, Rundstahl, V2A, d=42,4mm	99,00 €	m	359
0110	Stahlhandlauf, Rundstahl, V4A, d=42,4mm	151,00 €	m	359
0120	Eckausbildung/Verkröpfung	51,50 €	St.	359
0130	Zulage Handlauf, gerundet	34,00 €	m	359
0140	Zulage Handlaufenden abgerundet	42,50 €	St.	359
0200	Holzhandlauf, rund, Eiche, d=45mm	106,00 €	m	359
0210	Eckausbildung/Verkröpfung	66,50 €	St.	359
0220	Zulage Handlauf, gerundet	72,50 €	m	359
0230	Zulage Handlaufenden abgerundet	64,00 €	St.	359
031.07	**Treppen**			
0010	Treppe, 3 Stg., Gitterrost, Geländer, B=1,00m	1.590,00 €	St.	359
0020	Treppe, 5 Stg., Gitterrost, Geländer, B=1,00m	2.935,00 €	St.	359
0030	Treppe, 5 Stg., Gitterrost, Podest, Geländer, B=1,00m	3.815,00 €	St.	359
0040	Treppe, 14 Stg., Gitterrost, Podest, Geländer, B=1,00m	9.085,00 €	St.	359
0050	Treppe, 24 Stg., Gitterrost, Podest, Geländer, B=1,00m	17.130,00 €	St.	359

Ausbau & Fassade
014 023 024 025 026 027 028 029 030 031 032 033 034 036 037 038 039 271

0100	Treppe, gewendelt, 14 Stg., Gitterrost, Podest, Geländer, B=1,00m	13.150,00 €	St.	359
0200	Spindeltreppe, Gitterrost Geländer, Ø=2,20m	531,00 €	Stg.	359
0210	Zulage Podest, Gitterrost, <45°	461,00 €	m^2	359
0220	Zulage Podest, Gitterrost, <90°	493,00 €	m^2	359
0230	Zulage Podest, Gitterrost, <135°	511,00 €	m^2	359
0240	Zulage Podestanbindung, Gitterrost, <2,50m^2	2.305,00 €	m^2	359
0250	Zulage Gittereinhausung, Spindeltreppe	5.830,00 €	St.	359
0300	Zweiholmtreppe, gerade, Stahl, MSH 100x60mm	574,00 €	Stg.	359
0310	Zweiholmtreppe, gerade, Stahl, IPE120	524,00 €	Stg.	359
0320	Wangentreppe, gerade, Flachstahl, 240x15mm	555,00 €	Stg.	359
0330	Wangentreppe, gerade, Stahl, U200	511,00 €	Stg.	359
0400	Zweiholmtreppe, gewendelt, Stahl, MSH 100x60mm	807,00 €	Stg.	359
0410	Zweiholmtreppe, gewendelt, Stahl, IPE 120	773,00 €	Stg.	359
0420	Wangentreppe, gerade, Flachstahl, 240x15mm	798,00 €	Stg.	359
0430	Wangentreppe, gerade, Stahl, U200	761,00 €	Stg.	359
0500	Treppenpodest, MSH 100x60mm	355,00 €	m	359
0510	Treppenpodest, IPE 120	324,00 €	m	359
0520	Treppenpodest, Flachstahl, 240x15mm	343,00 €	m	359
0530	Treppenpodest, Stahl, U200	337,00 €	m	359
031.08	**Gitterroste, Blechabdeckungen**			
0010	Gitterrost, begehbar, MW 30x10mm	162,00 €	m^2	359
0020	Gitterrost, Pkw befahrbar, MW 30x10mm	306,00 €	m^2	359
0030	Gitterrost, Lkw befahrbar, MW 30x10mm	324,00 €	m^2	359
0040	begehbare Installationsschachtebene, Gitterrost	343,00 €	m^2	359
0100	Lichtschachtgitterrost, begehbar, 90x120cm	355,00 €	St.	359
0110	Lichtschachtgitterrost, Pkw befahrbar, 90x120cm	505,00 €	St.	359
0120	Lichtschachtgitterrost, Lkw befahrbar, 90x120cm	605,00 €	St.	359
0130	Sicherungsvorrichtung Gitterrost	37,50 €	St.	359
0140	Klappeinrichtung Gitterroste	81,50 €	St.	359
0200	Riffelblechabdeckung, begehbar, 60x60cm	293,00 €	St.	359
0210	Riffelblechabdeckung, begehbar, 80x80cm	437,00 €	St.	359
0220	Riffelblechabdeckung, begehbar, 100x100cm	549,00 €	St.	359
031.09	**Lüftungsgitter**			
0010	Lüftungsgitter, Lamellen, <0,50m^2	960,00 €	m^2	339
0020	Lüftungsgitter, Lamellen, <1,00m^2	524,00 €	m^2	339
0030	Lüftungsgitter, Lamellen, >1,00m^2	427,00 €	m^2	339
0100	Lüftungsgitter, Alu-Lamellen, <0,50m^2	723,00 €	m^2	339

0110	Lüftungsgitter, Alu-Lamellen, <1,00m²	524,00 €	m²	339
0120	Lüftungsgitter, Alu-Lamellen, >1,00m²	400,00 €	m²	339
031.10	**Sichtschutzwände**			
0010	Sichtschutz, Alu-Lamelle, Tragkonstruktion	368,00 €	m²	337
0020	Zulage Tür, 1-flg., 1,01x2,135m	389,00 €	St.	337
0030	Zulage Anarbeitung Geräte/Leitungen	15,00 €	St.	337
0040	Sichtschutz, Gitterrost, MW 30x30mm	449,00 €	m²	337
0050	Zulage Tür, 1-flg., 1,01x2,135m	399,00 €	St.	337
0060	Zulage Anarbeitung Geräte/Leitungen	20,00 €	St.	337
0070	Sichtschutz, Alu-Wellblech, Tragkonstruktion	402,00 €	m²	337
0080	Zulage Tür, 1-flg., 1,01x2,135m	387,00 €	St.	337
0090	Zulage Anarbeitung Geräte/Leitungen	15,00 €	St.	337
0100	Sichtschutz, Trapezblech, Tragkonstruktion	343,00 €	m²	337
0110	Zulage Tür, 1-flg., 1,01x2,135m	387,00 €	St.	337
0120	Zulage Anarbeitung Geräte/Leitungen	15,00 €	St.	337
0130	Zulage Fußpunktausbildung, Unterkonstruktion	69,00 €	St.	337
031.11	**Vordächer**			
0010	Glasvordach, Edelstahl, 6,50x1,50m	1.220,00 €	m²	361
0020	Glasvordach, Stahl, pulverbeschichtet, 10,00x5,90m	1.020,00 €	m²	361
0030	Glasvordach, Stahl, pulverbeschichtet, 2,15x2,15m	973,00 €	m²	361
0040	Glasvordach, Stahl, pulverbeschichtet, 1,70x2,30m	867,00 €	m²	361
031.12	**Stoßabweiser und Eckschutz**			
0010	Stahlpoller, H=60cm	287,00 €	St.	339
0020	Stahlpoller, H=100cm	349,00 €	St.	339
0030	Stahlpoller, ausbetoniert, Fundament, H=120cm	1.335,00 €	St.	339
0040	Einfahrhilfen, beidseitig, Stahlrundrohr	935,00 €	St.	399
0050	Anfahrschutz, Quadratrohr, H=100cm, lackiert	1.195,00 €	St.	339
0060	Stahlschutzbügel, BxH=135x80cm	1.240,00 €	St.	339
0070	Stahlschutzbügel, BxH=100x100cm	1.160,00 €	St.	339
0080	Eckschutzschienen, Edelstahl, 50x50x4mm	56,50 €	m	339
0090	Eckschutzschienen, Stahl, verzinkt, 50x50x4mm	45,00 €	m	339
031.13	**Randwinkel und Kleineisenteile**			
0010	Kleineisenteile, grundiert, <10kg	6,40 €	kg	399
0020	Kleineisenteile, feuerverzinkt, <10kg	9,70 €	kg	399
0030	Walzprofilstahl, grundiert	4,70 €	kg	399
0040	Walzprofilstahl, feuerverzinkt	5,60 €	kg	399
0100	Hohl-/Schweißprofile, Stahl, grundiert	6,10 €	kg	399
0110	Hohl-/Schweißprofile, Stahl, feuerverzinkt	7,20 €	kg	399

0120	Hohlprofile, Edelstahl, V2A	23,50 €	kg	399
0130	Hohlprofile, Edelstahl, V4A	35,50 €	kg	399
0200	Winkelstahl, feuerverzinkt, 50x50x4mm	67,50 €	m	399
0210	Winkelstahl, feuerverzinkt, 80x80x8mm	79,00 €	m	399
0220	Winkelstahl, feuerverzinkt, 100x100x5mm	121,00 €	m	399
0230	Winkelstahl, feuerverzinkt, 100x50x6mm	92,50 €	m	399
031.14	**Leitern**			
0010	Steigleiter mit Rückenschutz	564,00 €	m	359
0020	Zulage Ausstiegsgeländer und -sicherung	960,00 €	St.	359
0030	Zulage Ausstiegstritt	399,00 €	St.	359
0040	Zulage Umsteigebühne	511,00 €	St.	359
0050	Umsteige-/Austrittspodest, 1,00x1,00m	437,00 €	St.	359
0060	Aufstiegsschutz, Sicherungstür	698,00 €	St.	359
0100	Leiter, Alu, H=6,00m	1.620,00 €	St.	359
0110	Leiter, Alu, H=3,50m	804,00 €	St.	359
0200	Steigeisen, Stahl, feuerverzinkt	49,50 €	St.	359
031.15	**Schiebetore**			
0010	Schiebetor, Laufschiene, elektrisch, 3,00x2,00m	7.770,00 €	St.	541
0020	Schiebetor, Laufschiene, elektrisch, 4,00x2,00m	8.570,00 €	St.	541
0030	Schiebetor, Laufschiene, elektrisch, 5,00x2,00m	9.540,00 €	St.	541
0040	Induktionsschleife zur Fahrzeugerkennung	334,00 €	St.	541
0050	Stele mit Schlüsselschalter	736,00 €	St.	541
031.16	**Technikaufbauten/Wartungsstege**			
0010	Tragkonstruktion Profilstahl, verzinkt	4.715,00 €	t	399
0020	Gitterroste Wartungsstege, MW 30x30mm	111,00 €	m^2	399
0030	Stützenfuß Aufständerung, Rohrprofil 150x8mm, H=50cm	29,00 €	St.	399
031.17	**Einbauteile, Anschlagpunkte**			
0010	Fensteranschlagpunkt, Personensicherung	108,00 €	St.	334
0020	Fensteranschlagpunkt, abnehmbar, AHD	205,00 €	St.	334
0030	Unterkonstruktion Waschtischanlagen	218,00 €	St.	399
0040	Blechwanne, Sauberlauf, VA, 400x350x6cm	1.385,00 €	St.	353
031.90	**Stundenlohnarbeiten**			
0010	Stundensatz: Fachwerker	50,50 €	h	399
0020	Stundensatz: Helfer	45,50 €	h	399

Ausbau & Fassade

032 Verglasungsarbeiten

032	Verglasungsarbeiten			
032.01	**Profilbauglasfassade**			
0010	technische Bearbeitung, Montageplanung	1.900,00 €	psch.	335
0020	Unterkonstruktion, Stahl, S235, verzinkt	32,00 €	m	335
0030	Zulage Unterkonstruktion, gerundet	4,30 €	kg	335
0040	PBG-Fassade, 1-schalig, Alurahmen	240,00 €	m^2	335
0050	Zulage PBG-Fassade, 1-schalig, gerundet	263,00 €	m^2	335
0060	PBG-Fassade, 2-schalig, Alurahmen	297,00 €	m^2	335
0070	Zulage PBG-Fassade, 2-schalig, gerundet	320,00 €	m^2	335
0080	An-/Abschlussprofile, Alu	30,00 €	m	335
0090	transluzente Wärmedämmung	95,00 €	m^2	335
0100	Zulage Sicherheitsverglasung	80,00 €	m^2	335
0110	Zulage Wärmeschutzverglasung	50,50 €	m^2	335
0120	Zulage Sonnenschutzverglasung	71,00 €	m^2	335
0130	Zulage schräger An-/Abschluss	32,00 €	m	335
032.02	**Verglasungen**			
032.02.01	**Einfachverglasungen**			
0010	Einfachverglasung, Floatglas, klar, 4mm	15,50 €	m^2	344
0020	Einfachverglasung, Floatglas, klar, 6mm	25,00 €	m^2	344
0030	Einfachverglasung, Floatglas, klar, 8mm	31,00 €	m^2	344
0100	ESG-H Verglasung, klar, 8mm	47,50 €	m^2	344
0200	VSG-Verglasung, klar, 2x4mm	42,50 €	m^2	344
032.02.02	**Wärmeschutzverglasungen**			
0010	Isolierverglasung, 2fach, Ug=1,1	41,00 €	m^2	334
0020	Isolierverglasung, 2fach, Ug=0,9	45,00 €	m^2	334
0030	Isolierverglasung, 3fach, Ug=0,7	71,00 €	m^2	334
0100	Zulage Sonnenschutzverglasung	41,00 €	m^2	334
0110	Zulage ESG-H, 4mm	21,00 €	m^2	334
0120	Zulage VSG, 6mm, 33.1	43,00 €	m^2	334
0130	Zulage VSG aus 2x4mm ESG-H	55,00 €	m^2	334
0140	Zulage durchwurfhemmende Verglasung, P4A/RC2	75,00 €	m^2	334
0150	Zulage durchwurfhemmende Verglasung, P5A/RC3	60,00 €	m^2	334
0160	Zulage durchbruchhemmende Verglasung, P6B/RC4	102,00 €	m^2	334
032.02.03	**Brandschutzverglasungen**			
0010	Brandschutzverglasung, F30/EI30	270,00 €	m^2	344
0020	Brandschutzisolierglas, F30/EI30	414,00 €	m^2	344
0100	Brandschutzverglasung, F90/EI90	722,00 €	m^2	344
0110	Brandschutzisolierglas, F90/EI90	946,00 €	m^2	344

032.02.04	Duschabtrennungen			
0010	Duschabtrennung, 1-tlg., ESG-H, 90x200cm	856,00 €	St.	349
0020	Duschabtrennung Badewannenaufsatz, 1-tlg., ESG-H, 90x150cm	708,00 €	St.	349
0030	Duschtür, 1-flg., ESG-H, 90x200cm	1.710,00 €	St.	349
0040	Duschabtrennung, 2-tlg., ESG-H, 90/90x200cm	2.395,00 €	St.	349
0050	Duschabtrennung, 2-tlg., ESG-H, 90x150/75x150cm	1.710,00 €	St.	349
0060	Duschabtrennung, 3-tlg., ESG-H, 80/90/80x200cm	2.625,00 €	St.	349
0070	Duschtür, 2-flg., ESG-H, klar, 120x200cm	1.025,00 €	St.	349
0080	Duschabtrennung, 2-tlg., ESG-H, 120/90x200cm	1.885,00 €	St.	349
0090	Duschabtrennung, 3-tlg., ESG-H, 75/170/75x150cm	2.740,00 €	St.	349
0100	Zulage Türbänder 1-seitig eingelassen	41,00 €	St.	349
032.02.05	**Spiegel**			
0010	Kristallspiegel, 40x60cm	59,50 €	St.	349
0020	Kristallspiegel, 60x80cm	64,00 €	St.	349
0030	Kristallspiegel, 80x120cm	76,50 €	St.	349
0040	Kristallspiegelverglasung, flächig, >1,00m²	43,50 €	m²	349
032.02.06	**Zulagen, Allgemein**			
0010	Zulage Floatglas, satiniert	377,00 €	m²	334
0020	Zulage Floatglas, foliert	97,00 €	m²	334
0030	Zulage Floatglas, bedruckt/emalliert	23,00 €	m²	334
0040	Zulage Floatglas strukturiert, Masterglas	46,00 €	m²	334
0050	Zulage Floatglas strukturiert, Ornament	34,50 €	m²	334
0060	Zulage Bohrung, Floatglas, Ø<20mm	4,50 €	St.	334
0070	Zulage Bohrung, Floatglas, Ø>20mm	6,90 €	St.	334
0080	Ausschnitte, Floatglas	28,50 €	St.	334
032.90	**Stundenlohnarbeiten**			
0010	Stundensatz: Fachwerker	51,00 €	h	399
0020	Stundensatz: Helfer	42,50 €	h	399

Ausbau & Fassade

033 Baureinigungsarbeiten

033	Baureinigungsarbeiten			
033.01	**Grobreinigung Komplettleistung**			
0010	Grobreinigung, innen	0,80 €	m^2	397
0020	Grobreinigung, außen	0,40 €	m^2	397
033.02	**Baufeinreinigung Komplettleistung**			
0010	Feinreinigung NF, OG komplett	3,30 €	m^2	397
0020	Feinreinigung TRH, NNF, TG komplett	1,90 €	m^2	397
0030	Feinreinigung Technikbereich komplett	2,10 €	m^2	397
0040	Feinreinigung Außenflächen	0,70 €	m^2	397
0100	Nachreinigungsgang, NF OG komplett	0,80 €	m^2	397
0110	Nachreinigungsgang, TRH, NNF, TG komplett	0,60 €	m^2	397
0120	Nachreinigungsgang, Technikbereich komplett	1,00 €	m^2	397
0200	Zwischenreinigung, innen, während Bauzeit	1,00 €	m^2	397
033.03	**Baufeinreinigung Bereiche (Einheiten)**			
0010	Baufeinreinigung Sanitäreinheiten	4,20 €	m^2	397
0020	Baufeinreinigung Büroeinheiten	1,80 €	m^2	397
0030	Baufeinreinigung Wohneinheiten	1,90 €	m^2	397
0040	Baufeinreinigung Verkehrs-/Technikflächen	1,80 €	m^2	397
0050	Baufeinreinigung Aufzugskabine, 1,10x2,10x2,20m	7,00 €	St.	397
0060	Baufeinreinigung Fassade/Metall, Glas	2,50 €	m^2	397
0070	Baufeinreinigung Dach	1,00 €	m^2	397
033.04	**Sonstige besondere Leistungen**			
0020	Aufstellen eines Reinigungsbuches	373,00 €	psch.	339
0073	Reinigungskonzept	373,00 €	psch.	339
0100	Sky-Lift, 15,00m	1.490,00 €	St.	397
0110	Gebrauchsüberlassung, Sky-Lift je Tag	298,00 €	St.D	397
0120	fahrbahre Arbeitsbühne, Gr. 2	373,00 €	St.	397
0130	Gebrauchsüberlassung fahrbare Arbeitsbühne, Gr. 2	62,50 €	St.D	397
0140	Steh-/Anlegeleitern, H≥4,00m	1.490,00 €	St.	397
0150	Gebrauchsüberlassung Leiter je Tag	298,00 €	St.D	397
0200	Absetzcontainer, 7,00m^3	65,00 €	St.	396
0210	Absetzcontainer, Deckel, 7,00m^3	68,00 €	St.	396
0220	Abrollcontainer, 10,00m^3, An- und Abfuhr, Grundstandzeit	70,00 €	St.	396
0230	Abrollcontainer, 30,00m^3 , An- und Abfuhr, Grundstandzeit	72,00 €	St.	396
0300	Sortierung/Entsorgung, Baumisch, mineralisch, AVV 170107	129,00 €	t	396
0310	Sortierung/Entsorgung, Kunststoff, AVV 170203	185,00 €	t	396

0320	Sortierung/Entsorgung, Bitumen, AVV 170302	185,00 €	t	396
0330	Sortierung/Entsorgung, Gips, AVV 170802	135,00 €	t	396
0340	Sortierung/Entsorgung, Baumisch, AVV 170904	215,00 €	t	396
0350	Sortierung/Entsorgung, Holz, AVV 170201	196,00 €	t	396
0360	Sortierung/Entsorgung, Dämmung (neu), AVV 170604	265,00 €	t	396
0370	Sortierung/Entsorgung, Eisen + Stahl, AVV 170405	38,00 €	t	396
033.90	**Stundenlohnarbeiten**			
0010	Stundensatz: Reinigungskraft	21,50 €	h	399

Ausbau & Fassade

034 Maler-/Lackiererarbeiten, Beschichtungen

034	Maler-/Lackiererarbeiten, Beschichtungen			
034.01	**Vorbereitende Arbeiten**			
0010	Bodenschutz, PE-Folie	2,20 €	m²	345
0020	Bodenschutz, Filzvlies	5,20 €	m²	345
0030	Bodenschutz, Filzvlies + Hartfaserplatte	20,50 €	m²	345
0040	Schutz Fenster/Türen, PE-Folie	3,10 €	m²	345
0050	Schutz Einrichtungsgegenstände, PE-Folie	2,30 €	m²	345
0060	Demontage Sockelleisten	2,20 €	m	394
0100	Tapeten ablösen	1,50 €	m²	345
0110	Druckwasserstrahlen, Reinigung	8,50 €	m²	395
0120	Trockenstrahlen, Reinigung	6,90 €	m²	395
0130	Oberflächen entlacken, abbeizen	23,50 €	m²	395
0140	Oberflächen entlacken, Heißluft	22,50 €	m²	395
0200	Grundierung, Tiefgrund	1,60 €	m²	345
0210	Grundierung, Sperr-/Isoliergrund	5,70 €	m²	345
0220	Grundierung, Haftgrund	2,90 €	m²	345
0230	Grundierung, Flüssig-Makulatur	1,90 €	m²	345
0240	Risse in Putzfläche schließen, vollflächig	9,90 €	m²	395
0250	Risse in Putzfläche schließen, teilflächig	6,00 €	m²	395
0260	Putzschlitze schließen, bis 15cm²	6,80 €	m	395
0270	größere Löcher und Fehlstellen schließen	4,90 €	m²	395
0280	Glas-/Malervlies, vollflächig	5,70 €	m²	345
0300	Wandspachtelung, vollflächig, PIV, Q2	10,50 €	m²	345
0310	Wandspachtelung, vollflächig, PIV, Q3	12,00 €	m²	345
0320	Wandspachtelung, vollflächig, PIV, Q4	14,50 €	m²	345
0400	Wandspachtelung, teilflächig, PIV, Q2	4,00 €	m²	345
0410	Wandspachtelung, teilflächig, PIV, Q3	4,70 €	m²	345
0500	Zulage Untergrundausgleich, >5<15mm	7,10 €	m²	345
0600	Laibungsspachtelung, vollflächig, PIV, Q2	4,60 €	m	345
0610	Laibungsspachtelung, vollflächig, PIV, Q3	5,10 €	m	345
0620	Laibungsspachtelung, vollflächig, PIV, Q4	5,80 €	m	345
0700	Stützenspachtelung, eckig, vollflächig, PIV, Q2	15,00 €	m²	345
0710	Stützenspachtelung, eckig, vollflächig, PIV, Q3	17,00 €	m²	345
0720	Stützenspachtelung, eckig, vollflächig, PIV, Q4	18,50 €	m²	345
0800	Stützenspachtelung, rund, vollflächig, PIV, Q2	21,50 €	m²	345
0810	Stützenspachtelung, rund, vollflächig, PIV, Q3	23,00 €	m²	345
0820	Stützenspachtelung, rund, vollflächig, PIV, Q4	24,50 €	m²	345

0900	Deckenspachtelung, vollflächig, PIV, Q2	13,00 €	m^2	354
0910	Deckenspachtelung, vollflächig, PIV, Q3	14,50 €	m^2	354
0920	Deckenspachtelung, vollflächig, PIV, Q4	16,00 €	m^2	354
1000	Deckenspachtelung, teilflächig, PIV, Q2	6,80 €	m^2	354
1010	Deckenspachtelung, teilflächig, PIV, Q3	7,50 €	m^2	354
1100	Fugenspachtelung, Filigrandecke	6,00 €	m^2	354
1110	Treppenspachtelung, vollflächig, PIV, Q3	16,50 €	m^2	354
1120	Treppenspachtelung, teilflächig, PIV, Q2	10,50 €	m^2	354
1130	Treppenwangen, Spachtelung, vollflächig, PIV, Q3	9,30 €	m	354
1140	Stb.-FT, Spachtelung, teilflächig, PIV, Q2	6,00 €	m^2	354
1150	Stb.-FT, Spachtelung, teilflächig, zementgebunden, Q2	9,00 €	m^2	354
1200	Wandputz, PIV, Q2	14,00 €	m^2	345
1210	Wandputz, PIV, Q3	18,50 €	m^2	345
1220	Wandputz, PIV, Q4	24,50 €	m^2	345
1300	Laibungsputz, PIV, Q2	11,00 €	m	345
1310	Laibungsputz, PIV, Q3	13,00 €	m	345
1320	Laibungsputz, PIV, Q4	16,00 €	m	345
1400	Putz, Stb.-Stützen, eckig, PIV, Q2	23,00 €	m^2	345
1410	Putz, Stb.-Stützen, eckig, PIV, Q3	27,00 €	m^2	345
1420	Putz, Stb.-Stützen, eckig, PIV, Q4	31,50 €	m^2	345
1500	Putz, Stb.-Stützen, rund, PIV, Q2	29,50 €	m^2	345
1510	Putz, Stb.-Stützen, rund, PIV, Q3	34,00 €	m^2	345
1520	Putz, Stb.-Stützen, rund, PIV, Q4	39,00 €	m^2	345
1600	Deckenputz, PIV, Q2	16,50 €	m^2	354
1610	Deckenputz, PIV, Q3	21,00 €	m^2	354
1620	Deckenputz, PIV, Q4	26,50 €	m^2	354
1700	Deckenputz Unterzüge, PIV, Q2	29,50 €	m^2	354
1710	Deckenputz Unterzüge, PIV, Q3	34,00 €	m^2	354
1720	Deckenputz Unterzüge, PIV, Q4	40,00 €	m^2	354
1800	Überspannung Putz, Glasfasergewebe	7,70 €	m^2	345
034.02	**Beschichtungen, Innenbereich**			
0010	Dispersionsbeschichtung, Wand, NAK3	4,20 €	m^2	345
0020	Dispersionsbeschichtung, Wand, NAK2	4,90 €	m^2	345
0030	Dispersionsbeschichtung, Wand, NAK1	5,20 €	m^2	345
0100	2K-Silikat-Beschichtung, Wand	27,00 €	m^2	345
0200	Silikat-Dispersionsbeschichtung, Wand, NAK3	4,00 €	m^2	345
0210	Silikat-Dispersionsbeschichtung, Wand, NAK2	4,70 €	m^2	345

0300	2K-Polyacrylatbeschichtung, Wand, NAK1	24,50 €	m^2	345
0400	Laibungsbeschichtung, Dispersion, NAK3	2,40 €	m	345
0410	Laibungsbeschichtung, Dispersion, NAK2	2,80 €	m	345
0420	Laibungsbeschichtung, Dispersion, NAK1	3,40 €	m	345
0500	Laibungsbeschichtung, 2K-Silikat, NAK3	11,00 €	m	345
0600	Laibungsbeschichtung, Silikat-Dispersion, NAK3	1,80 €	m	345
0610	Laibungsbeschichtung, Silikat-Dispersion, NAK2	2,40 €	m	345
0700	Laibungsbeschichtung, 2K-Polyacrylat, NAK1	10,50 €	m	345
0800	Dispersionsbeschichtung, Stützen, NAK3	4,70 €	m^2	345
0810	Dispersionsbeschichtung, Stützen, NAK2	5,20 €	m^2	345
0820	Dispersionsbeschichtung, Stützen, NAK1	5,60 €	m^2	345
0900	2K-Silikat-Beschichtung, Stützen	30,50 €	m^2	345
1000	Silikat-Dispersionsbeschichtung, Stützen, NAK3	4,30 €	m^2	345
1010	Silikat-Dispersionsbeschichtung, Stützen, NAK2	5,00 €	m^2	345
1100	2K-Polyacrylatbeschichtung, Stützen, NAK1	30,00 €	m^2	345
1200	Dispersionsbeschichtung, Decken/UZ, NAK3	4,70 €	m^2	354
1210	Dispersionsbeschichtung, Decken/UZ, NAK2	5,20 €	m^2	354
1220	Dispersionsbeschichtung, Decken/UZ, NAK1	5,60 €	m^2	354
1300	2K-Silikat-Beschichtung, Decken/UZ	28,50 €	m^2	354
1400	Silikat-Dispersionsbeschichtung, Decken/UZ, NAK3	4,30 €	m^2	354
1410	Silikat-Dispersionsbeschichtung, Decken/UZ, NAK2	5,10 €	m^2	354
1500	Dispersionsbeschichtung, Treppen, NAK3	4,90 €	m^2	354
1510	Dispersionsbeschichtung, Treppen, NAK2	5,50 €	m^2	354
1520	Dispersionsbeschichtung, Treppen, NAK1	5,80 €	m^2	354
1600	2K-Silikat-Beschichtung, Treppen	34,50 €	m^2	354
1700	Silikat-Dispersionsbeschichtung, Treppen, NAK3	4,70 €	m^2	354
1710	Silikat-Dispersionsbeschichtung, Treppen, NAK2	5,40 €	m^2	354
034.03	**Beschichtungen, Außenbereich**			
0010	Außenbeschichtung, Acrylat-Dispersion	18,50 €	m^2	335
0020	Außenbeschichtung, Siliconharzfarbe	21,50 €	m^2	335
0030	Außenbeschichtung, Silikat-Dispersion	10,50 €	m^2	335
0100	Laibungsbeschichtung, Acrylat-Dispersion	6,10 €	m	335
0110	Laibungsbeschichtung, Siliconharzfarbe	4,20 €	m	335
0120	Laibungsbeschichtung, Silikat-Dispersion	3,90 €	m	335
034.04	**Zulagen, Beschichtungen**			
0010	Zulage stark getönt, Hellbezugswert <20	1,90 €	m^2	345
0020	Höhenzulage Wandbeschichtungen	2,30 €	m^2	345
0030	Höhenzulage Deckenbeschichtungen	3,00 €	m^2	354

034.05	**Beschichtungen, komplett**			
0010	Wandbeschichtung, Dispersion, Putz, NAK3	6,90 €	m^2	345
0020	Deckenbeschichtung, Dispersion, Putz, NAK3	7,60 €	m^2	354
0030	Laibungsbeschichtung, Dispersion, Putz, NAK3	3,00 €	m	345
0100	Wandbeschichtung, Dispersion, MW/Beton, NAK2	7,50 €	m^2	345
0110	Deckenbeschichtung, Dispersion, Beton, NAK2	8,00 €	m^2	354
0120	Laibungsbeschichtung, Dispersion, Beton, NAK2	3,50 €	m	345
0200	Wandbeschichtung, Vlies, Dispersion, GK, NAK3	12,50 €	m^2	345
0210	Deckenbeschichtung, Vlies, Dispersion, GK, NAK3	13,00 €	m^2	354
0220	Laibungsbeschichtung, Vlies, Dispersion, GK, NAK3	6,40 €	m	345
0300	Wandbeschichtung, Glasfaser Dispersion, NAK1	20,00 €	m^2	345
0310	Laibungsbeschichtung, Glasfaser, Dispersion, NAK1	9,10 €	m	345
0400	Wandbeschichtung, Vlies, Dispersion, NAK1	13,50 €	m^2	345
0410	Deckenbeschichtung, Vlies, Dispersion, NAK1	13,50 €	m^2	354
0420	Laibungsbeschichtung, Vlies, Dispersion, NAK1	6,70 €	m	345
0500	Beschichtung, Wand, Dispersion, Putz, NAK1	7,70 €	m^2	345
0510	Deckenbeschichtung, Dispersion, Putz, NAK1	8,20 €	m^2	354
0520	Laibungsbeschichtung, Dispersion, Putz, NAK1	5,50 €	m	345
0600	Wandbeschichtung, 2K-Polyacrylat, Putz, NAK1	29,50 €	m^2	345
0700	Laibungsbeschichtung, 2K-Polyacrylat, Putz, NAK1	12,00 €	m	345
034.06	**Dekorative Wandgestaltung**			
0010	Stucco Lustro, Wand	176,00 €	m^2	345
0020	Sichtbetonkosmetik, Betonspachtel	21,00 €	m^2	345
034.07	**Lackierarbeiten**			
0010	Lackierung, Innentürblatt, <1,01x2,135m	116,00 €	St.	344
0100	Lackierung, Umfassungszarge, <0,175m	40,50 €	St.	344
0110	Lackierung, Umfassungszarge + OL, <0,175m	48,50 €	St.	344
0120	Lackierung, Umfassungszarge + SL, <0,175m	52,00 €	St.	344
0130	Lackierung, Umfassungszarge + OL + SL, <0,175m	55,00 €	St.	344
0140	Lackierung, Umfassungszarge, >0,175m	44,00 €	St.	344
0150	Lackierung, Umfassungszarge + OL, >0,175m	52,00 €	St.	344
0160	Lackierung, Umfassungszarge, 2-flg. + OL, >0,175m	60,50 €	St.	344
0200	Lackierung, Eckzarge, Standard	34,50 €	St.	344
0300	Lackierung, Rohrrahmentür, <2,50m^2	177,00 €	St.	344
0310	Lackierung, Rohrrahmentür, <4,00m^2	285,00 €	St.	344
0320	Lackierung, Rohrrahmentür, <7,50m^2	488,00 €	St.	344
0400	Lackierung, Stahlgeländer, Handlauf, Füllstab, grundiert	30,00 €	m	359

Ausbau & Fassade
014
023
024
025
026
027
028
029
030
031
032
033
034
036
037
038
039
271

0410	Lackierung, Stahlgeländer, ohne Handlauf, Füllstab, grundiert	26,00 €	m	359
0420	Lackierung, Stahlgeländer, Handlauf, flächig, grundiert	27,50 €	m	359
0430	Lackierung, Stahlgeländer, ohne Handlauf, flächig, grundiert	23,50 €	m	359
0440	Lackierung, Stahlgeländer, Handlauf, Füllstab, verzinkt	32,00 €	m	359
0450	Lackierung, Stahlgeländer, ohne Handlauf, Füllstab, verzinkt	28,50 €	m	359
0460	Lackierung, Stahlgeländer, Handlauf, flächig, verzinkt	29,50 €	m	359
0470	Lackierung, Stahlgeländer, ohne Handlauf, flächig, verzinkt	25,50 €	m	359
0500	Lackierung, Stahlhandlauf, grundiert, Ø<50mm	11,00 €	m	349
0510	Lackierung, Stahlhandlauf, verzinkt, Ø<50mm	13,00 €	m	359
0600	Lackierung, Stahltreppe, ohne Podest, <7 Stg., grundiert	197,00 €	St.	359
0610	Lackierung, Stahltreppe,ohne Podest, <7 Stg., verzinkt	240,00 €	St.	359
0620	Lackierung, Stahltreppe, mit Podest, <18 Stg., grundiert	587,00 €	St.	359
0630	Lackierung, Stahltreppe, mit Podest, <18 Stg., verzinkt	703,00 €	St.	359
0700	Lackierung, Profilstahl, Abwicklung, <75cm	23,50 €	m^2	349
0710	Lackierung, Profilstahl, Abwicklung, <125cm	23,50 €	m^2	349
0720	Lackierung, Profilstahl, Abwicklung, <175cm	23,00 €	m^2	349
0730	Lackierung, Profilstahl, Abwicklung, >175cm	23,00 €	m^2	349
0800	Lackierung, Stahlrohre, <DN40mm	3,90 €	m	422
0810	Lackierung, Stahlrohre, <DN80mm	4,20 €	m	422
0820	Lackierung, Stahlrohre, <DN125mm	5,00 €	m	422
0830	Lackierung, Stahlrohre, <DN200mm	5,20 €	m	422
0840	Lackierung, Stahlrohre, >DN200mm	5,80 €	m^2	422
0900	Lackierung, HK-Anbindung, 2x <DN40, L≤1,00m	6,90 €	St.	422
1000	Lackierung, Stahleinbauteile, <1,00m^2	30,00 €	m^2	349
1010	Lackierung, Stahleinbauteile, >1,00m^2	27,00 €	m^2	349
034.08	**Instandsetzung, Renovierung**			
0010	Renovierungsanstrich, Holzplattentür, 1-flg., <2,50m^2	156,00 €	St.	395
0020	Renovierungsanstrich, Holzplattentür, 2-flg., <5,00m^2	311,00 €	St.	395
0100	Renovierungsanstrich, Holzrahmentür, 1-flg., <3,50m^2	261,00 €	St.	395
0110	Renovierungsanstrich, Holzrahmentür, 2-flg., <7,50m^2	572,00 €	St.	395
0200	Renovierungsanstrich, Holztreppe, <15 Stg.	348,00 €	St.	395
0210	Renovierungsanstrich, Holzfensterbänke, B≤25cm	6,60 €	m	395
0220	Renovierungsanstrich, Holzsockelleisten, H≤20cm	5,60 €	m	395
0230	Renovierungsanstrich, Holzflächen, innen	34,00 €	m^2	395

014 023 024 025 026 027 028 029 030 031 032 033 034 036 037 038 039 271
Ausbau & Fassade

034.09	**Brandschutzanstriche**			
0010	Brandschutzbeschichtung, Stahl, F30/R30	40,50 €	m^2	361
034.10	**Zusätzliche Leistungen, Sonstiges**			
0010	Fugenverschluss, innen, Acryl	1,50 €	m	354
0020	Treppenanschlussfuge	6,90 €	m	354
0030	Warnstreifen, Gefahrenstellen, gelb-schwarz	12,00 €	m	354
034.50	**Parkhäuser, Tiefgaragen**			
0010	Rissbehandlung ohne Bandage Untergrund	11,00 €	m	353
0020	Rissbehandlung mit Bandage Untergrund	16,00 €	m	353
0100	OS8-Bodenplattenbeschichtung	29,00 €	m^2	324
0110	OS11a-Freideckbeschichtung	62,50 €	m^2	353
0120	OS11b-Zwischendeckbeschichtung	45,00 €	m^2	353
0130	OS10-Bodenbeschichtung/Abdichtung	75,00 €	m^2	353
0140	OS8-Sockelbeschichtung	13,00 €	m^2	353
0150	OS5b-Fundamentbeschichtung	20,50 €	m^2	353
0200	Dreieckskehlsockel	7,60 €	m	353
0300	Stellplatzlinierung, 2K-Epoxidharzlack	10,50 €	m	353
0310	Flächenmarkierung, 2K-Epoxidharzlack	25,50 €	m^2	353
0320	Stellplatzflächenmarkierung, 2K-Epoxidharzlack	65,50 €	St.	353
0330	Symbolmarkierung, 2K-Epoxidharzlack	70,00 €	St.	353
0340	Fahrtrichtungspfeile, 2K-Epoxidharzlack	67,50 €	St.	353
0350	Stellplatznummerierung, 2K-Epoxidharzlack	41,50 €	St.	353
0500	nachrägliche Ausbesserung <400cm²	50,00 €	St.	353
0510	nachrägliche Ausbesserung <1,00m²	87,50 €	St.	353
0520	Anarbeitung an Durchdringung	62,50 €	St.	353
0530	Rissbehandlung Bestandsfläche	21,00 €	m	353
8000	Wartung OS-Beschichtungssystem	0,80 €	m^2	353
034.51	**Keller, Unterfahrten**			
0010	Kellerbodenbeschichtung, R10	16,50 €	m^2	353
0020	Sockel, 2K-Epoxidharzbeschichtung, H=15cm	4,30 €	m	353
0030	Bodenbeschichtung, ölbeständig, Acrylatdispersion	31,50 €	m^2	353
0040	Sockel, ölbeständig, H=15cm	6,30 €	m	353
0050	nachrägliche Ausbesserung <400cm²	19,00 €	St.	353
0060	nachrägliche Ausbesserung <1,00m²	37,50 €	St.	353
0070	Anarbeitung an Durchdringung	25,00 €	St.	353

034.52	**Industrieböden**			
0010	Industriebodenbeschichtung, Standard, 2K-Epoxidharz	46,50 €	m^2	353
0020	Industriebodenbeschichtung, hohe Belastung, 2K-Epoxidharz	62,50 €	m^2	353
0030	nachträgliche Ausbesserung <400cm^2	75,00 €	St.	353
0040	nachträgliche Ausbesserung <1,00m^2	106,00 €	St.	353
0050	Anarbeitung an Durchdringung	56,50 €	St.	353
034.53	**Dekorative Böden**			
0010	Bodenbeschichtung, optisch hochwertig, PUR	87,50 €	m^2	353
0020	nachträgliche Ausbesserung <400cm^2	66,00 €	St.	353
0030	nachträgliche Ausbesserung <1,00m^2	101,00 €	St.	353
0040	Anarbeitung an Durchdringung	68,50 €	St.	353
034.54	**Balkonbodenbeschichtung**			
0010	Balkonbeschichtung, Acrylatdispersion	44,00 €	m^2	353
0020	Balkonbeschichtung, 2K-Epoxidharz	44,00 €	m^2	353
0030	Balkonbodenbeschichtung, 2K-PUR	112,00 €	m^2	353
0040	Balkonabdichtung/-beschichtung, PMMA	143,00 €	m^2	353
0050	Hohlkehle, kunststoffmodifizierter Zementmörtel	15,00 €	m	353
0060	nachträgliche Ausbesserung <400cm^2	37,50 €	St.	353
0070	nachträgliche Ausbesserung <1,00m^2	56,50 €	St.	353
0080	Anarbeitung an Durchdringung	47,50 €	St.	353
034.55	**Schutzabdeckungen**			
0010	Schutzabdeckung, Boden, Vlies + OSB	31,00 €	m^2	393
0020	Schutzabdeckung, Boden, Alukarton	3,00 €	m^2	393
034.90	**Stundenlohnarbeiten**			
0010	Stundensatz: Fachwerker	49,50 €	h	399
0020	Stundensatz: Helfer	37,00 €	h	399

014 023 024 025 026 027 028 029 030 031 032 033 **034** 036 037 038 039 271
Ausbau & Fassade

Ausbau & Fassade

036 Bodenbelagarbeiten

036	Bodenbelagarbeiten			
036.01	**Vorbereitende Arbeiten**			
0010	Messung Estrichfeuchte	134,00 €	psch.	353
0020	Reinigung des Untergrundes	1,80 €	m²	353
0030	Risse im Estrich schließen	10,50 €	m	353
0040	Calciumsulfatestrich anschleifen	1,80 €	m²	353
0050	Untergrundvorbereitung, Grundierung, Spachtel 3mm	4,70 €	m²	353
0060	Zulage Untergrundvorbereitung, Spachtel 6mm	7,60 €	m²	353
0070	Zulage Untergrundvorbereitung, Spachtel 10mm	13,00 €	m²	353
0080	Dampfbremse, 2K-Epoxidharz	11,00 €	m²	353
0090	Dampfbremse, 1K-Polyurethan	12,00 €	m²	353
0100	Dampfbremse, PE-Folie 0,2mm	1,90 €	m²	353
036.02	**Linoleum**			
0010	Lino, Bahn, 2,5mm, Klasse 34, 4dB, R9, Rücken Jute	28,50 €	m²	353
0020	Lino, Bahn, 4mm, Klasse 33, 18dB, R9, Rücken Schaum	35,00 €	m²	353
0030	Lino, Bahn, 4mm, Klasse 33, 14dB, R9, Rücken Kork	49,50 €	m²	353
0100	Lino, Fliese, 2,5mm, Klasse 34, 4dB, R9, Rücken Jute	35,50 €	m²	353
0110	Lino, Fliese, 4mm, Klasse 33, 14dB, R9, Rücken Kork	48,00 €	m²	353
0200	Lino, Stufen 17x25x150cm, 2,5mm, R9, Rücken Jute, Aluprofil	44,50 €	m	353
0210	Lino, Stufen 17x25x150cm, 4mm, R9, Rücken Schaum, Aluprofil	52,50 €	m	353
0220	Lino, Stufen 17x25x150cm, 4mm, R9, Rücken Kork, Aluprofil	67,00 €	m	353
0230	Lino, Podest, 4mm, R9	53,50 €	m²	353
0240	Lino, Stufensockel, H=8cm	12,00 €	m	353
0300	Zulage ableitfähiger Boden, EDV	10,50 €	m²	353
0310	Zulage ableitfähiger Boden, Medizin	16,50 €	m²	353
0320	Zulage Chemikalienbeständig	4,80 €	m²	353
0330	Zulage Versiegelung R10	9,50 €	m²	353
0400	Ersteinpflege	2,90 €	m²	353
036.03	**Vinyl (PVC)**			
0010	Vinyl, Bahn, 2mm, Klasse 34, 3dB, R9, glatt	26,50 €	m²	353
0020	Vinyl, Bahn, 2mm, Klasse 34, 3dB, R9, strukturiert	31,50 €	m²	353
0100	Vinyl (LVT), Platte, 2,5mm, Klasse 34, 2dB, R9, strukturiert	49,50 €	m²	353
0200	Vinyl, Stufen 17x25x150cm, 2mm, R9	42,00 €	m	353
0210	Vinyl, Podest, 2mm, R9	33,50 €	m²	353
0220	Vinyl, Stufensockel, H=8cm	11,50 €	m	353

0300	Zulage ableitfähiger Boden, EDV	13,50 €	m²	353
0310	Zulage Vinyl ableitfähig	3,90 €	m²	354
0320	Zulage Chemikalienbeständig	4,80 €	m²	353
0330	Zulage Versiegelung, R10	9,50 €	m²	353
0400	Ersteinpflege	2,90 €	m²	353
036.04	**Kautschuk**			
0010	Kautschuk, Bahn, 2mm, Klasse 34, 6dB, glatt	40,50 €	m²	353
0020	Kautschuk, Bahn, 2,2mm, Klasse 34, 6dB, glatt, Rücken Schaum	46,50 €	m²	353
0030	Kautschuk, Bahn, 3,2mm, Klasse 32, 9dB, Noppen	42,50 €	m²	353
0100	Kautschuk, Fliese, 2mm, Klasse 34, 6dB, glatt	59,50 €	m²	353
0200	Kautschuk, Stufen 17x25x150cm, 3,2mm, R9, Noppen	67,50 €	m	353
0210	Kautschuk, Podest, 3,2mm, R9	47,50 €	m²	353
0220	Kautschuk, Stufensockel, H=8cm	13,00 €	m	353
0300	Zulage ableitfähiger Boden, EDV	13,50 €	m²	353
0310	Zulage Kautschuk ableitfähig	3,90 €	m²	354
0320	Zulage Chemikalienbeständig	4,80 €	m²	353
0330	Zulage Versiegelung, R10	9,50 €	m²	353
0400	Ersteinpflege	2,90 €	m²	353
036.05	**Vlies/Kugelgarn**			
0010	Nadelvlies, Bahn, 6,5mm, Klasse 33, 22dB, R9	27,50 €	m²	353
0020	Kugelvlies, Bahn, 4,5mm, Klasse 33, 20dB	29,00 €	m²	353
0030	Kugelgarn, Bahn, 4,5mm, Klasse 33, 20dB	56,50 €	m²	353
0100	Nadelvlies, Fliese, 6,5mm, Klasse 33, 22dB, R9	46,50 €	m²	353
0110	Kugelvlies, Fliese, 4,5mm, Klasse 33, 20dB	48,00 €	m²	353
0120	Kugelgarn, Fliese, 4,5mm, Klasse 33, 20dB	74,50 €	m²	353
0200	Zulage ableitfähiger Boden, EDV	13,50 €	m²	353
0210	Zulage textiler Belag, ableitfähig	3,90 €	m²	354
036.06	**Schlingpol**			
0010	Schlinge, getuftet, Bahn, 5,5mm, Klasse 33, 23dB	41,00 €	m²	353
0100	Schlinge, getuftet, Fliese, 5,5mm, Klasse 33, 23dB	54,50 €	m²	353
0110	Schlinge, gewebt, Fliese, 5,5mm, Klasse 33, 20dB	59,50 €	m²	353
0200	Zulage ableitfähiger Boden, EDV	13,50 €	m²	353
0210	Zulage textiler Belag, ableitfähig	3,90 €	m²	354
036.07	**Velours**			
0010	Velours, getuftet, Bahn, 5,5mm, Klasse 33, 26dB	32,50 €	m²	353
0100	Velours, getuftet, Fliese, 5,5mm, Klasse 33, 26dB	39,00 €	m²	353
0110	Velours, gewebt, Fliese, 6,8mm, Klasse 33, 25dB	41,00 €	m²	353

0200	Zulage ableitfähiger Boden, EDV	13,50 €	m²	353
0210	Zulage textiler Belag, ableitfähig	3,90 €	m²	354
036.08	**Laminat**			
0500	Laminat, d=10mm, Wohnen	41,00 €	m²	353
0510	Laminat, d=10mm, Gewerbe	43,50 €	m²	353
036.20	**Anarbeitung, An-/Abschlüsse**			
0010	Revisionsdeckel belegen, 600x600mm	12,00 €	St.	353
0020	Bodentank belegen, eckig, 600x600mm	14,00 €	St.	353
0030	Bodentank belegen, rund, bis 300mm	8,50 €	St.	353
0040	Anarbeitung an Rundstütze, Ø=40cm	4,00 €	St.	353
0050	Anarbeitung an Stütze, 25x25cm	3,50 €	St.	353
0060	Anarbeitung Schrägen	3,30 €	m	353
0070	Anarbeitung Rundung, R≥2,00m	4,40 €	m	353
0080	Aussparung, eckig, >0,10m², 35x35cm	4,30 €	St.	353
0090	Aussparung, rund, >0,10m², Ø=35cm	4,80 €	St.	353
0100	Öffnung nachträglich, Ø bis 12cm	2,40 €	St.	353
036.25	**Sockelleisten**			
0010	Kettelleiste, textiler Belag, H=5cm	4,30 €	m	353
0020	Sockelleiste, PVC, mit Einschub, H=5cm	9,00 €	m	353
0030	Sockelleiste, profiliert, Holzwerkstein, 5cm	11,50 €	m	353
0040	Sockelleiste, profiliert, Holzwerkstein, 5cm, Dichtlippe	15,00 €	m	353
0050	Sockelleiste, Eiche, 10x60mm	9,00 €	m	353
0060	Sockelleiste, Eiche, 15x120mm	12,00 €	m	353
0070	Sockelleiste, Eiche, 22x200mm	16,50 €	m	353
0080	Hohlkehlsockelleiste, Lino, 10x6cm	17,50 €	m	353
0090	Hohlkehlsockelleiste, Vinyl, 10x6cm	20,00 €	m	353
0100	Hohlkehlsockelleiste, Kautschuk, 10x6cm	23,50 €	m	353
0110	Zulage Hohlkehlprofil	6,70 €	m	353
036.30	**Einbauteile**			
0010	Abschlussprofil, V2A, H=2-7mm	13,00 €	m	353
0020	Abschlussprofil, Alu, H=2-7mm	10,50 €	m	353
0030	Dehnungsfugenprofil, Alu, H≤8mm	30,50 €	m	353
0100	Sockel, Edelstahl, Stütze, <400mm, H=10cm	47,00 €	St.	353
0110	Sockel, Edelstahl, Stütze, <650mm, H=10cm	66,50 €	St.	353
0200	Sauberlaufzone, Edelstahl, 40x60cm, Rauhaar-Ripsstreifen, H=9mm	554,00 €	St.	353
0210	Sauberlaufzone, Edelstahl, 60x80cm, Rauhaar-Ripsstreifen, H=9mm	738,00 €	St.	353

0220	Sauberlaufzone, Edelstahl, 100x150cm, Rauhaar-Ripsstreifen, H=9mm	800,00 €	St.	353
0230	Sauberlaufzone, Edelstahl, 150x200cm, Rauhaar-Ripsstreifen, H=9mm	1.355,00 €	St.	353
0240	Sauberlaufzone, Edelstahl, 40x60cm, Kokos, H=15mm	492,00 €	St.	353
0250	Sauberlaufzone, Edelstahl, 60x80cm, Kokos, H=15mm	652,00 €	St.	353
0260	Sauberlaufzone, Edelstahl, 100x150cm, Kokos, H=15mm	726,00 €	St.	353
0270	Sauberlaufzone, Edelstahl, 150x200cm, Kokos, H=15mm	1.060,00 €	St.	353
036.70	**Instandsetzungsarbeiten**			
0010	Abbruch elastischer Bodenbelag, lose, PVC	5,00 €	m^2	394
0020	Abbruch elastischer Bodenbelag, verklebt, PVC/Lino/ Kautschuk	5,70 €	m^2	394
0030	Abbruch elastischer Bodenbelag, schwimmend, modular	6,00 €	m^2	394
0040	Abbruch textiler Bodenbelag, lose	4,40 €	m^2	394
0050	Abbruch textiler Bodenbelag, verklebt	5,10 €	m^2	394
0060	Abbruch Sockelleisten, entsorgen	1,90 €	m	394
0070	Abbruch Sockelleisten, lagern	2,10 €	m	394
0080	Abbruch Kleinflächen, bis $1{,}00m^2$	9,00 €	m^2	394
0090	Abbruch Treppenbelag, 17x25cm, B=150cm	3,00 €	St.	394
0100	Abbruch Sauberlaufzone, 2,00x1,50m	8,80 €	m^2	394
0200	Schleifen, großflächig	9,00 €	m^2	353
0210	Schleifen, Tritt-/Setzstufe 17x25cm, B=150cm	14,00 €	m^2	353
0220	Schließen Risse, B=5mm, Abstand Klammern 30cm	10,50 €	m	395
0230	Schließen Bodenschlitze, B=150-300mm	20,00 €	m	395
0240	Ausgleichmasse unter Fußbodenbelag, bis 10mm	17,00 €	m^2	395
0250	Zulage Ausgleichsmasse je 5mm	7,30 €	m^2	395
0260	Ausgleichmasse, Tritt-/Setzstufe, bis 10mm	12,50 €	m^2	353
0270	Nivellierausgleich,bis 5mm	13,50 €	m^2	353
0280	Nivellierausgleich, 6-10mm	21,00 €	m^2	353
0290	Nivellierausgleich, 11-20mm	33,00 €	m^2	353
0300	Linoleumbodenbelag erneuern, Kleinflächen	57,00 €	m^2	353
0310	PVC-Bodenbelag erneuern, Kleinflächen	57,00 €	m^2	353
0400	Sockelleiste, Eiche, seitlich lagernd, einbauen	4,80 €	m	353
036.80	**Schutzabdeckung**			
0010	Schutzabdeckung, Boden, Vlies + OSB	31,00 €	m^2	393
0020	Schutzabdeckung, Boden, Alukarton	3,00 €	m^2	393

036.90	Stundenlohnarbeiten			
0010	Stundensatz: Fachwerker	42,00 €	h	399
0020	Stundensatz: Bauhelfer	33,50 €	h	399

014
023
024
025
026
027
028
029
030
031
032
033
034
036
037
038
039
271
Ausbau & Fassade

Ausbau & Fassade

037 Tapezierarbeiten

037	Tapezierarbeiten			
037.01	**Vorbereitende Arbeiten**			
0010	Bodenschutz, PE-Folie	2,20 €	m²	345
0020	Bodenschutz, Filzvlies	5,20 €	m²	345
0030	Bodenschutz, Filzvlies + Hartfaserplatte	20,50 €	m²	345
0040	Schutz Fenster/Türen, PE-Folie	3,10 €	m²	345
0050	Schutz Einrichtungsgegenstände, PE-Folie	2,30 €	m²	345
0060	Demontage Sockelleisten	2,20 €	m	394
0100	Tapeten ablösen	1,50 €	m²	345
0110	Druckwasserstrahlen, Reinigung	8,60 €	m²	395
0120	Trockenstrahlen, Reinigung	6,90 €	m²	395
0130	Oberflächen entlacken, abbeizen	23,50 €	m²	395
0140	Oberflächen entlacken, Heißluft	22,50 €	m²	395
0200	Grundierung,Tiefgrund	1,60 €	m²	345
0210	Grundierung, Sperr-/Isoliergrund	5,70 €	m²	345
0220	Grundierung, Haftgrund	2,90 €	m²	345
0230	Grundierung, Flüssig-Makulatur	2,00 €	m²	345
0240	Risse in Putzfläche schließen, vollflächig	9,90 €	m²	395
0250	Risse in Putzfläche schließen, teilflächig	6,00 €	m²	395
0260	Putzschlitze schließen, bis 15cm²	6,80 €	m	395
0270	größere Löcher und Fehlstellen schließen	4,90 €	m²	395
0280	Glas-/Malervlies, vollflächig	5,70 €	m²	345
0300	Wandspachtelung, vollflächig, PIV, Q2	10,50 €	m²	345
0310	Wandspachtelung, vollflächig, PIV, Q3	12,00 €	m²	345
0320	Wandspachtelung, vollflächig, PIV, Q4	14,50 €	m²	345
0400	Wandspachtelung, teilflächig, PIV, Q2	4,00 €	m²	345
0410	Wandspachtelung, teilflächig, PIV, Q3	4,70 €	m²	345
0500	Zulage Untergrundausgleich, >5<15mm	7,20 €	m²	345
0600	Laibungsspachtelung, vollflächig, PIV, Q2	23,50 €	m	345
0610	Laibungsspachtelung, vollflächig, PIV, Q3	26,50 €	m	345
0620	Laibungsspachtelung, vollflächig, PIV, Q4	30,50 €	m	345
0700	Stützenspachtelung, eckig, vollflächig, PIV, Q2	15,50 €	m²	345
0710	Stützenspachtelung, eckig, vollflächig, PIV, Q3	17,00 €	m²	345
0720	Stützenspachtelung, eckig, vollflächig, PIV, Q4	18,50 €	m²	345
0800	Stützenspachtelung, rund, vollflächig, PIV, Q2	21,50 €	m²	345
0810	Stützenspachtelung, rund, vollflächig, PIV, Q3	23,00 €	m²	345
0820	Stützenspachtelung, rund, vollflächig, PIV, Q4	24,50 €	m²	345
0900	Deckenspachtelung, vollflächig, PIV, Q2	13,00 €	m²	354

0910	Deckenspachtelung, vollflächig, PIV, Q3	14,50 €	m^2	354
0920	Deckenspachtelung, vollflächig, PIV, Q4	16,00 €	m^2	354
1000	Deckenspachtelung, teilflächig, PIV, Q2	6,80 €	m^2	354
1010	Deckenspachtelung, teilflächig, PIV, Q3	7,50 €	m^2	354
1100	Fugenspachtelung, Filigrandecke	6,00 €	m^2	354
037.02	**Tapezierarbeiten**			
0010	Raufasertapete, Wand	7,70 €	m^2	345
0020	Malervlies, Wand, glatt	5,20 €	m^2	345
0030	Glasfaservlies, Wand, glatt	5,60 €	m^2	345
0040	Glasfaser-Strukturgewebe, Wand	13,50 €	m^2	345
0050	Vinyl-Kunststofftapete, Wand	18,50 €	m^2	345
0060	Fototapete, Wand, <10,00m^2	43,00 €	m^2	345
0070	Fototapete, Wand, <20,00m^2	43,00 €	m^2	345
0100	Raufasertapete, Laibungen	2,60 €	m	345
0110	Malervlies, Laibungen	1,60 €	m	345
0120	Glasfaservlies, Laibungen	1,80 €	m	345
0130	Glasfaser-Stukturgewebe, Laibungen	4,10 €	m	345
0140	Vinyl-Kunststofftapete, Laibungen, <25cm	4,80 €	m	345
037.90	**Stundenlohnarbeiten**			
0010	Stundensatz: Fachwerker	49,50 €	h	399
0020	Stundensatz: Helfer	37,00 €	h	399

Ausbau & Fassade

038 Vorgehängte hinterlüftete Fassaden

038.01	Vorbereitende Arbeiten
038.02	Faserzementbekleidung
038.03	HPL-Plattenbekleidung
038.04	Alublechbekleidung
038.05	Keramikbekleidung
038.06	Naturwerkstein
038.07	Betonwerkstein
038.08	Einbauten, An-/Abschlüsse, Fensterbänke, etc.
038.90	Stundenlohnarbeiten

038	Vorgehängte hinterlüftete Fassaden			
038.01	**Vorbereitende Arbeiten**			
0010	technische Bearbeitung, Montageplanung	2.830,00 €	psch.	335
0020	Zulage Aufmaß mit Hubsteiger	513,00 €	psch.	335
038.02	**Faserzementbekleidung**			
0010	VHF, Faserzementplatte, sichtbare Befestigung	225,00 €	m²	335
0020	Balkonbrüstungsbekleidung, Faserzementplatte, sichtbare Befestigung	181,00 €	m²	335
0030	Laibungsbekleidung, Faserzement, sichtbare Befestigung, <300mm	71,00 €	m	335
0040	VHF, Faserzementplatte, unsichtbare Befestigung	294,00 €	m²	335
0050	Laibungsbekleidung, Faserzement, unsichtbare Befestigung, <300mm	89,50 €	m	335
0060	Zulage Außenecke, stumpf	24,00 €	m	335
0070	Zulage Außenecke Eckfugenprofil	52,50 €	m	335
0080	Zulage Fassadendurchdringungen, rund	26,00 €	St.	335
0090	Zulage Fassadendurchdringungen, eckig	34,50 €	St.	335
0100	Dauergerüstanker, Edelstahl, Faserzement	49,00 €	St.	335
038.03	**HPL-Plattenbekleidung**			
0010	VHF, HPL-Platte, sichtbare Befestigung	244,00 €	m²	335
0020	Balkonbrüstungsbekleidung, HPL, sichtbare Befestigung	199,00 €	m²	335
0030	Laibungsbekleidung, HPL, sichtbare Befestigung, <300mm	74,50 €	m	335
0040	VHF, HPL-Platte, unsichtbare Befestigung	312,00 €	m²	335
0050	Laibungsbekleidung, HPL, unsichtbare Befestigung, <300mm	93,00 €	m	335
0060	Zulage Außenecke Gehrungsschnitt	50,50 €	m	335
0070	Zulage Außenecke Eckfugenprofil	43,00 €	m	335
0080	Zulage Außen-/Innenecke Formteil	69,00 €	m	335
0090	Zulage Fassadendurchdringungen, rund	26,00 €	St.	335
0100	Zulage Fassadendurchdringungen, eckig	34,50 €	St.	335
0110	Dauergerüstanker, Edelstahl, HPL	49,00 €	St.	335
038.04	**Alublechbekleidung**			
0010	VHF, Alu-Kassette, sichtbare Befestigung	325,00 €	m²	335
0020	Laibungsbekleidung, Alu-Kassette, sichtbare Befestigung, <300mm	78,50 €	m	335
0030	Außen-/Innenecke, Eckformteil	73,50 €	m	335
0040	Fassadendurchdringungen, rund	34,00 €	St.	335
0050	Fassadendurchdringungen, eckig	43,50 €	St.	335

0060	VHF, Alu-Wellblech, sichtbare Befestigung	167,00 €	m²	335
0070	Laibungsbekleidung, Alu-Glattblech, sichtbare Befestigung, <300mm	73,50 €	m	335
0080	Zulage Außen-/Innenecke, Alu-Kantprofil	36,00 €	m	335
0090	Zulage Fassadendurchdringungen, rund	34,00 €	St.	335
0100	Zulage Fassadendurchdringungen, eckig	43,50 €	St.	335
0110	Dauergerüstanker, Edelstahl, Alu	49,00 €	St.	335
038.05	**Keramikbekleidung**			
0010	VHF, Tonziegel, unsichtbare Befestigung	220,00 €	m²	335
0020	Laibungsbekleidung, Tonziegel, <300mm	70,00 €	m	335
0030	Zulage Außenecke Gehrungsschnitt	41,00 €	m	335
0040	Zulage Außenecke mit Alu-Eckprofil	36,50 €	m	335
0050	Zulage gebogene Ziegel	65,50 €	m	335
0060	Zulage Fassadendurchdringungen, rund	26,00 €	St.	335
0070	Zulage Fassadendurchdringungen, eckig	34,50 €	St.	335
0080	VHF, Tonziegelplatten, unsichtbare Befestigung	287,00 €	m²	335
0090	Laibungsbekleidung, Tonziegelplatte, <300mm	88,00 €	m	335
0100	Zulage Außenecke Gehrungsschnitt	41,00 €	m	335
0110	Zulage Außenecke mit Alu-Eckprofil	36,50 €	m	335
0120	Zulage Fassadendurchdringungen, rund	26,00 €	St.	335
0130	Zulage Fassadendurchdringungen, eckig	34,50 €	St.	335
0140	Dauergerüstanker, Edelstahl, Keramik	49,00 €	St.	335
038.06	**Naturwerkstein**			
0010	VHF, Granit, d=30mm, MW 160mm	413,00 €	m²	335
0020	Fußpunkt VHF, mind. H=30cm	49,50 €	m	335
0030	Oberflächenbearbeitung Plattenkanten	41,00 €	m	335
0040	Gesimsabdeckung, Granit, d=5-7cm, B=43cm	179,00 €	m	335
0050	Sockel, VHF, Granit, XPS 120mm	394,00 €	m²	335
0060	Fensterbank, Granit, außen, d=40mm	91,50 €	m	335
0070	Laibungen, Granit, außen, d=30mm	114,00 €	m	335
0100	VHF, Sandstein, d=40mm, MW 160mm	294,00 €	m²	335
0110	Fußpunkt VHF, mind. H=30cm	49,50 €	m	335
0120	Oberflächenbearbeitung Plattenkanten	39,00 €	m	335
0130	Gesimsabdeckung, Sandstein, d=5-7cm, B=43cm	148,00 €	m	335
0140	Sockel, VHF, Sandstein, XPS 120mm	275,00 €	m²	335
0150	Fensterbank, Sandstein, außen, d=40mm	85,50 €	m	335
0160	Laibungen, Sandstein, außen, d=30mm	105,00 €	m	335
0200	VHF, Kalkstein, d=40mm, MW 160mm	307,00 €	m²	335

0210	Fußpunkt VHF, mind. H=30cm	49,50 €	m	335
0220	Oberflächenbearbeitung Plattenkanten	39,00 €	m	335
0230	Gesimsabdeckung, Kalkstein, d=5-7cm, B=43cm	152,00 €	m	335
0240	Sockel, VHF, Kalkstein, XPS 120mm	288,00 €	m^2	335
0250	Fensterbank, Kalkstein, außen, d=40mm	89,00 €	m	335
0260	Laibungen, Kalkstein, außen, d=30mm	108,00 €	m	335
0300	Musterfläche VHF	3.125,00 €	St.	335
0310	technische Bearbeitung, Montageplanung	3.315,00 €	psch.	335
0320	Zulage Anarbeitung schräges Geländes	33,50 €	m	335
0330	Zulage Nutkante einfräsen	54,00 €	m	335
0340	VHF, Außen-/Innenecke, 90°	53,50 €	m	335
0350	VHF, Eckausbildung, stumpf-/spitzwinklig	59,50 €	m	335
0360	Aussparungen, eckig, 200x200mm	33,50 €	St.	335
0370	Aussparungen, rund, 150mm	30,50 €	St.	335
0380	Aussparungen, eckig, 1,01x2,13m	68,00 €	St.	335
0390	Bewegungsfuge, dauerelastisch	43,00 €	m	335
0400	Dauergerüstanker, Edelstahl, Naturwerkstein	49,00 €	St.	335
038.07	**Betonwerkstein**			
0010	VHF, Betonwerkstein, d=40mm, MW 160mm	257,00 €	m^2	335
0020	Fußpunkt VHF, mind. H=30cm	49,50 €	m	335
0030	Oberflächenbearbeitung Plattenkanten	41,00 €	m	335
0040	Gesimsabdeckung, Betonwerkstein, d=5-7cm, B=43cm	134,00 €	m	335
0050	Sockel, VHF, Betonwerkstein, XPS 120mm	241,00 €	m^2	335
0060	Fensterbank, Betonwerkstein, außen, d=40mm	46,00 €	m	335
0070	Laibungen, Betonwerkstein, außen, d=30mm	77,50 €	m	335
0080	Musterfläche VHF	3.000,00 €	St.	335
0090	technische Bearbeitung, Montageplanung	3.315,00 €	psch.	335
0100	Zulage Anarbeitung schräges Geländes	33,50 €	m	335
0110	Zulage Nutkante einfräsen	54,00 €	m	335
0120	VHF, Außen-/Innenecke, 90°	53,50 €	m	335
0130	VHF, Eckausbildung, stumpf-/spitzwinklig	59,50 €	m	335
0140	Aussparungen, eckig, 200x200mm	33,50 €	St.	335
0150	Aussparungen, rund, 150mm	30,50 €	St.	335
0160	Aussparungen, eckig, 1,01x2,13m	68,00 €	St.	335
0170	Bewegungsfuge, dauerelastisch	43,00 €	m	335
0180	Dauergerüstanker, Edelstahl, Betonwerkstein	49,00 €	St.	335

038.08	**Einbauten, An-/Abschlüsse, Fensterbänke, etc.**			
0010	Laibungsbekleidung, Edelstahlblech, <300mm	86,00 €	m	335
0020	Laibungsbekleidung, Alublech, pulverbeschichtet, <300mm	53,50 €	m	335
0030	Sturzausbildung mit Blechabdeckung für Sonnenschutz	47,00 €	m	335
0100	Außenfensterbank, Alu, pulverbeschichtet, T≤300mm	67,00 €	m	335
0110	Außenfensterbank, Edelstahl, T≤300mm	99,50 €	m	335
0120	Attikaabdeckung, Alu, pulverbeschichtet, Z=666mm	116,00 €	m	335
0130	Zulage Eckausbildung, Attikaabdeckung, Alu, pulverbeschichtet	58,00 €	St.	363
0140	Attikaabdeckung, Edelstahl, Z=666mm	184,00 €	m	335
0150	Zulage Eckausbildung, Attikaabdeckung, Edelstahlblech	54,50 €	St.	335
0200	seitlicher An-/Abschluss	49,00 €	m	335
0210	unterer Abschluss, Sockelausbildung	42,50 €	m	335
0220	oberer Abschluss, Lüftungsstreifen	56,00 €	m	335
0230	Brandsperre horizontal, Stahlblech verzinkt, 1mm	34,50 €	m	335
0240	Brandsperre vertikal, MW + Stahlblech	49,50 €	m	335
0250	Zulage Anarbeitung schräges Geländes	33,50 €	m	335
0300	Fassadendurchdringungen, rund	34,00 €	St.	335
0310	Fassadendurchdringungen, eckig	43,50 €	St.	335
0320	Anarbeitung Fassadenbekleidung, Einbauten	81,00 €	m	335
0330	Revisionstür, Fassadenmaterial, <40x40cm	726,00 €	St.	335
0340	Revisionstür, Fassadenmaterial, <60x60cm	951,00 €	St.	335
0350	Revisionstür, Edelstahlblech, <40x40cm	131,00 €	St.	335
0360	Revisionstür, Edelstahlblech, <60x60cm	181,00 €	St.	335
038.90	**Stundenlohnarbeiten**			
0010	Stundensatz: Fachwerker	39,00 €	h	399
0020	Stundensatz: Bauhelfer	34,00 €	h	399

Ausbau & Fassade
014
023
024
025
026
027
028
029
030
031
032
033
034
036
037
038
039
271

Ausbau & Fassade

039 Trockenbauarbeiten

039.01	Trockenbauwände
039.02	Trockenbaudecken
039.03	Dachgeschoss-Ausbau, Holzbalkendeckenbekleidung
039.04	Beplankungen, Dämmungen, Oberflächen
039.05	Brandschutzdecken A1
039.06	Akustikdecken
039.07	MF-Abhangdecken
039.08	Metalldecken
039.09	Brandschutzverkleidungen Stahlträger/-stützen
039.10	Revisionsklappen Decken/Wände/Vorwände
039.11	Abbruch/Instandsetzung
039.50	Vorbereitende Arbeiten Hohlraumboden/Doppelboden
039.51	Hohlraumboden
039.52	Doppelboden
039.70	System-/Sanitärtrennwände
039.90	Stundenlohnarbeiten

039	Trockenbauarbeiten			
039.01	**Trockenbauwände**			
0010	W111, GKB, 100mm, 45dB, F0	35,00 €	m²	342
0020	W111, GKB, 125mm, 48dB, F0	35,50 €	m²	342
0030	W112, GKB, 125mm, 53dB, EI30	45,50 €	m²	342
0040	W112, GKB, 150mm, 56dB, EI30	48,00 €	m²	342
0050	W112, GKF, 150mm, 57dB, EI90	53,50 €	m²	342
0060	W113, GKB, 150mm, 56dB, EI30	66,50 €	m²	342
0070	W113, GKB, 175mm, 61dB, EI30	70,00 €	m²	342
0080	W113, GKF, 175mm, 62dB, EI90	76,00 €	m²	342
0100	Wand, 1fach GK, 63mm, R≥300mm, nass	70,50 €	m²	342
0110	Wand, 1fach GK, 63mm, R≥900mm, trocken	63,00 €	m²	342
0120	Wand, 2fach GK, 76mm, R≥300mm, nass	81,00 €	m²	342
0130	Wand, 2fach GK, 76mm, R≥900mm, trocken	74,00 €	m²	342
0140	Wand, 3fach GK, 89mm, R≥300mm, nass	114,00 €	m²	342
0150	Wand, 3fach GK, 89mm, R≥900mm, trocken	100,00 €	m²	342
0200	W115, GKF, 155mm, 64dB, EI90	77,00 €	m²	342
0210	W115, GKF, 255mm, 69dB, EI90	79,00 €	m²	342
0300	W116, GKB, ≥155mm, 52dB, EI30	54,00 €	m²	342
0310	W116, GKF, ≥155mm, 52dB, EI90	57,50 €	m²	342
0400	W118, GKF + Stahlblech, 177mm, 69dB, EI90	97,00 €	m²	342
0500	W131, GKF + Stahlblech, 116mm, 55dB, EI90-M	115,00 €	m²	342
0510	W131, GKF + Stahlblech, 141mm, 55dB, EI90-M	116,00 €	m²	342
0520	W131, GKF + Stahlblech, 151mm, ≥59dB, EI90-M	116,00 €	m²	342
0530	W131, GM-F, Stahlblech, 161mm, 55dB, EI90-M	142,00 €	m²	342
0540	W131, GKF + Stahlblech, 176mm, ≥62dB, EI90-M	118,00 €	m²	342
0600	K131, GKF-Strahlenschutz, 100mm, 65dB, EI90-M	123,00 €	m²	342
0610	K131, GKF-Strahlenschutz, 125mm, 66dB, EI90-M	126,00 €	m²	342
0620	K131, GKF-Strahlenschutz, 150mm, 69dB, EI90-M	125,00 €	m²	342
0630	K131, GKF-Strahlenschutz, 175mm, 69dB, EI90-M	133,00 €	m²	342
0700	W145, GKF-Schallschutzplatte, 450mm, 77dB, EI90	219,00 €	m²	342
0710	W145, GKF-Schallschutzplatte, 475mm, 79dB, EI90	228,00 €	m²	342
0720	W145, GKF-Schall/Massivbauplatte, 500mm, 81dB, EI90	231,00 €	m²	342
0800	W628A, GKF-Massivbauplatte, 50mm, 42dB, EI90	50,00 €	m²	342
0900	W628B, GKF, 125mm, 36dB, EI30	47,00 €	m²	342
0910	W628B, GM-F, 140mm, 42dB, EI90	87,50 €	m²	342
0920	W628B, GKF-Massivbauplatte, 150mm, dB42, EI90	69,50 €	m²	342
1000	W629, GKF, 125mm, 36dB, EI30	47,00 €	m²	342

1010	W629, GKF-Massivbauplatte, 140mm, 42dB, EI90	90,50 €	m²	342
1020	W629, GKF-Massivbauplatte, 150mm, 42dB, EI90	72,50 €	m²	342
1100	W630, GKF, 125mm, 36dB, EI30	51,00 €	m²	342
1110	W630, GKF-Massivbauplatte, 125mm, 42dB, EI90	68,50 €	m²	342
1200	W623, GKB, 40mm, F0, direkt	27,50 €	m²	342
1210	W626, GKBI, 75mm, F0, freistehend	43,50 €	m²	342
1220	W626, GKBI, 100mm, F0, freistehend	41,50 €	m²	342
1230	W626, GKBI, 125mm, F0, freistehend	38,50 €	m²	342
1240	W626, GKBI, 125mm, F0, Vorwandelement	58,50 €	m²	342
1250	K152, GKF-Strahlenschutz, 135mm	128,00 €	m²	342
1260	W626, zementgebunden, 75mm, F0, freistehend	52,50 €	m²	342
1270	W626, zementgebunden, 100mm, F0, freistehend	54,00 €	m²	342
1400	gleitender Deckenanschluss, ohne opt. Anforderung, F0	12,50 €	m	342
1410	gleitender Deckenanschluss, ohne opt. Anforderung, BS + Schall	15,00 €	m	342
1420	gleitender Deckenanschluss, mit opt. Anforderung, F0	19,50 €	m	342
1430	gleitender Deckenanschluss, mit opt. Anforderung, BS + Schall	25,50 €	m	342
1440	gleitender Deckenanschluss, Trapezblech, F0	19,00 €	m²	342
1450	gleitender Deckenanschluss, Trapezblech, EI90	24,00 €	m²	342
1460	Auswechselung, gleitender Deckenanschluss, UZ <100cm	17,50 €	St.	342
1470	gleitender Deckenanschluss, ohne opt. Anforderung, F0, Doppelständer	17,50 €	m	342
1480	gleitender Deckenanschluss, ohne opt. Anforderung, BS + Schall	22,00 €	m	342
1490	gleitender Deckenanschluss, mit opt. Anforderung, F0, Doppelständer	28,50 €	m	342
1500	gleitender Deckenanschluss, mit opt. Anforderung, BS + Schall	33,00 €	m	342
1510	gleitender Deckenanschluss, Brandwand	63,00 €	m	342
1520	Zulage Anarbeitung TT-Decken, mit opt. Anforderung, F0	43,50 €	m	342
1600	freies Wandende, d bis 150mm	19,50 €	m	342
1610	freies Wandende, d bis 300mm	31,50 €	m	342
1620	Zulage gebogene Wand, GKB 12,5mm, R≥1,00m, nass	40,50 €	m²	342
1630	Zulage gebogene Wand, GKB, R≥2,75m, trocken	54,50 €	m²	342
1640	Zulage Wand geschlitzt, GKB 12,5mm, R≤1,00m	20,00 €	m²	342
1650	Zulage Außenecke, rechtwinklig	5,40 €	m	342
1660	Zulage Außenecke, schiefwinklig	6,30 €	m	342
1670	Zulage Anschluss an Dachschräge	4,30 €	m	342

1680	Zulage Stütze, Einfachständerwerk, halbseitig einbauen	4,30 €	m	342
1690	Zulage Stütze, Doppelständerwerk, halbseitig einbauen	5,50 €	m	342
1700	Zulage größere Wandhöhe, Ständerabstand 31,25cm	3,10 €	m^2	342
1710	Zulage Sockelausbildung, bis 40cm, Abdichtung	8,60 €	m	342
1720	Zulage Sockelausbildung, bis 40cm, Abdichtung, hinterlegen	9,50 €	m	342
1730	Zulage vorgezogene Erstellung + Beplankung, H=60cm	7,90 €	m	342
2000	Türöffnung anlegen, 1-flg.	67,50 €	St.	344
2010	Türöffnung anlegen, 2-flg.	92,00 €	St.	344
2020	Türöffnung, Stahlrechteck, Laibung, <2,50m^2	174,00 €	St.	344
2030	Türöffnung, Stahlrechteck, Laibung, <5,00m^2	263,00 €	St.	344
2040	Fensteröffnung anlegen, bis 1,50m^2	88,00 €	St.	344
2050	Fensteröffnung anlegen, bis 2,50m^2	108,00 €	St.	344
2060	Laibungsbeplankungen, bis15cm, mit Kantenschutz	35,50 €	m	344
2070	Laibungsbeplankungen, bis 30cm, mit Kantenschutz	38,00 €	m	344
2200	Aussparung anlegen, bis 0,50m^2	14,50 €	St.	344
2210	Aussparung anlegen, bis 1,00m^2	27,50 €	St.	344
2220	Aussparung anlegen, bis 2,00m^2	40,50 €	St.	344
2230	Aussparung anlegen, Laibungsbeplankungen, bis 0,50m^2	34,50 €	St.	344
2240	Aussparung anlegen, Laibungsbeplankungen, bis 1,00m^2	48,00 €	St.	344
2250	Aussparung anlegen, Laibungsbeplankungen, bis 2,00m^2	64,50 €	St.	344
2260	Öffnungen schließen, GKB-Wände, ≤1,50m^2	78,50 €	St.	342
2270	Öffnungen schließen, GKB-Wände, ≤2,50m^2	113,00 €	St.	344
2280	Öffnungen schließen, GKB-Wände, ≤4,50m^2	238,00 €	St.	344
2400	Bewegungsfuge Wand, F0	19,50 €	m	342
2410	Bewegungsfuge Wand, EI30/EI90	25,50 €	m	342
2420	Sockelunterschnitt, H=15cm, hinterlegen	19,00 €	m	342
2430	Wandanschluss, Übergang TB-Massiv	11,00 €	m	342
2440	Wandanschluss, 2x Kantenprofil, versiegelt	17,50 €	m	342
2450	Nische für Einbauten, <1,00m^2	75,00 €	St.	342
2460	Nische für Einbauten, <2,50m^2	156,00 €	St.	342
2600	Konstruktionshölzer für Wandlasten	11,00 €	m	342
2610	Verstärkungsbleche für Wandlasten	21,50 €	m	342
2620	UK für Haltegriffe, Beh.-WC	84,50 €	St.	342
2630	verstärkte U/A-Profile	9,50 €	m	342

2640	Stahl-RR, Profile 75x50mm, Türöffnung	33,00 €	m	342
2650	Stahl-RR, Profile 100x60mm, Türöffnung	43,00 €	m	342
2660	Schiebetür-Unterkonstruktion	340,00 €	St.	344
2800	Öffnung für BSK EI90, rechteckig, <1,00m^2	177,00 €	St.	344
2810	Öffnung für BSK EI90, rechteckig, <2,00m^2	210,00 €	St.	344
3000	Aussparung, <0,50m^2, F0, rechteckig	13,00 €	St.	344
3010	Aussparung, <0,50m^2, gleitender Deckenanschluss	30,50 €	St.	344
3020	Aussparung, <0,50m^2, Aufdopplung	39,00 €	St.	344
3100	Aussparung, <0,50m^2, EI30, rechteckig	18,00 €	St.	344
3110	Aussparung, <0,50m^2, EI30, Aufdopplung	39,00 €	St.	344
3120	Aussparung, <0,50m^2, EI30, gleitender Deckenanschluss	39,50 €	St.	344
3200	Aussparung, <0,50m^2, EI90, rechteckig	20,50 €	St.	344
3210	Aussparung, <0,50m^2, EI90, gleitender Deckenanschluss	42,00 €	St.	344
3220	Aussparung, <0,50m^2, EI90, Aufdopplung	43,00 €	St.	344
4000	W111, GKB, Schall + RS, <150mm, H≤50cm, 42dB	53,50 €	m	342
4010	W111, GKF, Schall + RS + BS, 200mm, H=50cm, 50dB, EI30	57,00 €	m	342
4020	W112, GKF, Schall + RS + BS, 200mm, H=50cm, 50dB, EI90	59,00 €	m	342
4100	W142, Schott, Schall, 2x GKB, 125mm, 53dB, <50cm	61,00 €	m	342
4200	Fassadenschwert 250x48mm, 37dB, F0	71,50 €	m	342
4210	Fassadenschwert 625x48mm, 37dB, F0	92,00 €	m	342
4220	Fassadenschwert 250x48mm, 50dB, EI90	80,50 €	m	342
4230	Fassadenschwert 625x48mm, 50dB, EI90	103,00 €	m	342
4300	Rohrkasten 2-seitig, 1-lg. GKB, Abwicklung 80cm	33,00 €	m	342
4310	Rohrkasten 2-seitig, 2-lg. GKBI, Abwicklung 50cm	41,00 €	m	342
4320	Rohrkasten 2-seitig, 2-lg. GKBI, Abwicklung 90cm	50,00 €	m	342
4330	Rohrkasten 3-seitig, 2-lg. GKBI, Abwicklung 75cm	50,50 €	m	342
4340	Rohrkasten 3-seitig, 2-lg. GKBI, Abwicklung 100cm	70,50 €	m	342
5000	Türzarge, Stahl-UZ, 15cm, 1-flg., <1,01x2,135m	139,00 €	St.	344
5010	Türzarge, Stahl-UZ, 15cm,1 -flg., <1,01x2,51m	193,00 €	St.	344
5020	Türzarge, OL, Stahl-UZ, 15cm, 1-flg., <1,01x2,51m	321,00 €	St.	344
5030	Türzarge, Stahl-UZ, 17,6cm, 1-flg., <1,01x2,135m	157,00 €	St.	344
5040	Türzarge, Stahl-UZ, 17,6cm, 1-flg., <1,01x2,51m	222,00 €	St.	344
5050	Türzarge, OL, Stahl-UZ, 17,6cm, 1-flg., <1,01x2,51m	352,00 €	St.	344
5060	Türzarge, Stahl-UZ, 15cm, 2-flg., <2,01x2,135m	221,00 €	St.	344
5070	Türzarge, Stahl-UZ, 15cm, 2-flg., <2,01x2,385m	409,00 €	St.	344
5080	Türzarge, Stahl-UZ, 17,6cm, 2-flg., <2,01x2,135m	248,00 €	St.	344
5090	Türzarge, Stahl-UZ, 17,6cm, 2-flg., <2,01x2,385m	435,00 €	St.	344

039.02	Trockenbaudecken			
0010	D111, Abhangdecke, 1x GKB	34,00 €	m^2	354
0020	D112, Abhangdecke, 1x GKB	34,00 €	m^2	354
0030	D112, Abhangdecke, 1x GKB, MW	38,00 €	m^2	354
0040	D112, Abhangdecke, 1x GKBI	36,50 €	m^2	354
0050	D112, Abhangdecke, 1x GKBI, MW	38,50 €	m^2	354
0060	D112, Abhangdecke, 2x GKB	42,00 €	m^2	354
0100	D127, Abhangdecke, 1x GKB, 8/18R	61,50 €	m^2	354
0110	D127, Abhangdecke, 1x GKB, 8/18R, MW	65,00 €	m^2	354
0120	D127, Abhangdecke, 1x GKB, 8/18Q	61,50 €	m^2	354
0130	D127, Abhangdecke, 1x GKB, 8/18Q, MW	65,00 €	m^2	354
0200	Deckenrandfries, GKB, B=20cm	27,50 €	m	354
0210	Randfries, Einbauten, GKB, B=6cm, <2500cm^2	29,00 €	St.	354
0220	Randfries, Einbauten, GKB, B=6cm, <10000cm^2	53,50 €	St.	354
0300	D112, Abhangdecke, 2x GKF, EI30, a<-b	45,00 €	m^2	354
0310	D112, Abhangdecke, 2x GKF, EI30, a<->b	50,00 €	m^2	354
0320	D112, Abhangdecke, 2x GKF, EI90, a<-b	62,50 €	m^2	354
0330	D112, Abhangdecke, 2x GKF, EI90, a<->b	67,50 €	m^2	354
0340	D113, Abhangdecke, 2x GKF, EI30, a<-b	47,00 €	m^2	354
0350	D113, Abhangdecke, 2x GKF, EI30, a<->b	50,50 €	m^2	354
0400	D124, Abhangdecke, EI30, a<->b	106,00 €	m^2	354
0410	D124, Abhangdecke, EI90, a<->b	153,00 €	m^2	354
0500	W111, Schott, 1x GKB, 42dB, H≤50cm	53,50 €	m	354
0510	W111, Schott, 1x GKB, 42dB, H≤100cm	81,50 €	m	354
0520	W111, Schott, 1x GKF, 50dB, EI30, H≤50cm	57,00 €	m	354
0530	W111, Schott, 1x GKF, 50dB, EI30, H≤100cm	89,00 €	m	354
0540	W112, Schott, 2x GKF, 50dB, EI90, H≤50cm	59,00 €	m	354
0550	W112, Schott, 2x GKF, 50dB, EI90, H≤100cm	92,50 €	m	354
0600	Zulage Abhangdecke freitragend	11,00 €	m^2	354
0610	Zulage Dämmauflage, 40mm, MW	5,90 €	m^2	354
0700	Wandanschluss, Schattenfuge, hinterlegt	11,00 €	m	354
0710	Wandanschluss, Schattenfuge, Stufenwinkel	8,20 €	m	354
0800	Zulage Schattenfuge, Stufenwinkel, gerundet	4,50 €	m	354
0900	Wandanschluss, Schattenfuge, offen	12,50 €	m	354
1000	Zulage Schattenfuge, offen, gerundet	5,80 €	m	354
1100	gleitender Wandanschluss	8,30 €	m	354
1200	gleitender Wandanschluss, Schattenfuge, EI30, a<-b	15,00 €	m	354
1210	gleitender Wandanschluss, Schattenfuge, EI90, a<-b	19,00 €	m	354

014 023 024 025 026 027 028 029 030 031 032 033 034 036 037 038 039 271
Ausbau & Fassade

1300	Dehn-/Bewegungsfuge Decke	28,00 €	m	354
1400	Zulage Anarbeiten, GK-Akustikdecke, Stütze, eckig	43,00 €	St.	354
1500	vertikaler Deckenversatz, 1x GKB/I, <50cm	28,00 €	m	354
1510	vertikaler Deckenversatz, 1x GKB/I, <100cm	42,50 €	m	354
1520	vertikaler Deckenversatz, 2x GKB/I, <50cm	35,00 €	m	354
1530	vertikaler Deckenversatz, 2x GKB/I, <100cm	53,00 €	m	354
1600	vertikaler Deckenversatz, 2x GKF, EI30, a<-b, <50cm	37,00 €	m	354
1610	vertikaler Deckenversatz, 2x GKF, EI30, a<-b, <100cm	56,00 €	m	354
1620	vertikaler Deckenversatz, 2x GKF, EI30, a<->b, <50cm	38,00 €	m	354
1630	vertikaler Deckenversatz, 2x GKF, EI30, a<->b, <100cm	57,00 €	m	354
1640	vertikaler Deckenversatz, 2x GKF, EI90, a<-b, <50cm	49,50 €	m	354
1650	vertikaler Deckenversatz, 2x GKF, EI90, a<-b, <100cm	71,00 €	m	354
1660	vertikaler Deckenversatz, 2x GKF, EI90, a<->b, <50cm	55,00 €	m	354
1670	vertikaler Deckenversatz, 2x GKF, EI90, a<->b, <100cm	72,50 €	m	354
1700	vertikale Deckenschürze, 1x GKB/I, <50cm	28,00 €	m	354
1710	vertikale Deckenschürze, 1x GKB/I, <100cm	42,50 €	m	354
1720	vertikale Deckenschürze, 2x GKB/I, <50cm	35,00 €	m	354
1730	vertikale Deckenschürze, 2x GKB/I, <100cm	53,00 €	m	354
1800	vertikale Deckenschürze, 2x GKF, EI30, a<-b, <50cm	37,00 €	m	354
1810	vertikale Deckenschürze, 2x GKF, EI30, a<-b, <100cm	56,00 €	m	354
1820	vertikale Deckenschürze, 2x GKF, EI30, a<->b, <50cm	38,00 €	m	354
1830	vertikale Deckenschürze, 2x GKF, EI30, a<->b, <100cm	57,00 €	m	354
1840	vertikale Deckenschürze, 2x GKF, EI90, a<-b, <50cm	49,50 €	m	354
1850	vertikale Deckenschürze, 2x GKF, EI90, a<-b, <100cm	71,00 €	m	354
1860	vertikale Deckenschürze, 2x GKF, EI90, a<->b, <50cm	55,00 €	m	354
1870	vertikale Deckenschürze, 2x GKF, EI90, a<->b, <100cm	72,50 €	m	354
1900	Lichtvoute, B≤20cm, Blende≤20cm, H≤50cm	53,50 €	m	354
1910	Zulage Lichtvoute gerundet, verschiedene Radien	31,00 €	m	354
2000	Laibungen Lichtkuppel, <1,25x1,25m	97,00 €	St.	354
2010	Laibungen Lichtkuppel, <2,00x2,50m	191,00 €	St.	354
2020	Laibungen Lichtkuppel, Ø<1,25m	46,00 €	St.	354
2030	Laibungen Lichtkuppel, EI30, a<->b, <1,25x1,25m	186,00 €	St.	354
2040	Laibungen Lichtkuppel, EI30, a<->b, <2,00x2,50m	302,00 €	St.	354
2050	Laibungen Lichtkuppel, EI90, a<->b, <1,25x1,25m	229,00 €	St.	354
2060	Laibungen Lichtkuppel, EI90, a<->b, <2,00x2,50m	366,00 €	St.	354
2100	Zulage Bekleidung Deckenlifter + Alu-Randprofil	24,00 €	St.	354
2200	Zulage Aufnahme, Einzellast, <10kg	11,00 €	St.	354
2210	Zulage Aufnahme, Einzellast, <20kg	11,00 €	St.	354

Ausbau & Fassade
014 023 024 025 026 027 028 029 030 031 032 033 034 036 037 038 039 271

2220	Zulage Aufnahme, Einzellast, <50kg	21,50 €	St.	354
2230	Zulage Aufnahme, Linienlast, <10kg/m	11,00 €	m	354
2300	Traversen/Weitspannträger	12,50 €	m	354
2400	Sonderelement, 3-D-modelliert, <2500cm^2	713,00 €	St.	354
2410	Sonderelement, 3-D-modelliert, <10000cm^2	1.125,00 €	St.	354
2420	Sonderelement, 3-D-modelliert, <25000cm^2	1.828,00 €	St.	354
2500	Ausschnitt GK-Decke, rund, Ø<25cm	8,10 €	St.	354
2510	Ausschnitt GK-Decke, rund, Ø<50cm	9,60 €	St.	354
2520	Ausschnitt GK-Decke, rechteckig, <2500cm^2	13,50 €	St.	354
2530	Ausschnitt GK-Decke, rechteckig, <5000cm^2	20,00 €	St.	354
2540	Ausschnitt GK-Decke, rechteckig, <10000cm^2	29,00 €	St.	354
2600	Linienausschnitt GK-Decke, B≤20cm	8,30 €	m	354
2700	Ausschnitt GK-Decke, Sprinklerköpfe	6,90 €	St.	354
2800	Brandschutzkasten, Einbauten, EI30, a<-b	57,00 €	St.	354
2810	Brandschutzkasten, Einbauten, EI90, a<-b	71,50 €	St.	354
039.03	**Dachgeschoss-Ausbau, Holzbalkendeckenbekleidung**			
0010	D610, DG-Bekleidung, GKF, 1x 20mm	24,00 €	m^2	364
0020	D610, DG-Bekleidung, GKF, 1x 25mm	25,50 €	m^2	364
0100	D611, DG-Bekleidung, GKB, 1x 12,5mm	21,50 €	m^2	364
0110	D611, DG-Bekleidung, GKF, 1x 12,5mm, EI30, a<-b	25,50 €	m^2	364
0120	D611, DG-Bekleidung, GKF, 2x 12,5mm, EI30, a<-b	37,00 €	m^2	364
0130	D611, DG-Bekleidung, GKF, 1x 25mm, EI90, a<-b	33,50 €	m^2	364
0200	D612, DG-Bekleidung, GKB, 1x 12,5mm	28,00 €	m^2	364
0210	D612, DG-Bekleidung, GKF, 1x 12,5mm, EI30, a<-b	28,50 €	m^2	364
0220	D612, DG-Bekleidung, GKF, 2x 12,5mm, EI30, a<-b	40,00 €	m^2	364
0230	D612, DG-Bekleidung, GKF, 1x 25mm, EI90, a<-b	37,00 €	m^2	364
0240	D612, DG-Bekleidung, GKB, 1x 12,5mm, WD 60mm	45,00 €	m^2	364
0250	D612, DG-Bekleidung, GKB, 1x 12,5mm, WD 80mm	46,50 €	m^2	364
0260	D612, DG-Bekleidung, GKB, 1x 12,5mm, WD 100mm	49,00 €	m^2	364
0300	W626, Abseitenwand, GKB, 2x 12,5mm	40,00 €	m^2	342
0400	W628B, Abseitenwand, GKF, 2x 12,5mm, EI30	41,00 €	m^2	342
0410	W628B, Abseitenwand, GKF, 2x 12,5mm, EI30, WD 100mm	45,50 €	m^2	342
0420	W628B, Abseitenwand, GKF, 2x 25mm, EI90	61,00 €	m^2	342
0430	W628B, Abseitenwand, GKF, 2x 25mm, EI90, WD 100mm	67,00 €	m^2	342
0500	Laibung, GKB, 1x 12,5mm, <0,80x1,30m	69,00 €	St.	364
0510	Laibung, GKF, 1x 12,5mm, EI30, <0,80x1,30m	73,50 €	St.	364
0520	Laibung, GKB, 1x 12,5mm, <1,05x2,25m	97,00 €	St.	364

0530	Laibung, GKF, 1x 12,5mm, EI30, <1,05x2,25m	105,00 €	St.	364
0600	Gaubenbekleidung, GKB, 1x 12,5mm, <8,00m^3	160,00 €	St.	364
0610	Gaubenbekleidung, GKF, 2x 12,5mm, EI30, <8,00m^3	200,00 €	St.	364
0620	Gaubenbekleidung, GKB, 1x 12,5mm, WD, <8,00m^3	181,00 €	St.	364
0630	Gaubenbekleidung, GKF, 2x 12,5mm, WD, EI30, <8,00m^3	220,00 €	St.	364
0700	Zwischensparrendämmung, Glaswolle, d=180mm	24,50 €	m^2	364
0710	Zwischensparrendämmung, Glaswolle, d=200mm	26,50 €	m^2	364
0720	Zwischensparrendämmung, Glaswolle, d=220mm	28,50 €	m^2	364
0730	Zwischensparrendämmung, Glaswolle, d=240mm	30,50 €	m^2	364
0800	Zulage Mehrstärke 2cm, Glaswolledämmung	2,10 €	m^2	364
0900	Zwischensparrendämmung, Steinwolle, d=180mm	30,00 €	m^2	361
0910	Zwischensparrendämmung, Steinwolle, d=200mm	32,00 €	m^2	361
0920	Zwischensparrendämmung, Steinwolle, d=220mm	34,00 €	m^2	361
0930	Zwischensparrendämmung, Steinwolle, d=240mm	36,00 €	m^2	361
1000	Zulage Mehrstärke 2cm, Steinwolledämmung	2,10 €	m^2	364
1010	Dampfbremse, variabel, sd 0,20-5,00m	9,70 €	m^2	364
1020	Dampfsbremse, PE-Folie, 0,2mm, sd >=100,00m	12,00 €	m^2	364
039.04	**Beplankungen, Dämmungen, Oberflächen**			
0010	Zulage GKBI-Platten statt GKB, 1lg	2,10 €	m^2	345
0020	Zulage GKBI-Platten statt GKB, 2lg	4,10 €	m^2	345
0030	Zulage GKFI-Platten statt GKF, 1lg	2,20 €	m^2	345
0040	Zulage GKFI-Platten statt GKF, 2lg	4,40 €	m^2	345
0100	Zulage Hartgipsplatten statt GKB, 1lg	3,30 €	m^2	345
0110	Zulage Hartgipsplatten statt GKB, 2lg	6,70 €	m^2	345
0200	Zulage Zementbauplatte statt GKB, 1lg	27,50 €	m^2	345
0210	Zulage Zementbauplatte statt GKB, 2lg	55,50 €	m^2	345
0300	zusätzliche Beplankung Zementbauplatten, 1x12,5mm	33,00 €	m^2	345
0310	zusätzliche Beplankung, GKBI, 1x12,5mm	9,30 €	m^2	345
0400	Zulage MiWo, Mehrstärke 20mm auf 60mm	1,40 €	m^2	345
0410	Zulage MiWo, Mehrstärke 40mm auf 80mm	1,60 €	m^2	345
0500	Zulage Q3 anstelle Q2	3,60 €	m^2	345
0510	Zulage Q4 anstelle Q3	9,60 €	m^2	345
0600	Minderpreis Q1 anstelle Q2	2,30 €	m^2	345
0610	Minderpreis BS-Platten Q1 anstelle Q2	3,60 €	m^2	345
0700	Zulage BS-Platten Q2 anstelle Q1	3,60 €	m^2	345
0710	Zulage BS-Platten Q3 anstelle Q1	7,50 €	m^2	345
0720	Zulage BS-Platten Q4 anstelle Q1	19,50 €	m^2	345
0800	Gebäudedichtheitstest (Blower-Door-Test)	7.055,00 €	St.	354

039.05	Brandschutzdecken A1			
0010	Trapezblechbekleidung, A1, direkt befestigt, EI30, a<-b	28,50 €	m^2	354
0020	Trapezblechbekleidung, A1, direkt befestigt, EI90, a<-b	66,50 €	m^2	354
0100	Abhangdecke, A1, EI90, a<-b	68,50 €	m^2	354
0110	Abhangdecke, A1, EI90, a<->b	75,00 €	m^2	354
0200	Rohdecke mit Abhangdecke, A1, EI90, a<->b	40,50 €	m^2	354
0300	Wandanschluss, Schattenfuge, EI30/EI90	14,50 €	m	354
0400	vertikale Deckenschürze, A1, H≤50cm, EI30, a<-b	31,00 €	m	354
0410	vertikale Deckenschürze, A1, H≤50cm, EI90, a<-b	55,00 €	m	354
0420	vertikale Deckenschürze, A1, H≤50cm, EI90, a<->b	75,00 €	m	354
0500	gleitender Deckenanschluss, Trapezblech, F0	20,00 €	m^2	342
0510	gleitender Deckenanschluss, Trapezblech, EI90	28,50 €	m^2	342
0600	Ausschnitt BS-Decke, rund, Ø<25cm	12,50 €	St.	354
0610	Ausschnitt BS-Decke, rund, Ø<50cm	18,50 €	St.	354
0700	Ausschnitt BS-Decke, rechteckig, <2500cm^2	23,00 €	St.	354
0710	Ausschnitt BS-Decke, rechteckig, <5000cm^2	35,50 €	St.	354
0720	Ausschnitt BS-Decke, rechteckig, <10000cm^2	47,00 €	St.	354
0800	Ausschnitt BS-Decke, Sprinklerköpfe	7,20 €	St.	354
0900	Brandschutzkasten, Einbauten, EI30, a<-b	57,00 €	St.	354
0910	Brandschutzkasten, Einbauten, EI90, a<-b	71,50 €	St.	354
039.06	**Akustikdecken**			
0010	Akustikabhangdecke, Blähglasgranulat	264,00 €	m^2	354
0020	Deckenbekleidung, Holzwolle-Akustikplatten	43,50 €	m^2	354
0100	Wandanschluss, Schattenfuge	15,00 €	m	354
0110	Wandanschluss, Schattenfuge, offen	11,50 €	m	354
0200	Zulage Aufnahme, Einzellast, <10kg	11,00 €	St.	354
0210	Zulage Aufnahme, Einzellast, <20kg	11,00 €	St.	354
0220	Zulage Aufnahme, Einzellast, <50kg	21,50 €	St.	354
0300	Ausschnitt Akustikdecke, rund, Ø<25cm	21,50 €	St.	354
0310	Ausschnitt Akustikdecke, rund, Ø<50cm	27,50 €	St.	354
0400	Ausschnitt Akustikdecke, rechteckig, <2500cm^2	29,00 €	St.	354
0410	Ausschnitt Akustikdecke, rechteckig, <5000cm^2	38,00 €	St.	354
0420	Ausschnitt Akustikdecke, rechteckig, <10000cm^2	45,50 €	St.	354
0500	Linienausschnitt Akustikdecke, B≤20cm	24,00 €	m	354
0510	Ausschnitt Akustikdecke, Sprinklerköpfe	6,90 €	St.	354
0600	Zulage Fasche, rund, Ø<25cm	15,00 €	St.	354
0610	Zulage Fasche, rechteckig, <40x40cm	22,00 €	St.	354

0700	Reviklappe, Standard, 1-lg., 20x20cm	148,00 €	St.	354
0710	Reviklappe, Standard, 1-lg., 30x30cm	152,00 €	St.	354
0720	Reviklappe, Standard, 1-lg., 40x40cm	157,00 €	St.	354
0730	Reviklappe, Standard, 1-lg., 50x50cm	161,00 €	St.	354
0740	Reviklappe, Standard, 1-lg., 60x60cm	165,00 €	St.	354
039.07	**MF-Abhangdecken**			
0010	abgehängte MF-Decke, sichtbare UK, stumpfe Kante	27,50 €	m^2	354
0020	abgehängte MF-Decke, sichtbare UK, gefalzte Kante	31,50 €	m^2	354
0030	freigespannte MF-Rasterdecke, verdeckte UK	38,00 €	m^2	354
0040	abgehängte MF-Hygienedecke, sichtbare UK	38,00 €	m^2	354
0050	abgehängte MF-Feuchtraumdecke, sichtbare UK	38,00 €	m^2	354
0060	Wandanschluss, Schattenfuge, Stufenwinkel	7,20 €	m	354
0070	Anarbeitung an Stützen, Pfeiler, eckig	8,30 €	m	354
0080	Anarbeitung an Stützen/Wände, rund	14,50 €	m	354
0090	Zulage GK-Fries, GKB, 1x 12,5 mm, B≤30cm	16,50 €	m	354
0100	vertikale Deckenschürze, 1x GKB/I, <50cm	31,50 €	m	354
0110	vertikale Deckenschürze, 1x GKB/I, <100cm	42,50 €	m	354
0200	abgehängte MF-Bandrasterdecke, EI30, a<->b	135,00 €	m^2	354
0210	freitragende MF-Bandrasterdecke, EI30, a<->b	156,00 €	m^2	354
0220	Wandanschluss, Wandwinkelprofil, EI30, a<->b	20,00 €	m	354
0230	Wandanschluss, Stufenwinkelprofil, EI30, a<->b	19,00 €	m	354
0240	Fries, GKF, 2x 12,5mm, EI30, a<->b, <50cm	40,50 €	m	354
0300	freitragende MF-Bandrasterdecke, EI90, a<->b	371,00 €	m^2	354
0310	Wandanschluss, Wandwinkelprofil, EI90, a<->b	20,00 €	m	354
0320	Wandanschluss, Stufenwinkelprofil, EI90, a<->b	24,00 €	m	354
0400	Ausschnitt MF-Decke, rund, Ø<25cm	9,60 €	St.	354
0410	Ausschnitt MF-Decke, rechteckig, <30x30cm	12,50 €	St.	354
0420	Linienausschnitt MF-Decke, B≤30cm	15,00 €	m	354
0430	Ausschnitt MF-Decke, Sprinklerköpfe	6,70 €	St.	354
0440	Brandschutzkasten, Einbauten, EI30, a<-b	57,00 €	St.	354
0450	Brandschutzkasten, Einbauten, EI90, a<-b	71,50 €	St.	354
0460	Traversen/Weitspannträger	11,00 €	m	354
0500	Zulage Aufnahme, Einzellast, <10kg	11,00 €	St.	354
0510	Zulage Aufnahme, Einzellast, <20kg	11,00 €	St.	354
0520	Zulage Aufnahme, Einzellast, <50kg	21,50 €	St.	354
0600	Verstärkungsbleche Deckeneinbauten, 62,5x62,5cm	19,00 €	St.	354
0610	Verstärkungsbleche Deckeneinbauten, 180x30cm	37,00 €	St.	354

Ausbau & Fassade
014
023
024
025
026
027
028
029
030
031
032
033
034
036
037
038
039
271

039.08	Metalldecken			
0010	Alu-Kassettendecke, 625x625mm	61,00 €	m^2	354
0020	Alu-Kassettendecke, gelocht, 625x625mm	63,00 €	m^2	354
0030	Alu-Kassettendecke, gelocht, MW, 625x625mm	69,00 €	m^2	354
0100	Alu-Langfeld-Kassettendecke	101,00 €	m^2	354
0110	Alu-Langfeld-Kassettendecke, gelocht	84,50 €	m^2	354
0120	Alu-Langfeld-Kassettendecke, gelocht, MW	89,50 €	m^2	354
0130	Alu-Langfeld-Bandrasterdecke	85,50 €	m^2	354
0200	Alu-Paneeldecke, 184mm	62,50 €	m^2	354
0210	Alu-Paneeldecke, gelocht, 184mm	67,00 €	m^2	354
0220	Alu-Paneeldecke, gelocht, MW, 184mm	71,50 €	m^2	354
0300	Revisionsklappe, Alu-Paneeldecke, 300x300mm	148,00 €	St.	354
0400	Wandanschluss, Schattenfuge, Stufenwinkel	9,90 €	m	354
0410	Wandanschluss, offene Schattenfuge	11,00 €	m	354
0500	Zulage Anarbeiten, Durchdringung, rechteckig	5,50 €	m	354
0510	Zulage Anarbeiten, Rundungen	14,50 €	m	354
0600	vertikale Deckenschürze, Alu, H≤50cm	43,00 €	m	354
0610	vertikale Deckenschürze, Alu, H≤100cm	76,50 €	m	354
0700	Ausschnitt Metalldecke, werkseitig, rund, Ø<5cm	9,60 €	St.	354
0710	Ausschnitt Metalldecke, werkseitig, rund, Ø<25cm	13,50 €	St.	354
0720	Ausschnitt Metalldecke, werkseitig, rund, Ø<50cm	16,50 €	St.	354
0800	Ausschnitt Metalldecke, werkseitig, eckig, <500cm²	20,00 €	St.	354
0810	Ausschnitt Metalldecke, werkseitig, eckig, <1000cm²	27,50 €	St.	354
0900	Zulage Aufnahme, Einzellast, <10kg	11,00 €	St.	354
0910	Zulage Aufnahme, Einzellast, <20kg	11,00 €	St.	354
0920	Zulage Aufnahme, Einzellast, <50kg	21,50 €	St.	354
1000	Zulage Aufnahme, Linienlast, <10kg/m	11,00 €	m	354
1100	Traversen/Weitspannträger	11,00 €	m	354
039.09	**Brandschutzverkleidungen Stahlträger/-stützen**			
0010	BS-Verkleidung, Träger, 3-seitig, Abwicklung <0,83m, R30	84,00 €	m^2	354
0020	BS-Verkleidung, Träger, 3-seitig, Abwicklung 0,83-1,33m, R30	82,50 €	m^2	354
0030	BS-Verkleidung, Träger, 3-seitig, Abwicklung 1,33-2,50m, R30	81,00 €	m^2	354
0040	BS-Verkleidung, Träger, 3-seitig, Abwicklung <0,83m, R90	92,00 €	m^2	354
0050	BS-Verkleidung, Träger, 3-seitig, Abwicklung 0,83-1,33m, R90	89,50 €	m^2	354

0060	BS-Verkleidung, Träger, 3-seitig, Abwicklung 1,33-2,50m, R90	86,50 €	m^2	354
0100	BS-Verkleidung, Stütze, 4-seitig, Abwicklung <0,83m, R30	78,50 €	m^2	345
0110	BS-Verkleidung, Stütze, 4-seitig, Abwicklung 0,83-1,33m, R30	77,50 €	m^2	345
0120	BS-Verkleidung, Stütze, 4-seitig, Abwicklung 1,33-2,50m, R30	77,00 €	m^2	345
0130	BS-Verkleidung, Stütze, 4-seitig, Abwicklung <0,83m, R90	89,50 €	m^2	345
0140	BS-Verkleidung, Stütze, 4-seitig, Abwicklung 0,83-1,33m, R90	87,50 €	m^2	345
0150	BS-Verkleidung, Stütze, 4-seitig, Abwicklung 1,33-2,50m, R90	86,50 €	m^2	345
0200	BS-Verkleidung, Lüftungskanal, 4-seitig, 2x20mm	106,00 €	m^2	354
0210	BS-Verkleidung, Fahrtreppen, 2x20mm, GKF	87,00 €	m^2	354
039.10	**Revisionsklappen Decken/Wände/Vorwände**			
0010	Reviklappe, Standard, 1-lg., 20x20cm	50,00 €	St.	344
0020	Reviklappe, Standard, 2-lg., 20x20cm	50,00 €	St.	344
0030	Reviklappe, Standard, 1-lg., 30x30cm	52,00 €	St.	344
0040	Reviklappe, Standard, 2-lg., 30x30cm	61,50 €	St.	344
0050	Reviklappe, Standard, 1-lg., 40x40cm	56,50 €	St.	344
0060	Reviklappe, Standard, 2-lg., 40x40cm	66,50 €	St.	344
0070	Reviklappe, Standard, 1-lg., 50x50cm	76,00 €	St.	344
0080	Reviklappe, Standard, 2-lg., 50x50cm	71,50 €	St.	344
0100	Reviklappe, BS, 1-lg., 20x20cm, EI30, vorne	78,50 €	St.	344
0110	Reviklappe, BS, 2-lg., 20x20cm, EI30, vorne	87,00 €	St.	344
0120	Reviklappe, BS, 1-lg., 30x30cm, EI30, vorne	86,00 €	St.	344
0130	Reviklappe, BS, 2-lg., 30x30cm, EI30, vorne	93,50 €	St.	344
0140	Reviklappe, BS, 1-lg., 40x40cm, EI30, vorne	92,00 €	St.	344
0150	Reviklappe, BS, 2-lg., 40x40cm, EI30, vorne	103,00 €	St.	344
0160	Reviklappe, BS, 1-lg., 50x50cm, EI30, vorne	98,00 €	St.	344
0170	Reviklappe, BS, 2-lg., 50x50cm, EI30, vorne	113,00 €	St.	344
0200	Reviklappe, BS, 1-lg., 20x20cm, EI30, vorne + hinten	119,00 €	St.	344
0210	Reviklappe, BS, 2-lg., 20x20cm, EI30, vorne + hinten	135,00 €	St.	344
0220	Reviklappe, BS, 1-lg., 30x30cm, EI30, vorne + hinten	125,00 €	St.	344
0230	Reviklappe, BS, 2-lg., 30x30cm, EI30, vorne + hinten	145,00 €	St.	344
0240	Reviklappe, BS, 1-lg., 40x40cm, EI30, vorne + hinten	146,00 €	St.	344
0250	Reviklappe, BS, 2-lg., 40x40cm, EI30, vorne + hinten	157,00 €	St.	344
0260	Reviklappe, BS, 1-lg., 50x50cm, EI30, vorne + hinten	163,00 €	St.	344
0270	Reviklappe, BS, 2-lg., 50x50cm, EI30, vorne + hinten	174,00 €	St.	344

0300	Reviklappe, BS, 1-lg., 20x20cm, EI90, vorne	196,00 €	St.	344
0310	Reviklappe, BS, 2-lg., 20x20cm, EI90, vorne	196,00 €	St.	344
0320	Reviklappe, BS, 1-lg., 30x30cm, EI90, vorne	201,00 €	St.	344
0330	Reviklappe, BS, 2-lg., 30x30cm, EI90, vorne	201,00 €	St.	344
0340	Reviklappe, BS, 1-lg., 40x40cm, EI90, vorne	224,00 €	St.	344
0350	Reviklappe, BS, 2-lg., 40x40cm, EI90, vorne	224,00 €	St.	344
0360	Reviklappe, BS, 1-lg., 50x50cm, EI90, vorne	239,00 €	St.	344
0370	Reviklappe, BS, 2-lg., 50x50cm, EI90, vorne	239,00 €	St.	344
0400	Reviklappe, BS, 1-lg., 20x20cm, EI90, vorne + hinten	196,00 €	St.	344
0410	Reviklappe, BS, 2-lg., 20x20cm, EI90, vorne + hinten	196,00 €	St.	344
0420	Reviklappe, BS, 1-lg., 30x30cm, EI90, vorne + hinten	201,00 €	St.	344
0430	Reviklappe, BS, 2-lg., 30x30cm, EI90, vorne + hinten	201,00 €	St.	344
0440	Reviklappe, BS, 1-lg., 40x40cm, EI90, vorne + hinten	224,00 €	St.	344
0450	Reviklappe, BS, 2-lg., 40x40cm, EI90, vorne + hinten	224,00 €	St.	344
0460	Reviklappe, BS, 1-lg., 50x50cm, EI90, vorne + hinten	239,00 €	St.	344
0470	Reviklappe, BS, 2-lg., 50x50cm, EI90, vorne + hinten	239,00 €	St.	344
0500	Zulage Reviklappe, Akustiklochdecke, glatt	46,00 €	St.	354
0510	Zulage Reviklappe, Akustiklochdecke, gelocht	20,00 €	St.	354
039.11	**Abbruch/Instandsetzung**			
0010	W611, GKB, 12,5mm, Batzen	23,50 €	m^2	345
0020	W611, GKB, 12,5mm, rauhe Oberfläche	27,00 €	m^2	345
0030	W631, EPS, GKB, 12,5mm	30,00 €	m^2	345
0040	Außenecke rechtwinklig	5,50 €	m	345
0050	Wandanschluss, Abschlussschiene, versiegelt	5,50 €	m	345
0060	Laibungen, Tiefe 10-25cm	11,00 €	m^2	345
0070	Türanschluss, Schattenfuge hinterlegt	11,00 €	m	345
0100	Untergrundausgleich, i. M. <20mm	10,50 €	m^2	345
0110	Untergrundausgleich, i. M. <30mm	15,00 €	m^2	345
0120	Untergrundausgleich, i. M. <40mm	18,50 €	m^2	345
0200	Innenwanddämmung, CaSi, 30mm, Q2	23,50 €	m^2	345
0210	Innenwanddämmung, CaSi, 40mm, Q2	25,50 €	m^2	345
0220	Innenwanddämmung, CaSi, 50mm, Q2	27,00 €	m^2	345
0300	Heizkörpernische, WD, CaSi, 30mm, Q2	37,00 €	m^2	345
0310	Heizkörpernische, WD, CaSi, 40mm, Q2	39,00 €	m^2	345
0320	Heizkörpernische, WD, CaSi, 50mm, Q2	41,50 €	m^2	345
0400	Zulage Q3 anstelle Q2	3,20 €	m^2	345
0410	Zulage Q4 anstelle Q3	8,20 €	m^2	345
0500	Laibungsdämmung <30cm, innen, CaSi, d=30mm, Q2	29,50 €	m^2	345

0510	Laibungsdämmung <30cm, innen, CaSi, d=30mm, Q3	34,00 €	m²	345
0520	Laibungsdämmung <50cm, innen, CaSi, d=30mm, Q2	36,00 €	m²	345
0530	Laibungsdämmung <50cm, innen, CaSi, d=30mm, Q3	39,00 €	m²	345
0600	BSK nachträglich, EI90, rechteckig, <1,00m²	278,00 €	St.	342
0610	Aussparung nachträglich, EI90, rechteckig, <0,50m²	64,00 €	St.	342
0620	Aussparung nachträglich, EI30, rechteckig, <0,50m²	53,00 €	St.	342
0630	Aussparung nachträglich, F0, rechteckig, <0,50m²	49,00 €	St.	342
039.50	**Vorbereitende Arbeiten Hohlraumboden/Doppelboden**			
0010	staubbindener Anstrich	3,80 €	m²	353
0020	Untergrundvorbereitung, mechanisch	1,10 €	m²	353
039.51	**Hohlraumboden**			
0010	Hobo, CA, H=135mm, F30, LK2	29,00 €	m²	353
0020	Hobo, CA, H=165mm, F30, LK2	29,50 €	m²	353
0030	Hobo, CA, H=200mm, F30, LK2	30,00 €	m²	353
0040	Hobo, CA, H=400mm, F30, LK2	38,00 €	m²	353
0050	Hobo, CA, H=135mm, F30, LK5	30,00 €	m²	353
0060	Hobo, CA, H=165mm, F30, LK5	30,50 €	m²	353
0070	Hobo, CA, H=200mm, F30, LK5	31,00 €	m²	353
0080	Hobo, CA, H=400mm, F30, LK5	39,00 €	m²	353
0090	Calciumsulfatestrich anschleifen	1,60 €	m²	353
0100	Hobo, Trockenbauweise, H=90mm, F30, LK2	38,00 €	m²	353
0110	Hobo, Trockenbauweise, H=165mm, F30, LK2	39,00 €	m²	353
0120	Hobo, Trockenbauweise, H=200mm, F30, LK2	39,50 €	m²	353
0130	Hobo, Trockenbauweise, H=400mm, F30, LK2	45,50 €	m²	353
0140	Hobo, Trockenbauweise, H=600mm, F30, LK2	52,50 €	m²	353
0150	Hobo, Rampe, Trockenbauwand, H=140-600mm, F30, LK2	168,00 €	m²	353
0160	Hobo, Trockenbauweise, H=90mm, F30, LK5	41,00 €	m²	353
0170	Hobo, Trockenbauweise, H=165mm, F30, LK5	44,00 €	m²	353
0180	Hobo, Trockenbauweise, H=200mm, F30, LK5	45,00 €	m²	353
0190	Hobo, Trockenbauweise, H=400mm, F30, LK5	52,00 €	m²	353
0200	Hobo, Trockenbauweise, H=600mm, F30, LK5	61,50 €	m²	353
0210	Hobo, Rampe, Trockenbauweise, 6%, F30, LK5	200,00 €	m²	353
0300	Tritt-/Setzstufe, Hobo, L=1,20m, 20x23cm	155,00 €	St.	353
0310	Treppe, Hobo, 3 Stg., L bis 1,20m	309,00 €	St.	353
0400	Wandanschluss, Stahlwinkel	13,00 €	m	353
0410	Anarbeitung an Rundstütze, Ø=40cm	9,30 €	St.	353
0420	Anarbeitung an Stütze, 25x25cm	8,10 €	St.	353

0430	Anarbeitung Schrägen	6,30 €	m	353
0440	Anarbeitung Rundung, R≥2,00m	9,30 €	m	353
0500	Aussparung, rund, Ø bis 100mm	8,40 €	St.	353
0510	Aussparung, rund, Ø bis 215mm	9,00 €	St.	353
0520	Aussparung, rund, Ø bis 350mm	9,70 €	St.	353
0530	Rohrdurchführung, bis DN50	4,10 €	St.	353
0540	Aussparung, 250x250mm	12,00 €	St.	353
0550	Aussparung, 600x600mm	52,50 €	St.	353
0560	Überbrückungskonstruktion, DD, 100x100cm	20,50 €	St.	353
0570	Überbrückungskonstruktion, DD, 180x80cm	28,50 €	St.	353
0580	Aussparung, nachträglich, 250x250mm	32,50 €	St.	353
0590	Aussparung, nachträglich, Ø=215mm	29,50 €	St.	353
0600	Aussparung, nachträglich, Ø bis 350mm	31,50 €	St.	353
0700	Abstellungen, H bis 135mm	11,00 €	m	353
0710	Abstellungen, H bis 200mm	12,00 €	m	353
0720	Abschottung, F30, H bis 135mm	20,00 €	m	353
0730	Abschottung, F30, H bis 200mm	20,50 €	m	353
0740	Abschottung, 53dB, H bis 135mm	20,00 €	m	353
0750	Abschottung, 53dB, H bis 200mm	20,50 €	m	353
0760	Luftabschottung, H bis 150mm	13,50 €	m	353
0770	Ausschnitt Luftabschottung, Ø=100mm	27,00 €	St.	353
0800	Revisionsöffnung, Alu-Rahmen, 600x600mm	61,00 €	St.	353
0810	Revisionsöffnung, V2A-Rahmen, 600x600mm	80,00 €	St.	353
0900	Kabelkanal, B=600mm	50,00 €	m	353
1000	Bewegungsfuge, B=5-10mm	14,00 €	m	353
1010	Gebäudedehnfuge, Aluprofil	84,50 €	m	353
1020	Trennfugen, nachträglich	92,00 €	m	353
1100	Wärmedämmung MW, 80mm, WLS040	18,50 €	m^2	353
1110	Auffüllung, mineralisch	646,00 €	m^3	353
1120	Bodenplattensaugheber	40,00 €	St.	353
039.52	**Doppelboden**			
0010	Dobo, Calciumsulfat, H=200mm, F30, LK2	61,50 €	m^2	353
0020	Dobo, Calciumsulfat, H=260mm, F30, LK2	65,00 €	m^2	353
0030	Dobo, Calciumsulfat, H=400mm, F30, LK2	74,00 €	m^2	353
0040	Dobo, Calciumsulfat, H=600mm, F30, LK2	82,50 €	m^2	353
0100	Dobo, mineralisch, H=200mm, F30, LK2	60,50 €	m^2	353
0110	Dobo, mineralisch, H=260mm, F30, LK2	63,00 €	m^2	353
0120	Dobo, mineralisch, H=400mm, F30, LK2	74,00 €	m^2	353

0130	Dobo, mineralisch, H=600mm, F30, LK2	82,50 €	m^2	353
0200	Dobo, Holzwerkstoff, H=200mm, F30, LK2	59,50 €	m^2	353
0210	Dobo, Holzwerkstoff, H=260mm, F30, LK2	63,00 €	m^2	353
0220	Dobo, Holzwerkstoff, H=400mm, F30, LK2	67,50 €	m^2	353
0230	Dobo, Holzwerkstoff, H=600mm, F30, LK2	74,00 €	m^2	353
0300	Dobo, Calciumsulfat, H=200mm, F30, LK5	67,50 €	m^2	353
0310	Dobo, Calciumsulfat, H=260mm, F30, LK5	70,50 €	m^2	353
0320	Dobo, Calciumsulfat, H=400mm, F30, LK5	76,00 €	m^2	353
0330	Dobo, Calciumsulfat, H=600mm, F30, LK5	83,00 €	m^2	353
0400	Dobo, mineralisch, H=200mm, F30, LK5	67,00 €	m^2	353
0410	Dobo, mineralisch, H=260mm, F30, LK5	70,50 €	m^2	353
0420	Dobo, mineralisch, H=400mm, F30, LK5	76,00 €	m^2	353
0430	Dobo, mineralisch, H=600mm, F30, LK5	84,50 €	m^2	353
0500	Dobo, Holzwerkstoff, H=200mm, F30, LK5	63,00 €	m^2	353
0510	Dobo, Holzwerkstoff, H=260mm, F30, LK5	67,00 €	m^2	353
0520	Dobo, Holzwerkstoff, H=400mm, F30, LK5	73,00 €	m^2	353
0530	Dobo, Holzwerkstoff, H=600mm, F30, LK5	78,50 €	m^2	353
0600	Dobo, Calciumsulfat, H=200mm, F30, LK2, Lino	85,50 €	m^2	353
0610	Dobo, Calciumsulfat, H=260mm, F30, LK2, Lino	88,50 €	m^2	353
0620	Dobo, Calciumsulfat, H=400mm, F30, LK2, Lino	95,00 €	m^2	353
0630	Dobo, Calciumsulfat, H=600mm, F30, LK2, Lino	101,00 €	m^2	353
0700	Dobo, mineralisch, H=200mm, F30, LK2, Lino	103,00 €	m^2	353
0710	Dobo, mineralisch, H=260mm, F30, LK2, Lino	107,00 €	m^2	353
0720	Dobo, mineralisch, H=400mm, F30, LK2, Lino	113,00 €	m^2	353
0730	Dobo, mineralisch, H=600mm, F30, LK2, Lino	119,00 €	m^2	353
0800	Dobo, Holzwerkstoff, H=200mm, F30, LK2, Lino	101,00 €	m^2	353
0810	Dobo, Holzwerkstoff, H=260mm, F30, LK2, Lino	104,00 €	m^2	353
0820	Dobo, Holzwerkstoff, H=400mm, F30, LK2, Lino	110,00 €	m^2	353
0830	Dobo, Holzwerkstoff, H=600mm, F30, LK2, Lino	116,00 €	m^2	353
0900	Dobo, Calciumsulfat, H=200mm, F30, LK5, Lino	103,00 €	m^2	353
0910	Dobo, Calciumsulfat, H=260mm, F30, LK5, Lino	106,00 €	m^2	353
0920	Dobo, Calciumsulfat, H=400mm, F30, LK5, Lino	112,00 €	m^2	353
0930	Dobo, Calciumsulfat, H=600mm, F30, LK5, Lino	118,00 €	m^2	353
1000	Dobo, mineralisch, H=200mm, F30, LK5, Lino	122,00 €	m^2	353
1010	Dobo, mineralisch, H=260mm, F30, LK5, Lino	125,00 €	m^2	353
1020	Dobo, mineralisch, H=400mm, F30, LK5, Lino	132,00 €	m^2	353
1030	Dobo, mineralisch, H=600mm, F30, LK5, Lino	138,00 €	m^2	353
1100	Dobo, Holzwerkstoff, H=200mm, F30, LK5, Lino	120,00 €	m^2	353

1110	Dobo, Holzwerkstoff, H=260mm, F30, LK5, Lino	122,00 €	m^2	353
1120	Dobo, Holzwerkstoff, H=400mm, F30, LK5, Lino	129,00 €	m^2	353
1130	Dobo, Holzwerkstoff, H=600mm, F30, LK5, Lino	135,00 €	m^2	353
1200	Schaltwartenboden, H=200mm, LK5, PVC	90,00 €	m^2	353
1210	Schaltwartenboden, H=260mm, LK5, PVC	93,50 €	m^2	353
1220	Schaltwartenboden, H=400mm, LK5, PVC	96,50 €	m^2	353
1230	Schaltwartenboden, H=600mm, LK5, PVC	104,00 €	m^2	353
1320	Dobo-Trasse, F30, B=0,60m, H=90mm, LK2A	47,50 €	m	353
1330	Dobo-Trasse, F30, B=1,20m, H=90mm, LK2A	63,00 €	m	353
1340	Dobo-Trasse, F30, B=0,60m, H=200mm, LK2A	50,50 €	m	353
1350	Dobo-Trasse, F30, B=1,20m, H=200mm, LK5A	68,00 €	m	353
1360	Dobo-Trasse, F30, B=1,20m, H=300mm, LK5A	76,00 €	m	353
1400	Dobo, mineralisch, H=200mm, F90, LK2, Lino	90,50 €	m^2	353
1410	Dobo, mineralisch, H=200mm, F90, LK5, Lino	108,00 €	m^2	353
1500	Wandanschluss, Stahlwinkel	22,00 €	m	353
1510	Anarbeitung an Rundstütze, Ø=40cm	7,70 €	St.	353
1520	Anarbeitung an Stütze, 25x25cm	7,10 €	St.	353
1530	Anarbeitung Schrägen	8,50 €	m	353
1540	Anarbeitung Rundung, R≥2,00m	11,00 €	m	353
1600	Tritt-/Setzstufe, Dobo, L=1,20m, 20x23cm	167,00 €	St.	353
1610	Treppe, Dobo, 3 Stg., L bis 1,20m	443,00 €	St.	353
1700	Aussparung, rund, Ø bis 100mm	11,00 €	St.	353
1710	Aussparung, rund, Ø bis 215mm	11,50 €	St.	353
1720	Aussparung, rund, Ø bis 350mm	12,50 €	St.	353
1730	Rohrdurchführung, bis DN50	10,50 €	St.	353
1740	Aussparung, 250x250mm	11,00 €	St.	353
1750	Aussparung, 600x600mm	19,00 €	St.	353
1760	Aussparung, nachträglich, 250x250mm	36,50 €	St.	353
1770	Aussparung, nachträglich, Ø=215mm	32,00 €	St.	353
1780	Aussparung, nachträglich, Ø bis 350mm	34,50 €	St.	353
1800	Abstellungen, H=200mm	28,00 €	m	353
1810	Abschottung, F30, H bis 135mm	22,50 €	m	353
1820	Abschottung, F30, H bis 200mm	25,00 €	m	353
1830	Luftabschottung, H bis 150mm	16,00 €	m	353
1840	Ausschnitt Luftabschottung, Ø=100mm	29,00 €	St.	353
1900	Geräterahmen, bis 60x120mm	44,50 €	St.	353
1910	Geräterahmen, bis 100x180mm	49,00 €	St.	353
2000	Verdübelung Stützenfuß	9,80 €	m^2	353

2010	Zulage für Bodentrasse, mit Schutzkante	13,50 €	m	353
2020	Saugheber Dobo Linoleumbelag	51,00 €	St.	353
2030	Krallenheber Dobo	99,00 €	St.	353
039.70	**System-/Sanitärtrennwände**			
039.70.10	**WC-Trennwände**			
0020	WC-Frontwand, Melaminharz, Vollspan, H=2,00m	383,00 €	m	346
0030	WC-Frontwand, Melaminharz, Vollspan, H=2,135m	409,00 €	m	346
0040	Zulage Tür mit Beschlag, Alu	43,50 €	St.	346
0050	WC-Seitenwand, Melaminharz, Vollspan, H=2,00m	431,00 €	m	346
0060	WC-Seitenwand, Melaminharz, Vollspan, H=2,135m	460,00 €	m	346
0070	Schamwand, Melaminharz, Vollspan, 40x80cm	81,00 €	St.	346
0080	Schamwand, Melaminharz, Vollspan, 50x120cm	216,00 €	St.	346
0090	Anarbeitungungen und Ausschnitte	43,50 €	St.	346
0200	WC-Frontwand, HPL Vollkern, H=2,00m	497,00 €	m	346
0210	WC-Frontwand, HPL Vollkern, H=2,135m	524,00 €	m	346
0220	Zulage Tür mit Beschlag, Alu	43,50 €	St.	346
0230	WC-Seitenwand, HPL Vollkern, H=2,00m	497,00 €	m	346
0240	WC-Seitenwand, HPL Vollkern, H=2,135m	524,00 €	m	346
0250	Schamwand, HPL Vollkern, 40x80cm	106,00 €	St.	346
0260	Schamwand, HPL Vollkern, 50x120	271,00 €	St.	346
0270	Anarbeitungungen und Ausschnitte	43,50 €	St.	346
0290	WC-Frontwand, HPL, PUR, H=2,00m	853,00 €	m	346
0300	WC-Frontwand, HPL, PUR, H=2,135m	902,00 €	m	346
0310	Zulage Tür mit Beschlag, Alu	43,50 €	St.	346
0320	WC-Seitenwand, HPL, PUR, H=2,00m	853,00 €	m	346
0330	WC-Seitenwand, HPL, PUR, H=2,135m	902,00 €	m	346
0340	Schamwand, HPL, PUR, 40x80cm	153,00 €	St.	346
0350	Schamwand, HPL, PUR, 50x120cm	201,00 €	St.	346
0360	Anarbeitungungen und Ausschnitte	70,50 €	St.	346
0380	WC-Frontwand, Alu, PUR, H=2,00m	1.050,00 €	m	346
0390	WC-Frontwand, Alu, PUR, H=2,135m	1.175,00 €	m	346
0400	Zulage Tür mit Beschlag, Alu	43,50 €	St.	346
0410	WC-Seitenwand, Alu, PUR, H=2,00m	1.050,00 €	m	346
0420	WC-Seitenwand, Alu, PUR, H=2,135m	1.175,00 €	m	346
0430	Schamwand, Alu, PUR, 40x80cm	356,00 €	St.	346
0440	Schamwand, Alu, PUR, 50x120cm	410,00 €	St.	346
0450	Anarbeitungungen und Ausschnitte	70,50 €	St.	346
0470	WC-Frontwand, V2A, PUR, geschliffen, H=2,00m	1.240,00 €	m	346

0480	WC-Frontwand, V2A, PUR, geschliffen, H=2,135m	1.340,00 €	m	346
0490	Zulage Tür mit Beschlag, V2A	54,00 €	St.	346
0500	WC-Seitenwand, V2A, PUR, geschliffen, H=2,00m	1.240,00 €	m	346
0510	WC-Seitenwand, V2A, PUR, geschliffen, H=2,135m	1.340,00 €	m	346
0520	Schamwand, V2A, PUR, geschliffen, 40x80cm	423,00 €	St.	346
0530	Schamwand, V2A, PUR, geschliffen, 50x120cm	525,00 €	St.	346
0540	Anarbeitungungen und Ausschnitte	70,50 €	St.	346
0560	WC-Frontwand, Glas, emailliert, H=2,00m	1.045,00 €	m	346
0570	WC-Frontwand, Glas, emailliert, H=2,135m	1.060,00 €	m	346
0580	Zulage Tür mit Beschlag, Alu	43,50 €	St.	346
0590	WC-Seitenwand, Glas, emailliert, H=2,00m	1.045,00 €	m	346
0600	WC-Seitenwand, Glas, emailliert, H=2,135m	1.060,00 €	m	346
0610	Schamwand, Glas, emailliert, 40x80cm	356,00 €	St.	346
0620	Schamwand, Glas, emailliert, 50x120cm	502,00 €	St.	346
0630	Anarbeitungungen und Ausschnitte	145,00 €	St.	346
0650	Ausstattungszubehör WC-Kabinen, Nylon	97,50 €	St.	346
0660	Ausstattungszubehör WC-Kabinen, Alu	248,00 €	St.	346
0670	Ausstattungszubehör WC-Kabinen, V2A	302,00 €	St.	346
0680	Fingerklemmschutz	43,50 €	St.	346
0690	Zulage Beschläge/Füße, V2A	76,00 €	St.	346
0700	Zulage Tür mit Beschlag, Nylon, farblos	22,00 €	St.	346
0710	Zulage Tür mit Beschlag, Edelstahl	49,00 €	St.	346
0720	Zulage Alukanten	16,50 €	m	346
039.70.20	**Starre Trennwände (Vollwand)**			
0010	Systemtrennwand, Voll, d=100mm, F0, 37dB	140,00 €	m²	346
0020	Systemtrennwand, Voll, d=100mm, F0, 42dB	167,00 €	m²	346
0030	Systemtrennwand, Voll, d=100mm, EI30, 42dB	216,00 €	m²	346
039.70.21	**Starre Trennwände (Mittelverglasung)**			
0010	Systemtrennwand, Mittelverglasung, 100mm, F0, 32dB	216,00 €	m²	346
0020	Systemtrennwand, Mittelverglasung, 100mm, F0, 41dB	248,00 €	m²	346
0030	Systemtrennwand, Mittelverglasung, 100mm, EI30/E30, 43dB	302,00 €	m²	346
039.70.22	**Starre Trennwände (Rahmenverglasung, frontbündig)**			
0010	Systemtrennwand, Rahmenverglasung, 100mm, F0, 47dB	259,00 €	m²	346
0020	Systemtrennwand, Rahmenverglasung, 100mm, F0, 51dB	286,00 €	m²	346
0030	Systemtrennwand, Rahmenverglasung, 100mm, EI30, 50dB	362,00 €	m²	346

039.70.23	Starre Trennwände (Structural Glazing, Profile nicht sichtbar)			
0010	Systemtrennwand, Structural Glazing, 100mm, F0, 41dB	221,00 €	m²	346
0020	Systemtrennwand, Structural Glazing, 100mm, F0, 50dB	248,00 €	m²	346
0030	Systemtrennwand, Structural Glazing, 100mm, EI30, 50dB	340,00 €	m²	346
039.70.24	**Starre Trennwände: Zulagen, Sonstiges**			
0010	Zulage Tür, Voll, 38dB, 1,01x2,26m	1.045,00 €	St.	346
0020	Zulage Tür, Glas, 32dB, 1,01x2,26m	1.240,00 €	St.	346
0030	Zulage Tür, Alu-Glas, 37dB, 1,01x2,26m	1.330,00 €	St.	346
0040	Zulage Tür, Voll, Schallschutz, Blende, 42dB, 1,16x2,75m	1.620,00 €	St.	346
0050	Zulage Tür, Glas, EI30, 44dB, 1,01x2,26m	2.000,00 €	St.	346
0100	Zulage Tür, Voll, 32dB, 1,01x2,26m	1.070,00 €	St.	346
0110	Zulage Tür, Glas, 32dB, 1,01x2,26m	1.295,00 €	St.	346
0120	Zulage Tür, Alu-Glas, 37dB, 1,01x2,26m	1.405,00 €	St.	346
0130	Zulage Tür, Voll, Schallschutz, Blende, 42dB, 1,16x2,75m	1.720,00 €	St.	346
0140	Zulage Tür, Glas, EI30, 43dB,1,01x2,26m	2.215,00 €	St.	346
0200	Zulage Tür, Voll, 38dB, 1,01x2,26m	1.070,00 €	St.	346
0210	Zulage Tür, Glas, 32dB, 1,01x2,26m	1.370,00 €	St.	346
0220	Zulage Tür, Alu-Glas, 37dB, 1,01x2,26m	1.520,00 €	St.	346
0230	Zulage Tür, Voll, Schallschutz, Blende, 47dB, 1,16x2,75m	1.740,00 €	St.	346
0240	Zulage Tür, Glas, EI30, 50dB, 1,01x2,26m	2.330,00 €	St.	346
0300	Zulage Tür, Voll, 38dB, 1,01x2,26m	1.075,00 €	St.	346
0310	Zulage Tür, Glas, 33dB, 1,01x2,26m	1.455,00 €	St.	346
0320	Zulage Tür, Alu-Glas, 37dB, 1,01x2,26m	1.815,00 €	St.	346
0330	Zulage Tür, Voll, Schallschutz, Blende, 47dB, 1,16x2,75m	2.395,00 €	St.	346
0400	Installationspaneel, 0,20x2,75m	195,00 €	St.	346
0410	Installationspaneel, 1,35x2,75m	335,00 €	St.	346
0420	Zulage Sichtschutz, starr	85,00 €	m²	346
0430	Zulage Sichtschutz, elektrisch	365,00 €	m²	346
0440	Fassadenschwert	238,00 €	m	346
0450	Wandanschluss	108,00 €	m	346
0460	Zulage Eckausbildung, 90°	108,00 €	St.	346
0470	Zulage freie Ecke, 90-180°	140,00 €	St.	346
0480	Zulage T-Anschluss, 90°	108,00 €	St.	346
039.70.40	**Horizontale Schiebewände (HSW)**			
0010	Decken-UK, H≤0,50m, für HSW-Anlage	150,00 €	m	346
0020	Decken-UK, H≤1,00m, für HSW-Anlage	165,00 €	m	346

0030	Decken-UK, H≤1,50m, für HSW-Anlage	182,00 €	m	346
0080	Decken-UK seitlicher Parkhafen	351,00 €	m	346
0090	Decken-UK Sonderparkhafen	351,00 €	m	346
0110	HSW-Trennwand, 3,00x3,00m, ESG 10mm	4.535,00 €	St.	346
0120	HSW-Trennwand, 5,00x3,00m, ESG 10mm	7.020,00 €	St.	346
0130	HSW-Trennwand, 7,00x3,00m, ESG 10mm	9.990,00 €	St.	346
0210	HSW-Trennwand, 3,00x3,00m, VSG 10mm	5.615,00 €	St.	346
0220	HSW-Trennwand, 5,00x3,00m, VSG 10mm	8.315,00 €	St.	346
0230	HSW-Trennwand, 7,00x3,00m, VSG 10mm	11.770,00 €	St.	346
0500	Zulage Drehtür, abfahrbar, 1-flg., H=3,00m, Mittelschloss	138,00 €	St.	346
0510	Zulage Drehtür, abfahrbar, 1-flg., H=3,00m, Bodenschloss	56,50 €	St.	346
0600	Zulage Standardfolierung	28,50 €	m²	346
0610	Zulage individuelle Folierung	49,00 €	m²	346
0700	Zulage Parkhafen als Parknische	945,00 €	St.	346
0710	Zulage Parkhafen als Sondersituation	1.430,00 €	St.	346
039.70.50	**Kellertrennwände**			
0100	Kellertrennwand, Stahlblechlamellen	70,50 €	m	346
0110	Zulage Stahlblech, Aussparung/Anarbeitung	32,50 €	St.	346
0120	Zulage Stahlblech, Tür, 1-flg., 0,80x2,20m	65,00 €	St.	346
0200	Kellertrennwand, Holzlatten, Stahl-UK	70,50 €	m	346
0210	Zulage Holz, Aussparung/Anarbeitung	32,50 €	St.	346
0220	Zulage Holz, Tür, 1-flg., 0,80x2,20m	65,00 €	St.	346
0300	Kellertrennwand, Maschendrahtelemente	76,00 €	m	346
0310	Zulage Maschendraht, Aussparung/Anarbeitung	43,50 €	St.	346
0320	Zulage Maschendraht, Tür, 1-flg., 0,90x2,00m	103,00 €	St.	346
0400	Kellertrennwand, Stahlgittermatten	81,00 €	m	346
0410	Zulage Stahlgitter, Aussparung/Anarbeitung	49,00 €	St.	346
0420	Zulage Stahlgitter, Tür, 1-flg., 0,80x2,20m	113,00 €	St.	346
0800	Installationskonsole, HPL-Spanplatte	20,00 €	St.	346
039.70.60	**Sandwichpaneelelemente**			
0780	Stahl-UK, Hohlprofil, Sandwichelement	4.105,00 €	t	346
0790	Stahl-UK, Walzstahl, Sandwichelement	3.455,00 €	t	346
0800	Anarbeitung an Rohre/Kanäle	84,50 €	St.	346
039.90	**Stundenlohnarbeiten**			
0010	Stundensatz: Fachwerker	45,50 €	h	399
0020	Stundensatz: Bauhelfer	35,50 €	h	399

Ausbau & Fassade

271 Innentüren, Tore

271	Innentüren, Tore			
271.01	**Innentürblätter Holz**			
0010	Holztürblatt, Röhrenspan, CPL, gefälzt, 885x2135mm	170,00 €	St.	344
0020	Holztürblatt, Röhrenspan, HPL, gefälzt, 885x2135mm	196,00 €	St.	344
0030	Holztürblatt, Röhrenspan, Furnier, gefälzt, 885x2135mm	207,00 €	St.	344
0040	Holztürblatt, Röhrenspan, Furnier, stumpf, 885x2135mm	251,00 €	St.	344
0050	Holztürblatt, Vollspan, HPL, gefälzt, 885x2135mm	235,00 €	St.	344
0060	Holztürblatt, Vollspan, HPL, stumpf, 885x2135mm	280,00 €	St.	344
0070	Holztürblatt, Vollspan, Furnier, gefälzt, 885x2135mm	211,00 €	St.	344
0080	Holztürblatt, Vollspan, Furnier, stumpf, 885x2135mm	256,00 €	St.	344
271.02	**Innentürblätter Glas**			
0010	Ganzglastürblatt, VSG, 8mm, 885x2135mm	383,00 €	St.	344
271.10	**Holztürelemente ohne Anforderung**			
0010	Holztürelement, Röhrenspan, CPL, gefälzt, SUZ, 885x2135mm	389,00 €	St.	344
0020	Holztürelement, Röhrenspan, CPL, gefälzt, HUZ, 885x2135mm	396,00 €	St.	344
0030	Holztürelement, Vollspan, HPL, gefälzt, SUZ, 885x2135mm	402,00 €	St.	344
0040	Holztürelement, Vollspan, Furnier, gefälzt, SUZ, 885x2135mm	402,00 €	St.	344
0050	Holztürelement, Vollspan, HPL, gefälzt, HUZ, 885x2135mm	463,00 €	St.	344
0060	Holztürelement, Vollspan, Furnier, gefälzt, HUZ, 885x2135mm	392,00 €	St.	344
0070	Holzschiebetür, Röhrenspan, HPL, SUZ, 885x2135mm	778,00 €	St.	344
0080	Holzschiebetür, Röhrenspan, Furnier, SUZ, 885x2135mm	754,00 €	St.	344
0090	Holzschiebetür, Röhrenspan, HPL, HUZ, 885x2135mm	650,00 €	St.	344
0100	Holzschiebetür, Röhrenspan, Furnier, HUZ, 885x2135mm	578,00 €	St.	344
0200	Zulage SUZ in Massivwand gefalzt ohne Anforderung	70,00 €	St.	344
0210	Zulage SUZ in Massivwand stumpf ohne Anforderung	124,00 €	St.	344
0300	Zulage Feuchtraumtür	107,00 €	St.	344
0310	Zulage Nassraumtür	174,00 €	St.	344
0320	Zulage Glasausschnitt	88,00 €	St.	344
0330	Zulage RC2, Standard-Innentür	349,00 €	St.	344
0340	Zulage RC3, Standard-Innentür	1.585,00 €	St.	344

271.11	Holztürelemente Schallschutz			
0010	Holztür, 27dB, VS, HPL, gefälzt, SUZ, 885x2135mm	500,00 €	St.	344
0020	Holztür, 27dB, VS, Furnier, gefälzt, SUZ, 885x2135mm	475,00 €	St.	344
0030	Holztür, 27dB, VS, HPL, gefälzt, HUZ, 885x2135mm	613,00 €	St.	344
0040	Holztür, 27dB, VS, Furnier, gefälzt, HUZ, 885x2135mm	541,00 €	St.	344
0100	Holztür, 32dB, VS, HPL, gefälzt, SUZ, 885x2135mm	520,00 €	St.	344
0110	Holztür, 32dB, VS, Furnier, gefälzt, SUZ, 885x2135mm	496,00 €	St.	344
0120	Holztür, 32dB, VS, HPL, gefälzt, HUZ, 885x2135mm	633,00 €	St.	344
0130	Holztür, 32dB, VS, Furnier, gefälzt, HUZ, 885x2135mm	562,00 €	St.	344
0200	Holztür, 37dB, VS, HPL, gefälzt, SUZ, 885x2135mm	614,00 €	St.	344
0210	Holztür, 37dB, VS, Furnier, gefälzt, SUZ, 885x2135mm	590,00 €	St.	344
0220	Holztür, 37dB, VS, HPL, gefälzt, HUZ, 885x2135mm	703,00 €	St.	344
0230	Holztür, 37dB, VS, Furnier, gefälzt, HUZ, 885x2135mm	636,00 €	St.	344
0300	Zulage Massivwand	74,00 €	St.	344
0400	Zulage stumpf, SSK1, SSK2	91,50 €	St.	344
271.12	**Holztürelemente Rauch-/Brandschutz**			
0010	Holztür, RS, Vollspan, HPL, gefälzt, SUZ, 885x2135mm	866,00 €	St.	344
0020	Holztür, RS, Vollspan, Furnier, gefälzt, SUZ, 885x2135mm	843,00 €	St.	344
0030	Holztür, RS, Vollspan, HPL, gefälzt, HUZ, 885x2135mm	969,00 €	St.	344
0040	Holztür, RS, Vollspan, Furnier, gefälzt, HUZ, 885x2135mm	897,00 €	St.	344
0100	Holztür, T30, Vollspan, HPL, gefälzt, SUZ, 885x2135mm	899,00 €	St.	344
0110	Holztür, T30, Vollspan, Furnier, gefälzt, SUZ, 885x2135mm	875,00 €	St.	344
0120	Holztür, T30, Vollspan, HPL, gefälzt, HUZ, 885x2135mm	1.125,00 €	St.	344
0130	Holztür, T30, Vollspan, Furnier, gefälzt, HUZ, 885x2135mm	1.055,00 €	St.	344
0200	Holztür, T30RS, Vollspan, HPL, gefälzt, SUZ, 885x2135mm	955,00 €	St.	344
0210	Holztür, T30RS, Vollspan, Furnier, gefälzt, SUZ, 885x2135mm	932,00 €	St.	344
0220	Holztür, T30RS, Vollspan, HPL, gefälzt., HUZ, 885x2135mm	1.185,00 €	St.	344
0230	Holztür, T30RS, Vollspan, Furnier, gefälzt, HUZ, 885x2135mm	1.110,00 €	St.	344
0300	Holztür, T90, Vollspan, HPL, gefälzt, SUZ, 885x2135mm	2.410,00 €	St.	344
0310	Holztür, T90, Vollspan, Furnier, gefälzt, SUZ, 885x2135mm	2.385,00 €	St.	344
0320	Holztür, T90, Vollspan, HPL, gefälzt, HUZ, 885x2135mm	2.750,00 €	St.	344
0330	Holztür, T90, Vollspan, Furnier, gefälzt, HUZ, 885x2135mm	2.835,00 €	St.	344

0400	Holztür, T90RS, Vollspan, HPL, gefälzt, SUZ, 885x2135mm	2.410,00 €	St.	344
0410	Holztür, T90RS, Vollspan, Furnier, gefälzt, SUZ, 885x2135mm	2.385,00 €	St.	344
0420	Holztür, T90RS, Vollspan, HPL, gefälzt, HUZ, 885x2135mm	2.810,00 €	St.	344
0430	Holztür, T90RS, Vollspan, Furnier, gefälzt, HUZ, 885x2135mm	2.890,00 €	St.	344
0500	Zulage stumpf/RS	110,00 €	St.	344
0510	Zulage stumpf/EI30	118,00 €	St.	344
0520	Zulage stumpf/EI90	135,00 €	St.	344
0530	Zulage Glasausschnitt, F30/EI30	1.110,00 €	St.	344
0540	Zulage Glasausschnitt, F90/EI90	2.325,00 €	St.	344
0550	Zulage RC2, Funktionsinnentür	396,00 €	St.	344
0600	Zulage Vorrüstung Kartenleser	72,50 €	St.	344
0610	Zulage Vorrüstung EMA-Kontakte	67,00 €	St.	344
0620	Zulage ITS, Funktionsinnentür	176,00 €	St.	344
0630	Zulage verdeckte Kabelführung	187,00 €	St.	344
0640	Zulage elektrischer Öffner RS-Tür	187,00 €	St.	344
0650	Zulage elektrischer Öffner BS-Tür	396,00 €	St.	344
271.13	**Wohnungseingangstürelemente**			
0010	WE-Tür, VS, HPL, 27dB, SUZ, 1010x2135mm	876,00 €	St.	344
0020	WE-Tür, VS, Furnier, 27dB, SUZ, 1010x2135mm	850,00 €	St.	344
0030	WE-Tür, VS, HPL, 27dB, HUZ, 1010x2135mm	1.030,00 €	St.	344
0040	WE-Tür, VS, Furnier, 27dB, HUZ, 1010x2135mm	951,00 €	St.	344
0100	WE-Tür, RS, VS, HPL, gefälzt, SUZ, 1010x2135mm	1.175,00 €	St.	344
0110	WE-Tür, RS, VS, Furnier, gefälzt, SUZ, 1010x2135mm	1.150,00 €	St.	344
0120	WE-Tür, RS, VS, HPL, gefälzt, HUZ, 1010x2135mm	1.380,00 €	St.	344
0130	WE-Tür, RS, VS, Furnier, gefälzt, HUZ, 1010x2135mm	1.295,00 €	St.	344
0200	WE-Tür, T30RS, VS, HPL, gefälzt, SUZ, 1010x2135mm	1.365,00 €	St.	344
0210	WE-Tür, T30RS, VS, Furnier, gefälzt, SUZ, 1010x2135mm	1.325,00 €	St.	344
0220	WE-Tür, T30RS, VS, HPL, gefälzt, HUZ, 1010x2135mm	1.540,00 €	St.	344
0230	WE-Tür, T30RS, VS, Furnier, gefälzt, HUZ, 1010x2135mm	1.490,00 €	St.	344
0910	Minderpreis Entfall RC2, WE-Tür	-102,00 €	St.	344
0920	Zulage Türspion	28,00 €	St.	344
0930	Zulage Obentürschließer/selbstschließend	148,00 €	St.	344
0940	Zulage RC3, WE-Tür	1.585,00 €	St.	344
271.14	**Holztürelemente Zulagen Zargen/Einbau**			
0010	Zulage SUZ, 2-tlg.	100,00 €	St.	344
0020	Zulage SUZ, Massivwand, <270mm	56,00 €	St.	344

0030	Zulage SUZ, erhöhte mechanische Beständigkeit	68,00 €	St.	344
0040	Zulage SUZ, höchste mechanische Beständigkeit	139,00 €	St.	344
0100	Zulage Holz-Blockzarge	328,00 €	St.	344
0200	Zulage SUZ, Edelstahl	622,00 €	St.	344
0210	Zulage SUZ, Schattenut	35,00 €	St.	344
0300	Zulage Oberlicht, 885x375mm	161,00 €	St.	344
0310	Zulage Seitenlicht, 375x2135mm	315,00 €	St.	344
0320	Zulage Schließblech/Vorrüstung elektrischer Türöffner	55,50 €	St.	344
0330	Zulage Vorrüstung OTS	51,00 €	St.	344
271.20	**Stahlblechtürelemente ohne Anforderung**			
0010	Stahlblech-Innentür, SEZ, 885x2135mm	453,00 €	St.	344
271.21	**Stahlblechtürelemente Rauch-/Brandschutz**			
0010	Stahlblech-Innentür, RS, SEZ, 885x2135mm	931,00 €	St.	344
0100	Stahlblech-Innentür, T30, SEZ, 885x2135mm	573,00 €	St.	344
0200	Stahlblech-Innentür, T30RS, SEZ, 885x2135mm	851,00 €	St.	344
0300	Stahlblech-Innentür, T90, SEZ, 885x2135mm	1.065,00 €	St.	344
0400	Stahlblech-Innentür, T90RS, SEZ, 885x2135mm	1.215,00 €	St.	344
271.22	**Zulagen Stahlblechtüren**			
0010	Zulage Glasausschnitt	171,00 €	St.	344
0020	Zulage Glasausschnitt, F30	1.320,00 €	St.	344
0030	Zulage Glasausschnitt, F90	2.680,00 €	St.	344
0040	Zulage Vorrüstung EMA-Kontakte	67,00 €	St.	344
0050	Zulage Vorrüstung Kartenleser	72,50 €	St.	344
0100	Zulage SUZ, 1-flg., 2-tlg., <175mm	263,00 €	St.	344
0110	Zulage SUZ, 1-flg., 2-tlg., <270mm	282,00 €	St.	344
0120	Zulage Vorrüstung elektrischer Türöffner	195,00 €	St.	344
0130	Zulage Vorrüstung OTS	27,50 €	St.	344
271.30	**RR-Alu-Türelemente ohne Anforderung**			
0010	Alu-Glas-Tür, 1-flg., 1135x2260mm	1.240,00 €	St.	344
0020	Alu-Glas-Tür, 1-flg., OL, 1135x2510mm	1.670,00 €	St.	344
0030	Alu-Glas-Tür, 1-flg., OL + SL, 1510x2510mm	2.270,00 €	St.	344
0100	Alu-Glas-Tür, 2-flg., 2260x2260mm	2.495,00 €	St.	344
0110	Alu-Glas-Tür, 2-flg., OL, 2260x2510mm	3.100,00 €	St.	344
0120	Alu-Glas-Tür, 2-flg., SL, 3510x2260mm	3.220,00 €	St.	344
0130	Alu-Glas-Tür, 2-flg., OL + SL, 3510x2510mm	3.850,00 €	St.	344
271.31	**RR-Alu-Türelemente Rauch-/Brandschutz**			
0010	Alu-Glas-Tür, RS, 1-flg., 1135x2260mm	1.385,00 €	St.	344
0020	Alu-Glas-Tür, RS, 1-flg., OL, 1135x2510mm	1.810,00 €	St.	344

0030	Alu-Glas-Tür, 1-flg., RS, OL + SL, 1510x2510mm	2.410,00 €	St.	344
0100	Alu-Glas-Tür, RS, 2-flg., 2260x2260mm	2.495,00 €	St.	344
0110	Alu-Glas-Tür, RS, 2-flg., OL, 2260x2510mm	3.100,00 €	St.	344
0120	Alu-Glas-Tür, RS, 2-flg., SL, 3510x2260mm	3.220,00 €	St.	344
0130	Alu-Glas-Tür, RS, 2-flg., OL + SL, 3510x2510mm	3.850,00 €	St.	344
0200	Alu-Glas-Tür, T30, 1-flg., 1135x2260mm	2.500,00 €	St.	344
0210	Alu-Glas-Tür, T30, 1-flg., OL, 1135x2510mm	3.320,00 €	St.	344
0220	Alu-Glas-Tür, 1-flg., T30, OL + SL, 1510x2510mm	4.635,00 €	St.	344
0300	Alu-Glas-Tür, T30, 2-flg., 2260x2260mm	4.760,00 €	St.	344
0310	Alu-Glas-Tür, T30, 2-flg., OL, 2260x2510mm	6.000,00 €	St.	344
0320	Alu-Glas-Tür, T30, 2-flg., SL, 3510x2260mm	6.350,00 €	St.	344
0330	Alu-Glas-Tür, T30, 2-flg., OL + SL, 3510x2510mm	7.730,00 €	St.	344
0400	Alu-Glas-Tür, T30RS, 1-flg., 1135x2260mm	2.685,00 €	St.	344
0410	Alu-Glas-Tür, T30RS, 1-flg., OL, 1135x2510mm	3.505,00 €	St.	344
0420	Alu-Glas-Tür, T30RS, 1-flg., OL + SL, 1510x2510mm	4.820,00 €	St.	344
0500	Alu-Glas-Tür, T30RS, 2-flg., 2260x2260mm	5.130,00 €	St.	344
0510	Alu-Glas-Tür, T30RS, 2-flg., OL, 2260x2510mm	6.370,00 €	St.	344
0520	Alu-Glas-Tür, T30RS, 2-flg., SL, 3510x2260mm	6.720,00 €	St.	344
0530	Alu-Glas-Tür, T30RS, 2-flg., OL + SL, 3510x2510mm	8.100,00 €	St.	344
0600	Alu-Glas-Tür, T90, 1-flg., 1135x2260mm	4.450,00 €	St.	344
0610	Alu-Glas-Tür, T90, 1-flg., OL, 1135x2510mm	5.955,00 €	St.	344
0700	Alu-Glas-Tür, T90RS, 2-flg., 2260x2260mm	9.260,00 €	St.	344
0710	Alu-Glas-Tür, T90RS, 2-flg., OL, 2260x2510mm	11.585,00 €	St.	344
271.40	**RR-Stahl-Türelemente ohne Anforderung**			
0010	Stahl-Glas-Tür, 1-flg., 1135x2260mm	1.770,00 €	St.	344
0020	Stahl-Glas-Tür, 1-flg., OL, 1135x2510mm	2.190,00 €	St.	344
0030	Stahl-Glas-Tür, 1-flg., OL + SL, 1510x2510mm	2.850,00 €	St.	344
0100	Stahl-Glas-Tür, 2-flg., 2260x2260mm	3.215,00 €	St.	344
0110	Stahl-Glas-Tür, 2-flg., OL, 2260x2510mm	3.860,00 €	St.	344
0120	Stahl-Glas-Tür, 2-flg., SL, 3510x2260mm	3.925,00 €	St.	344
0130	Stahl-Glas-Tür, 2-flg., OL+SL, 3510x2510mm	4.605,00 €	St.	344
271.41	**RR-Stahl-Türelemente Rauch-/Brandschutz**			
0010	Stahl-Glas-Tür, RS, 1-flg., 1135x2260mm	1.915,00 €	St.	344
0020	Stahl-Glas-Tür, RS, 1-flg., OL, 1135x2510mm	2.335,00 €	St.	344
0030	Stahl-Glas-Tür, 1-flg., RS, OL + SL, 1510x2510mm	2.995,00 €	St.	344
0100	Stahl-Glas-Tür, RS, 2-flg., 2260x2260mm	3.215,00 €	St.	344
0110	Stahl-Glas-Tür, RS, 2-flg., OL, 2260x2510mm	3.860,00 €	St.	344
0120	Stahl-Glas-Tür, RS, 2-flg., SL, 3510x2260mm	3.925,00 €	St.	344

0130	Stahl-Glas-Tür, RS, 2-flg., OL + SL, 3510x2510mm	4.605,00 €	St.	344
0200	Stahl-Glas-Tür, T30, 1-flg., 1135x2260mm	3.180,00 €	St.	344
0210	Stahl-Glas-Tür, T30, 1-flg., OL, 1135x2510mm	3.835,00 €	St.	344
0220	Stahl-Glas-Tür, 1-flg., T30, OL + SL, 1510x2510mm	5.180,00 €	St.	344
0300	Stahl-Glas-Tür, T30, 2-flg., 2260x2260mm	5.890,00 €	St.	344
0310	Stahl-Glas-Tür, T30, 2-flg., OL, 2260x2510mm	6.900,00 €	St.	344
0320	Stahl-Glas-Tür, T30, 2-flg., SL, 3510x2260mm	7.545,00 €	St.	344
0330	Stahl-Glas-Tür, T30, 2-flg., OL + SL, 3510x2510mm	8.675,00 €	St.	344
0400	Stahl-Glas-Tür, T30RS, 1-flg., 1135x2260mm	3.365,00 €	St.	344
0410	Stahl-Glas-Tür, T30RS, 1-flg., OL, 1135x2510mm	4.020,00 €	St.	344
0420	Stahl-Glas-Tür, T30RS, 1-flg., OL + SL, 1510x2510mm	5.365,00 €	St.	344
0500	Stahl-Glas-Tür, T30RS, 2-flg., 2260x2260mm	6.260,00 €	St.	344
0510	Stahl-Glas-Tür, T30RS, 2-flg., OL, 2260x2510mm	7.260,00 €	St.	344
0520	Stahl-Glas-Tür, T30RS, 2-flg., SL, 3510x2260mm	7.915,00 €	St.	344
0530	Stahl-Glas-Tür, T30RS, 2-flg., OL + SL, 3510x2510mm	9.045,00 €	St.	344
0600	Stahl-Glas-Tür, T90, 1-flg., 1135x2260mm	6.185,00 €	St.	344
0610	Stahl-Glas-Tür, T90, 1-flg., OL, 1135x2510mm	7.335,00 €	St.	344
0700	Stahl-Glas-Tür, T90RS, 2-flg., 2260x2260mm	11.280,00 €	St.	344
0710	Stahl-Glas-Tür, T90RS, 2-flg., OL, 2260x2510mm	13.130,00 €	St.	344
271.50	**Zulagen Türbeschläge**			
0010	Zulage Vorrüstung OTS	38,50 €	St.	344
0020	Zulage OTS, Gleitschiene, 1-flg.	201,00 €	St.	344
0030	Zulage OTS, Gleitschiene, 2-flg.	508,00 €	St.	344
0040	Zulage ITS, Gleitschiene, 1-flg.	257,00 €	St.	344
0050	Zulage ITS, Gleitschiene, 2-flg.	550,00 €	St.	344
0060	Zulage Bodentürschließer, 1-flg.	978,00 €	St.	344
0070	Zulage Bodentürschließer, 2-flg.	2.045,00 €	St.	344
0080	Zulage OTS mit FSA, RMZ, 1-flg.	961,00 €	St.	344
0090	Zulage OTS mit FSA, RMZ, 2-flg.	1.135,00 €	St.	344
0100	Zulage OTS mit Freilauf, RMZ, 1-flg.	1.500,00 €	St.	344
0110	Zulage OTS mit Freilauf, RMZ, 2-flg.	1.745,00 €	St.	344
0120	Zulage Deckenrauchmelder	227,00 €	St.	344
0200	Zulage frei/besetzt-Beschlag	30,00 €	St.	344
0210	Zulage Türdrücker, H=85cm	27,00 €	St.	344
0220	Zulage E-Öffner Standardtür	74,00 €	St.	344
0230	Zulage E-Öffner RS-Tür	187,00 €	St.	344
0240	Zulage E-Öffner BS-Tür	396,00 €	St.	344
0250	Zulage elektrisches Motorschloss	1.170,00 €	St.	344

0260	Zulage 3fach-Verriegelung	204,00 €	St.	344
0270	Zulage Vorrüstung Kartenleser	72,50 €	St.	344
0280	Zulage Vorrüstung EMA-Kontakte	67,00 €	St.	344
0290	Zulage verdeckte Kabelführung	186,00 €	St.	344
0500	Zulage Notausgangsschloss, 1-flg., Vollblatt	93,00 €	St.	344
0510	Zulage Notausgangsschloss, 1-flg., RR	133,00 €	St.	344
0520	Zulage Notausgangsentriegelung, 2-flg.	331,00 €	St.	344
0530	Zulage Drücker EN179, 1-flg.	20,00 €	St.	344
0540	Zulage Druckstange EN1125, 1-flg.	333,00 €	St.	344
0550	Zulage Druckstange EN1125, 2-flg.	672,00 €	St.	344
0560	Zulage Vorrüstung elektrischer Türöffner	311,00 €	St.	344
0570	Einzeltürwächter	501,00 €	St.	344
0580	elektrischer Fluchttürsteuerung	1.040,00 €	St.	344
0700	elektrischer Türhilfsantrieb, 1-flg.	833,00 €	St.	344
0710	elektrischer Türantrieb, 1-flg.	3.760,00 €	St.	344
0720	elektrischer Türantrieb, 2-flg.	8.115,00 €	St.	344
0730	Zulage RR-Profilverbreiterung für E-Antrieb	18,00 €	m	344
0800	Türstopper Alu, Wand-/Boden	13,00 €	St.	344
0810	Türstopper VA, Wand-/Boden	30,00 €	St.	344
0820	Wandtürstopper/Kleiderhaken, VA	30,00 €	St.	344
271.60	**Wartung**			
0010	Wartung Türtechnik	70,00 €	St.	344

Abkürzungsverzeichnis

1D eindimensional
1K 1-Komponenten
2D zweidimensional
2DF Doppel-Dünnformat
2K 2-Komponenten

A/W2-I Feuchtigkeitsbeanspruchungsklasse/Wassereinwirkungklasse nach DIN 18534
A1 Baustoffklasse nach DIN EN 13501 / DIN 4102
AHD Abhangdecke
altdt. altdeutsch
Alu Aluminium
AN Auftragnehmer
AS Gussasphalt
AS-IC15 Gussasphalt-Härteklasse
AW Außenwand
aw (αw) Schallabsorptionsgrad

B Breite
B/W2-B Feuchtigkeitsbeanspruchungsklasse/Wassereinwirkungklasse nach DIN 18535
B2-System Baustoffklasse-B2-System nach DIN EN 13501 / DIN 4102
BB Buntbart
BE Baustelleneinrichtung
Beh.-WC Behinderten-WC
BII Beton-Überwachungsklasse nach DIN EN 13670
bitum. bituminös
BS Brandschutz
BSK Brandschutzklappe
BW Brandwand

CA Calciumsulfatestrich
CAF Calciumsulfatfließestrich
CaSi Calciumsilikat
CG Schaumglas
CO2 Druckgas, Kohlenstoffdioxid
CPL Continuous Pressure Laminate (Kunststoffoberfläche für Holzbauteile)
CT Zementestrich
CTF Zementfließestrich
Cu Kupfer

CV	Spezial-Rohrverbinderschelle
CW	Standprofil für Trockenbauwände
d	Dicke
dB	Dezibel
DD	Dachdichtungsbahn oder Drücker-Drücker oder Deckendurchbruch
DFF	Dachflächenfenster
DK	Drehkipp oder Drückerknauf
DN	Nennweite bei Rohren
Dobo	Doppelboden
DSL	Telefonanschluss („digital subscriber line“)
dt.	deutsch
E	elektrisch
e	Sparrenabstand bzw. Befestigungsabstand
EDV	elektronische Datenverarbeitung
EI30	Feuerwiderstand nach DIN 13501
EI90-M	Feuerwiderstand - Mechanische Stabilität nach DIN 13501
EL3	Entkopplungsart im Aufzugsbau
EMA	Einbruchmeldeanlagen
EPDM	Ethylen-Propylen-Dien-Kautschuk
EPS	expandiertes Polystyrol
ESG-H	Einscheiben-Sicherheitsglas
EVA	Ethylen-Vinylacetat-Terpolymer
F	Brandklasse nach EN 2
FE	Fußbodenentwässerung
flg.	flügelig
FSA	Feststellanlage
FT	Fertigteil
GE	Gewerbe
GEWI	Verpresspfähle
GFK	glasfaserverstärkter Kunststoff
GHS	General-Hauptschlüssel
GK	Gipskarton
GK1	Gebrauchsklasse nach EN 335
GKB	Gipskarton-Bauplatte
GKBI	Gipskarton-Bauplatte, imprägniert
GKF	Gipskarton-Feuerschutzplatte
GL24h	Festigkeitsklasse nach DIN EN 14080
GLS	Gleitschiene
GLT	Gebäudeleittechnik
Gr.	Größe
H	Höhe
HDI	Hochdruckinjektion
HK	Heizkörper

HLz	Hochlochziegel
Hobo	Hohlraumboden
HP	Stahltrapezprofil-Typ
HPL	High Pressure Laminate (Kunststoffdecklage für Holzwerkstoff)
HS	Hauptschließ/Hochschrank
HSW	horizontale Schiebewände
HUZ	Holzumfassungszarge
HWL	Holzwolle-Leichtbauplatte
i. M.	im Mittel
IPE	Stahlprofil-Typ
IT	Informationstechnik
Iv	Prüfprädikat für Holzschutzmittel nach DIN 68800
KG-2000	Rohrtyp nach DIN EN 14758
KS	Kalksandstein
KS XL-PE	Kalksandstein-XL-Planelement
KS14	Isokorb-Typ
KS-FT	Kalksandstein-Fertigteil
KS-MW	Kalksandstein-Mauerwerk
KS-PE	Kalksandstein-Planelement
KSV	Kalksandstein-Verblendmauerwerk
KS-Vb	Kalksandstein-Verblender
LAGA Z0	Aushubmaterial-Kategorie gemäß Länderarbeitsgemeinschaft Abfall
LC25/28	Druckfestigkeitsklasse
LCD	Flüssigkristallanzeige („liquid crystal display“)
lfg.	läufig
lg.	lagig
LHLz	Leichthochlochziegel
Lino	Linoleum
LK	Lastklasse
LTE	Mobilfunkstandard („long term evolution“)
LV	Leistungsverzeichnis
LVT	Design-Vinylbodenbelag („luxury vinyl tile“)
MDF	mitteldichte Holzfaserplatte
MDS	mineralische Dichtschlämme
MF	Mineralfaserplatte
MiWo	Mineralwolle
MSH	warmgefertigtes Stahl-Hohlprofil
MW	Mauerwerk
Mz	Mauerziegel
NAK1	Nassabriebklasse 1 nach DIN EN 13300
NF	Nebenflächen
NNF	Nebennutzflächen
NW	Nennweite

Ø	Durchmesser
OG	Obergeschoss
OL	Oberlicht
opt.	optisch
OS	Oberflächen-Schutzsystem/Oberschrank
OSB	Grobspan-Holzplatte („oriented strang board“)
OTS	Obentürschließer
PA	Polyamid
PAK	polyzyklische aromatische Kohlenwasserstoffe
PBG	Profilbauglas
PE	Planelement/Polyethylen
PII	Mörtelgruppe nach DIN 18550
PMBC	kunststoffmodifizierte Bitumendickbeschichtung „polymer modified bitumenous coating“
PMMA	Polymethylmethacrylat
PP	Polypropylen
PPW	Porenbeton-Planstein, wärmedämmend
PR	Pfosten-Riegel-Fassade
PUR	Polyurethan
PV	Photovoltaik
PVC	Polyvinylchlorid
PVC-P	Weich-PVC („plasticized“)
PVC-U	Hart-PVC („unplasticized“)
PYPG	Plastomerbitumen mit Glasgewebe
PZ	Profilzylinder
Q2	Oberflächenqualität
QRO	Quadratrohr
R	Radius
R10	Rutschhemmungsklasse nach GUV
RC2N	Einbruchschutzklasse nach EN 1627
RE/WE	repräsentative Räume/Werkräume
RMZ	Rauchmeldezentrale
RR	Rohrrahmen
RS	Rauchschutz
RWA	Rauch- und Wärmeabzug
S10	Sortierklasse nach DIN 4074-1 für Schnittholz
sd	Diffusionswiderstand
SEZ	Stahleckzarge
SL	Seitenlicht
SML	Rohrbezeichnung für Abwasserrohre aus Grauguss
SSK	Schallschutzklasse
Stb.	Stahlbeton
Stg.	Steigung
SUZ	Stahl-Umfassungszargen

T	Tiefe
T30	Brandschutz nach DIN 4102 für Türanlagen
T30RS	Brandschutz nach DIN 4102 für Türanlagen
tlg.	teilig
TG	Tiefgarage
TGA	Technische Gebäudeausstattung
TK	Telekommunikation
TPU	thermoplastisches Polyurethan
TRH	Treppenhaus
TSD	Trittschalldämmung
U/A	Aussteifungs-Stahlprofil
Ug	Wärmedurchgangskoeffizient (Glas)
UK	Unterkante
Uw	Wärmedurchgangskoeffizient (Fenster)
UZ	Unterzug
VA	Edelstahl
VHF	vorgehängte hinterlüftete Fassade
VMZ	Vormauer-Vollziegel
VS	Vollspaneinlage
VSG	Verbundsicherheitsglas
W4	Wassereinwirkungsklasse
WD	Wärmedämmung
WDVS	Wärmedämmverbundsystem
WE	Werkräume ohne Fahrzeugverkehr
WH	Wasserhaltung
WLS	Wärmeleitstufe
WU	wasserundurchlässig
XPS	extrudiertes Polystyrol
Z	Zuschnitt
ZiE	Zustimmung im Einzelfall
Zn	Zink
ZTV	Zusätzliche Technische Vertragsbedingungen